图书在版编目（CIP）数据

城市设计的新理念与新探索 / 匡晓明主编．—— 上海：同济大学出版社，2025.3．——（理想空间）．——ISBN 978-7-5765-1571-8

Ⅰ．TU984.2

中国国家版本馆 CIP 数据核字第 202568PL31 号

理想空间
2025-3(98)

编委会主任	夏南凯　俞　静
编委会成员	（以下排名顺序不分先后）
	赵　民　唐子来　周　俭　彭震伟　郑　正
	夏南凯　周玉斌　张尚武　王新哲　杨贵庆
主　编	周　俭　王新哲
执行主编	管　娟
本期主编	匡晓明
责任编辑	由爱华　朱笑黎
编　辑	管　娟　顾毓涵　郭玖玖　王　杉　田佼民
	李　旭
责任校对	徐逢乔
平面设计	顾毓涵
主办单位	上海同济城市规划设计研究院有限公司
地　址	上海市杨浦区中山北二路 1111 号同济规划大厦 1408 室
网　址	http://www.tjupdi.com
邮　编	200092

出版发行	同济大学出版社
经　销	全国各地新华书店
策划制作	《理想空间》编辑部
印　刷	上海颛辉印刷厂有限公司
开　本	635mm × 1000mm　1/8
印　张	16
字　数	320 000
印　数	1-2 000
版　次	2025 年 3 月第 1 版
印　次	2025 年 3 月第 1 次印刷
书　号	ISBN 978-7-5765-1571-8
定　价	55.00 元

本书若有印装质量问题，请向本社发行部调换
版权所有，侵权必究

购书请扫描二维码

本书使用图片均由文章作者提供

编者按

城市设计是优化国土空间的整体布局和提升国土空间品质的重要方法，是塑造优美城市形态和营造活力场所的重要规划实践领域，也是实现美丽中国战略的重要手段。

2019 年 5 月，中共中央、国务院发布的《关于建立国土空间规划体系并监督实施的若干意见》（中发〔2019〕18 号）中提到要"运用城市设计、乡村营造、大数据等手段，改进规划方法，提高规划编制水平"。2021 年 7 月《国土空间规划城市设计指南》正式实施，明确了"城市设计是国土空间规划体系的重要组成，是国土空间高质量发展的重要支撑，贯穿于国土空间规划建设管理的全过程"。城市设计的方法运用为国土空间总体规划编制起到了积极的支撑作用，相信在下一阶段的国土空间详细规划和综合实施方案中将发挥更为核心的作用。

近年来，北京城市副中心、河北雄安新区、四川天府新区、长三角生态绿色一体化发展示范区和粤港澳大湾区等重点区域均高度重视城市设计方法的全过程运用，也涌现出了许多新理念、新方法和新技术，可谓百花齐放、百家争鸣。

本专辑以"城市设计的新理念与新探索"为主题，邀请了东南大学、清华大学和同济大学等国内知名高校的教授专家，以及中国城市规划设计研究院、深圳市城市规划设计研究院和上海同济城市规划设计研究院等知名规划院的一线规划设计师，对这一时期城市设计研究及实践的创新性探索进行总结回顾。其中，既有针对当前城市设计领域的热点议题，如面向低碳生态、城市更新、历史保护等城市设计的实践方法总结与思考，也有针对前沿数智技术在城市设计实践中的应用的探索，还有面向城市设计实施全过程的设计导控方法与国际案例借鉴。

通过本专辑，可以小见大，一窥当下我国精彩的城市设计实践活动，也期望本专辑能为读者提供新视野与新借鉴。

上期封面：

CONTENTS 目录

主旨引论
004　生态性城市设计及其方法体系构建 \ 匡晓明　陈　君　徐　进
011　计算性城市设计：技术方法与实践探索 \ 叶　宇　刘雨洋　武静芬
018　城市设计营造公共场所与城市记忆——深圳金威啤酒厂城市更新单元规划 \ 黄卫东　赵冠宁　苏　毅
024　存量更新背景下的总体城市设计策略研究——以太原市总体城市设计为例 \ 陈亚斌　匡晓明　刘曦婷

城市设计与生态低碳
030　基于传统理水智慧的城市水系统规划——以合肥未来科技城城市设计为例 \ 符　骁　蒲文珺
036　绿色低碳导向下的城市中心区规划实践——以上海金桥副中心城市设计为例 \ 邵　宁　曾舒怀　刘文波
042　产业园区低碳更新策略研究——以上海漕河泾开发区为例 \ 陈海涛　林辰辉　罗　瀛
046　旧城更新视角下的城市"绿街系统"实践探索——以茂名河东片区绿道（示范段）建设工程为例 \ 肖　达　吴树杰　范　江
052　基于自然的解决方案——海岸带地区空间塑造路径探索 \ 陈　波　徐　宁

城市设计与数智技术
058　多尺度协同视角下第四代城市设计的中微观探索——以沈阳王家湾滨水区为例 \ 孙昊成　杨俊宴
062　针对远程办公趋势的设计响应现状研究 \ 夏俊豪　龙　瀛

城市设计与城市更新
066　基于公园城市理念的有机更新规划探索——以成都武侯华西坝更新单元城市设计为例 \ 张运新　陈晶莹　路　静
072　面向实施的城市设计探索——以长沙三一科学城城市设计为例 \ 陈蕾蕾　朱郁郁
077　面向城市重点地区高质量综合开发的城市设计全流程方法创新与技术创新——以深圳留仙洞总部基地为例 \ 黄卫东　李连财
082　面向实施的传统历史城区城市更新规划策略——以腾冲老城区为例 \ 陈　艳　江浩波
086　传统山体公园健身步道精准化提升的设计研究——以鞍山市"云上钢道"项目试点段为例 \ 袁天远

城市设计与历史保护
090　层积性历史城区的整体关联性城市设计方法——以成都天府锦城城市设计为例 \ 匡晓明　夏　雯　吕圣东
096　活态遗产视角下古镇保护性城市设计实践——以罗城古镇为例 \ 俞　静　景秋晨
102　历史文化街区城市设计实施的若干关键要点——以南宁市三街两巷为例 \ 张　恺

他山之石
108　贯穿规划编制与开发控制全过程的新加坡城市设计导控 \ 蔡雨欣
114　低碳生态理念的国际城市设计应用实例 \ 聂博芸

同济风采
118　获奖案例
128　新闻简讯

Main Theme Introduction
004 Ecological Urban Design and the Construction of Its Methodological System \Kuang Xiaoming Chen Jun Xu Jin
011 Computational Urban Design: Methodology and Practices \Ye Yu Liu Yuyang Wu Jingfen
018 Cultivating Public Spaces and City Memory Through Urban Design—A Case Study of Urban Regeneration Unit Planning for Shenzhen Jinwei Brewery \ Huang Weidong Zhao Guanning Su Yi
024 Research on Overall Urban Design Strategy Under the Background of Urban Renewal—Taking the Overall Urban Design of Taiyuan City as an Example \ Chen Yabin Kuang Xiaoming Liu Xiting

Urban Design and Ecological Low Carbon
030 Urban Water System Planning Based on Traditional Water Sorting Wisdom—Taking the Urban Design of Hefei Future Science and Technology City as an Example \Fu Xiao Pu Wenjun
036 Planning Practice of Urban Central Areas Under the Guidance of Green Low-Carbon—Taking the Urban Design of Shanghai Jinqiao Subcenter as an Example \Shao Ning Zeng Shuhuai Liu Wenbo
042 Research on Low-Carbon Renewal Strategy of Industrial Parks—A Case Study from Caohejing Hi-Tech Park \Chen Haitao Lin Chenhui Luo Ying
046 Practical Exploration of Urban "Green Street System" from the Perspective of Old City Renewal—Take the Construction Project of the Greenway (demonstration section) in the Hedong Area of Maoming as an Example \Xiao Da Wu Shujie Fan Jiang
052 Based on Nature Solution—Exploration of Space Shaping Path in the Coastal Zone Area \Chen Bo Xu Ning

Urban Design and Digital Technology
058 Medium and Micro Exploration of the Fourth Generation of Urban Design Under the Perspective of Multi-scale Synergy—The Case of Shenyang Wangjiawan Waterfront District \Sun Haocheng Yang Junyan
062 Research on the Design Interventions to Remote Working \Xia Junhao Long Ying

Urban Design and Urban Renewal
066 Exploration of Organic Renewal Planning Based on Park City Concept—Taking Chengdu Wuhou Huaxiba Renewal Unit as an Example \Zhang Yunxin Chen Jingying Lu Jing
072 Implementation-Oriented Urban Design Exploration—Take the Urban Design of Changsha Sanyi Science City as an Example \Chen Leilei Zhu Yuyu
077 Whole Process Methodology Innovation and Technological Advances of Urban Design for High-Quality Comprehensive Development in Key Urban Areas—A Case Study of the Liuxiandong Headquarters Base in Shenzhen \Huang Weidong Li Liancai
082 Implementable Renewal Planning Strategies for Historical District—A Case Study of the Old Town of Tengchong \Chen Yan Jiang Haobo
086 Research on the Design of the Precision Improvement of Mountaineering and Fitness Trails——Take the Pilot Section of the "Cloud Steel Road" Project in Anshan City as an Example \Yuan Tianyuan

Urban Design and Historic Preservation
090 The Integrated and Interconnected Urban Design Method of Stratified Historical Urban Areas—Take the Urban Design of Chengdu Tianfu Jincheng as an Example \Kuang Xiaoming Xia Wen Lü Shengdong
096 Practice in the Protection Oriented Urban Design of Ancient Towns from the Perspective of Living Heritage—Taking Luocheng Ancient Town as an Example \ Yu Jing Jing Qiuchen
102 Several Key Points for the Implementation of Urban Design of Historical Areas—Case of Sanjie-Liangxiang Historical Area of Nanning City \Zhang Kai

Voice from Abroad
108 Urban Design Guidelines in Singapore Throughout the Whole Process of Planning and Development Control \Cai Yuxin
114 Examples of International Applications of Low Carbon and Ecological Concepts in Urban Design \Nie Boyun

Tongji Style
118 Awarded Projects
128 Newsletter

主旨引论
Main Theme Introduction

生态性城市设计及其方法体系构建
Ecological Urban Design and the Construction of Its Methodological System

匡晓明　陈　君　徐　进
Kuang Xiaoming　Chen Jun　Xu Jin

[摘　要]　城市设计是营造美好人居环境和宜人空间场所的重要方法和工具，在生态文明建设背景下，切实地将生态、绿色和低碳等相关的内容纳入城市设计实践中，建立生态性城市设计体系框架具有理论意义和实践价值。本文从人、城市与自然和谐发展的三大核心关系着手，提出了通过构建城绿相融的生态网络实现整体格局优化、通过布局复合平衡的密度组团实现空间体系的优化、通过形成集约高效的资源配置实现支撑系统优化的"生态性城市设计方法框架"，并结合实践案例详细阐述了各项生态性城市设计的方法及其应用。

[关键词]　生态性城市设计；方法体系；实践应用

[Abstract]　Urban design, is an important method and tool for creating a beautiful living environment and livable space. In the context of ecological civilization construction, incorporating ecological, green, low-carbon and other related content into urban design practice and establishing an ecological urban design system framework is of theoretical significance and practical value. How to bring the ecological content into the practice of urban design and form the method of eco-urban design has become an urgent problem to be solved. Based on the three core relationships of the harmonious development of human, city and nature, this paper puts forward "the method system of eco-city design" to realize the optimization of the overall pattern through the construction of ecological network integrating city and green, to realize the optimization of the spatial system through the layout of compound and balanced density groups, and to realize the optimization of the supporting system through the intensive and efficient allocation of resources. And combined with practical cases, the methods and applications of various ecological urban design were elaborated in detail.

[Keywords]　ecological-urban design; methodological system; practice and application

[文章编号]　2025-98-A-004

随着生态文明新时代理念的提出与践行，超过90%的地级市都提出了建设生态城市或低碳城市的目标，开展了大量的实践活动，但真正建成的生态城市或城区数量却很少。究其原因，是缺乏生态导向的设计方法体系指导设计实践，导致生态理念仍停留于目标和指标层面，难以落实到城市空间环境，生态城市建设效果不尽理想。因此，城市设计如何与生态学相结合，将城市的可持续发展目标转化为城市物质空间设计语言，解决生态理念与设计实践脱节的问题，成为制约中国生态城市建设的关键环节。

城市设计是一门通过塑造具体城市环境以解决城市现实问题的专业，不同时期城市设计的关注重点会随着城市发展需求变化发生相应的转变。传统城市设计重点关注视觉美学和场所形态，现代主义城市设计更为关注城市功能合理性，近年来随着城市设计的深度和广度不断拓展，出现了基于概念性、生态性、历史保护等不同侧重点的城市设计类型。当代城市生态环境不断面临新的挑战，生态导向的城市设计作为应对全球环境危机、实现可持续发展的核心手段，是解决城市与自然的关系矛盾，促进城市低碳可持续发展的重要方法。

可见，无论是从中国城市发展的现实需求还是从学科发展的演进逻辑角度来看，生态导向已经成为当前城市设计的必然选择。如何切实地将自然生态、环境质量与低碳高效等一系列生态相关的内容纳入城市设计实践中，形成基于"生态导向"理念的城市设计方法即生态性城市设计方法已成为亟需解决的问题。

1969年，英国学者麦克哈格（Ian Lennox McHarg）的著作《设计结合自然》为城市设计结合自然生态确立了理论基础。此后，Randall Thomas、Douglas Farr、杨沛儒、Robert C. Gilman等学者从不同角度对生态导向的城市设计进行了论述。目前国内越来越多的学者开始关注生态导向的城市设计方法的研究，林姚宇从生态城市设计的价值与准则、原理与模型、对策与途径等方面对生态城市设计的思想理论进行相应的阐述与总结，孙宇系统研究了西方生态城市设计理论的演变，孙钊研究了生态城市设计的内容、编制体系及管理实施，臧鑫宇、陈天等提出了街区层面生态城市设计策略，田宝江总结了目前生态导向的城市设计实践中存在的问题并提出不同层面的生态导向的城市设计策略。既有研究已经从重视生态导向的城市设计理论研究逐步转向实践研究，但总体上仍处于理念探讨与模式引导的阶段，尚未建立生态导向的城市设计的完整方法体系，难以有效指导设计实践。故本文尝试将城市设计与生态学相结合，从协同自然环境、人工环境与城市空间的关系着手，提出生态性城市设计方法体系，指导设计实践中如何实现城市空间环境优化的目标。

一、生态性城市设计的内涵理解

1.生态性城市设计内涵

由于目前国内学术界对"生态导向"的城市设计研究较少，关于生态性城市设计的内涵尚未形成共识。田宝江认为生态导向的城市设计是以人与环境之间、人与人之间的和谐及可持续发展为目标，在城市设计中运用生态学的原理、技术和方法，对城市空间发展（物质空间和社会空间）进行规划，引导和规范城市建设实践，实现城市空间健康、和谐、可持续发展；臧鑫宇、陈天等认为生态导向的城市设计是以生态学、建筑学和城市规划学为基础，以可持续发展为原则，融合城市形

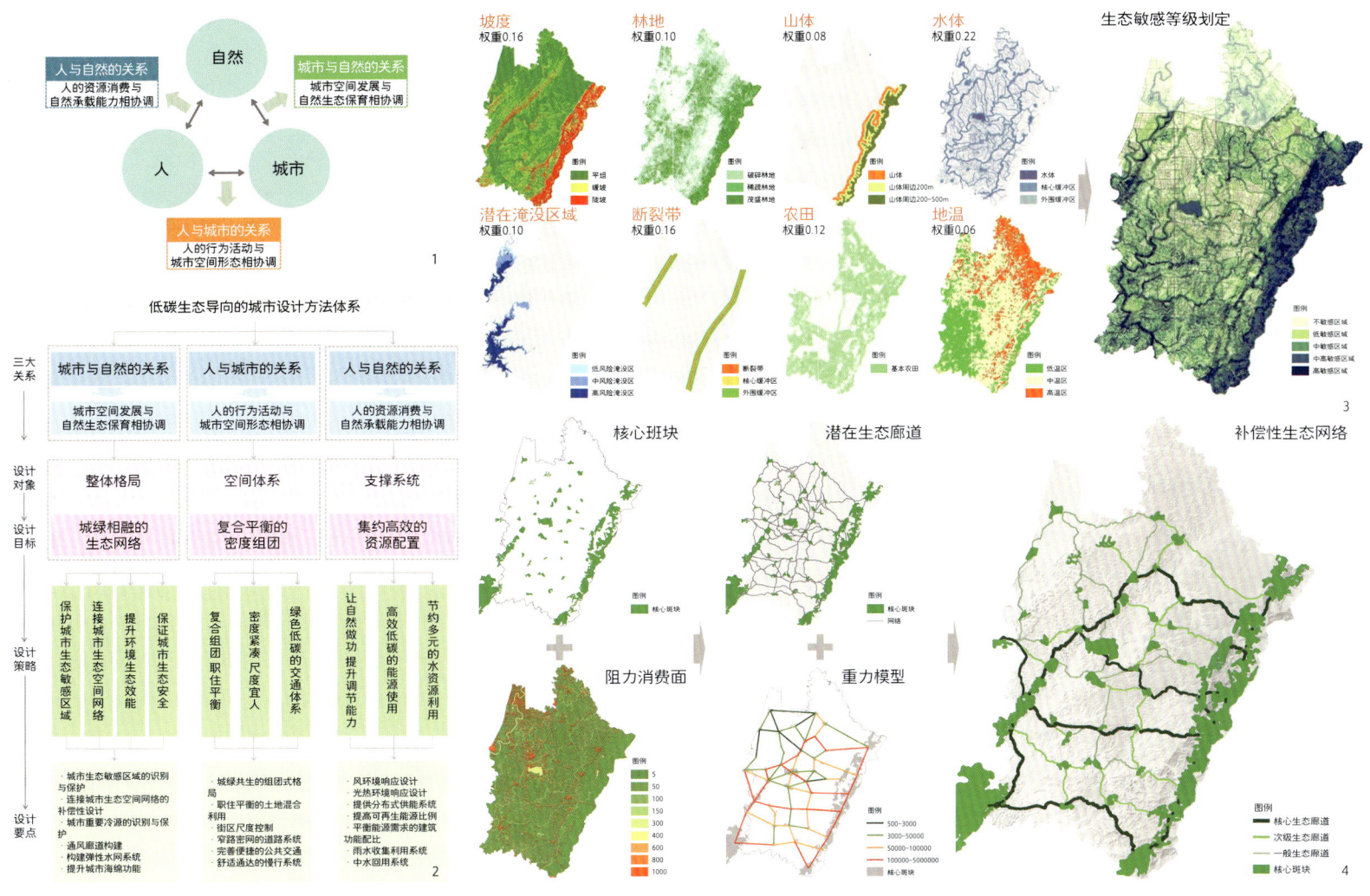

1.生态性城市设计中三大核心关系图　3.天府新区生态敏感性评价图
2.生态性城市设计的方法框架图　　4.天府新区城市生态空间的补偿性设计图

态学、城市文化学、城市地理学等诸多学科的研究,是一种涵盖了自然、社会、经济、文化等诸多方面的综合性设计方法;林姚宇认为生态导向的城市设计是立足于城市设计学科在物质空间环境营造层面对生态学知识和原理的借鉴和运用,促进人工环境与自然环境的协同演进,为城市自然生态系统的持续成长、市民大众的健康生活创造和谐共生的城市物质空间环境。

由上所见,学者普遍认为生态导向的城市设计是以生态学原理和技术为基础,以物质空间环境为对象,将和谐及可持续发展作为目标,但是侧重有所不同。田宝江认为应注重人与人、人与环境之间关系,林姚宇认为应该重点关注自然环境与人工环境之间关系,臧鑫宇、陈天等认为应该注重自然、社会、经济、文化等诸多方面的综合。基于上述学者的理论研究,本文从城市设计作为一门处理"人与环境"关系的学科为出发点,借鉴空间环境生态学理论,认为生态导向的城市设计应该重点关注人—人工环境(城市)—自然环境之间的关系。因此,本文提出的生态性城市设计是以生态文明思想为内核,以城市生态学为基础,以城市空间环境设计为手段,最终实现人、城市与自然三者间和谐发展的城市规划设计方法。生态性城市设计在紧密结合已有城市设计研究和实践经验的基础上,侧重从生态角度来梳理和完善城市设计的理论框架和实践方法,体现了当代城市设计基于生态主义视角在城市规划领域的探索。

2.生态性城市设计中三大核心关系

生态性城市设计的研究对象是城市物质空间环境系统中各类生态要素的关系,主要包括自然环境、人工环境与主体人。在可持续发展的目标下,自然环境与人工环境均为共生演进关系,前者是后者的基础,对人工环境的组织有极大的影响和制约,人工环境对山、水、植被、地形等自然要素的改变和影响应控制在不以牺牲自然环境为代价的可持续发展基础之上,自然环境和人工环境共同构成城市物质空间环境客体要素。人是城市物质空间环境的主体要素,人类活动对城市空间环境生态系统和生态过程具有重大作用,同时自然环境提供的生态服务、人工环境满足人类需求的特定功能,满足人的生理和心理需求。人的不同行动方向会给城市空间环境生态系统带来积极或者消极影响,生态性城市设计的宗旨就是促进生态友好型的设计决策,在保护、适应、优化和补偿生态环境的原则上,对城市生态系统进行系统性优化,实现人(主体)、城市(主要是人工环境)、自然(主要是自然环境和自然资源)之间的和谐发展。

二、生态性城市设计的方法体系建构与实践应用

1.生态性城市设计方法体系构建

生态性城市设计方法体系建构的难点在于如何将

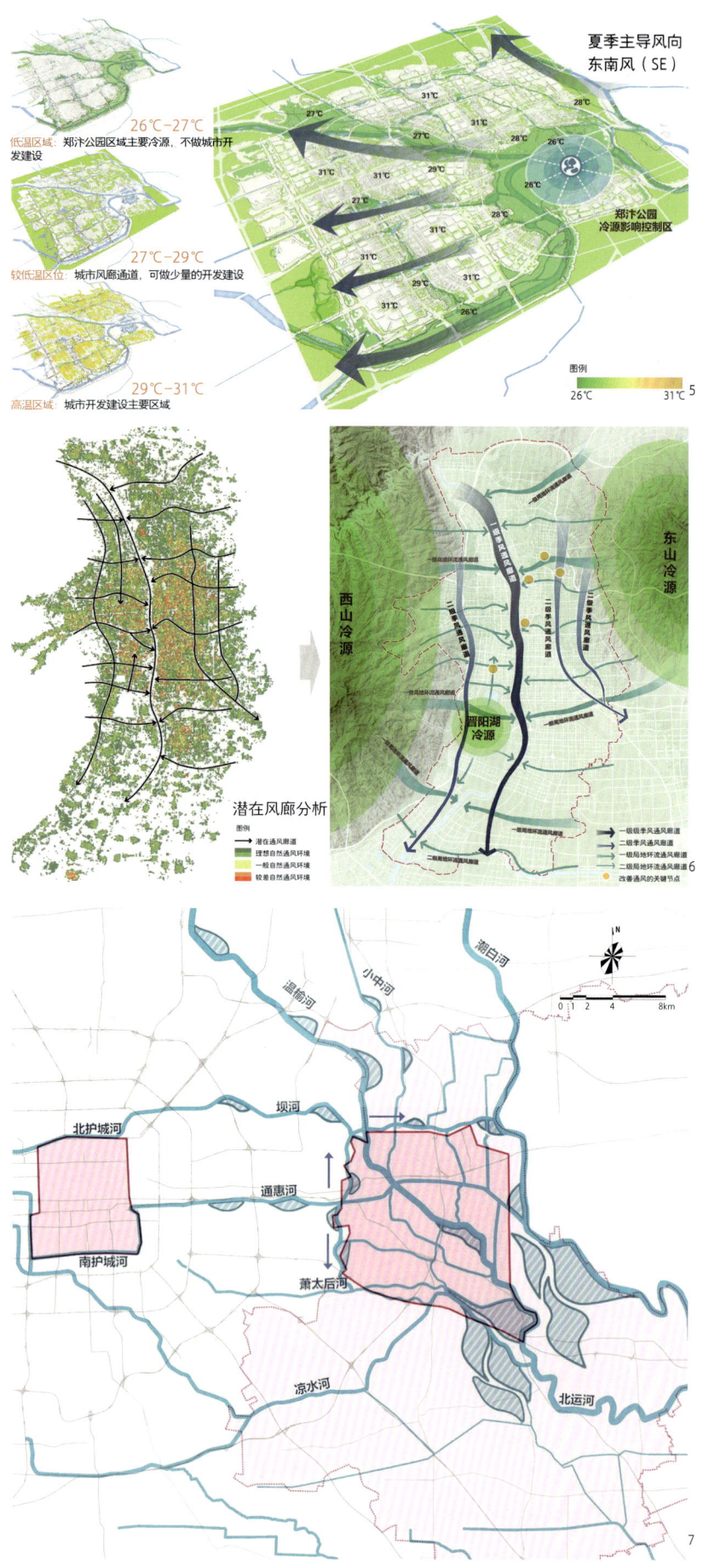

人、城市与自然三者和谐发展的三大核心关系与城市空间环境优化建立有机联系。本文试图从如何实现城市与自然和谐、人与城市和谐以及人与自然和谐三个方面出发，将人、城市与自然和谐发展目标分解转译为城市物质空间塑造的设计语言。

首先是城市与自然的和谐，强调城市建设空间与生态环境的有机融合，构建城绿和谐相融的空间网络体系。城市建设不可避免地会对原有的生态环境产生影响，生态性城市设计首先着眼于对自然山水、原始地貌、物种栖息地和植被景观等的保护性利用，在城市空间环境塑造中尽可能保持自然本底的完整性，并构建有机联系、城绿相融的自然生态网络，提升优化城市自然空间的生态功能。在具体的设计当中应结合气候适应性设计措施如城市风廊与蓝绿空间的耦合，关注自然要素的物理调节作用如海绵城市系统等，增强城市韧性，提高生态效能。

其次是人与城市的和谐，重点关注如何通过优化城市空间环境组织以达到城市物质空间与人类使用间的良性互动与低碳高效。生态性城市设计应当采取紧凑空间模式，形成以人为中心的复合平衡的密度组团。具体策略包括通过功能混合的组团式布局实现职住平衡并减少出行需求；开发密度紧凑和设施均衡的小街区，塑造舒适宜人的人居环境；构建绿色低碳的交通体系并促进绿色出行等。

最后是人与自然的和谐。人类对自然资源的需求以及自然资源的供给能力是决定人与自然平衡关系的关键因素。人对自然的亲近需求是与生俱来的，自然不仅是人类生存的载体，更是人们的精神家园。生态性城市设计应充分利用水流和风流等生态过程，让自然做功，提升城市调节能力，减少为满足人类需求而产生的资源消耗。同时，协调山水、林草和耕地等各类资源的综合利用，促进高效低碳的能源和资源使用，减少废弃物产生，使自然承载能力能够满足人的资源消耗需求，实现人与自然和谐共生。

因此，本文提出的"生态性城市设计方法体系"的基本要点是通过构建城绿相融的生态网络以实现整体格局优化，通过布局复合平衡的密度组团以实现空间体系的优化，通过集约高效的资源配置以实现支撑系统优化的设计方法集合，进而通过设计方法的体系性集成实现城市空间环境整体优化，达到人、城市与自然的和谐发展的整体目标。

2.构建城绿相融的生态网络

城绿相融的生态网络不仅为城市奠定了环境友好和低碳生态的整体格局，也减少了城镇化给自然生态环境带来的不利影响，实现了城市空间发展和自然生态保护相协调。结合前文分析，城绿相融的生态网络构建可以围绕保护城市生态敏感区域筑牢生态基底、运用补偿性设计连接城市生态网络、预留通风廊道促进环境生态效能提升、实行雨洪管理保障城市生态安全等设计要点展开。

（1）城市生态敏感区域的保护性设计

城市生态敏感区域的保护性设计，就是要最大限度地保留自然生态特征，限制和降低人工改造对自然生态的破坏性，其关键在于如何科学识别城市生态敏感区域。因此，首先需要对规划场地内的生态要素，如山、水、林、田、湖、草、地形地貌及气象条件等进行初步分析，识别出关键生态要素，并利用GIS空间软件进行单因子的生态敏感性分析。在此基础上，根据各因子的重要性确定权重，并采用因子加权求和法进行综合评价，确定规划范围内不同等级的生态敏感区域，其中，高敏感、中高敏感

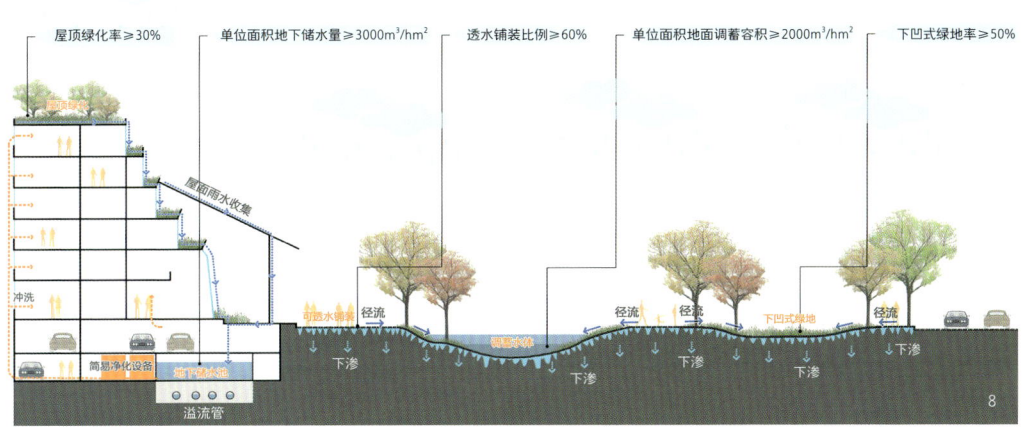
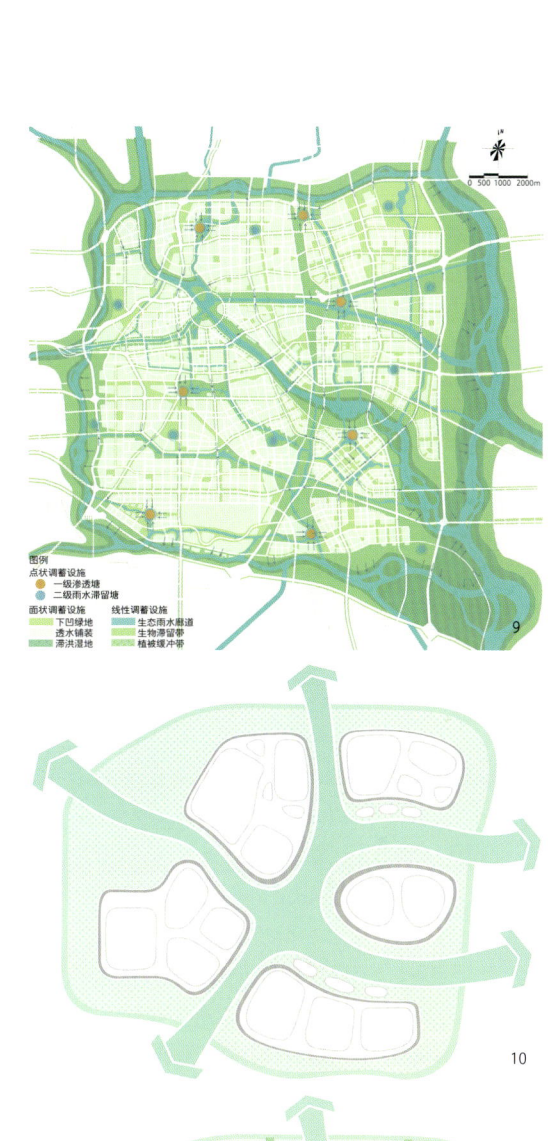

5.郑州绿博园风环境优化设计图
6.太原城市风环境优化设计图
7-9.北京城市副中心的三级雨洪调蓄体系图
10-12.组团式空间格局构建示意图

区域应作为城市重要生态保护区域加以管控。

（2）连接城市生态空间网络的补偿性设计

在城市空间扩张过程中，原有景观格局及自然再生能力被改变，我们需要运用设计对遭到破坏的自然网络进行生态补偿。规划可采用最小路径法识别潜在生态廊道，通过补偿性设计构建人工生态廊道，将破碎斑块联系起来，提高生态空间连通性，重塑具有一定生态功能的自然—人工生态网络。具体方法如下：首先根据生态斑块类型、斑块面积、植被覆盖度、保护状况等对规划区内的林地、湿地等生态斑块进行核心斑块价值筛选，构建景观阻力消费面[1]，并基于景观消费面计算核心斑块之间的最小费用路径，即潜在生态廊道；其次利用重力模型计算核心斑块间的作用强度，并根据强度等级确定生态廊道重要性；最后通过重要生态廊道连接破碎化的核心斑块，重新形成网络化的城市生态空间。笔者团队在天府新区总体城市设计项目中应用上述方法，分析得出的补偿性生态网络成为天府新区生态网络构建的重要依据。

（3）促进环境效能提升的通风廊道规划

构建通风廊道能消解城市热岛效应，改善大气环境质量，促进环境生态效能提升。在城市新建区，规划基于地表温度反演技术识别生态冷源集中区，强调对城市集中建设区夏季主导风上风向的冷源保护。结合城市水绿廊道设置多条平行于夏季主导风向的城市通风廊道，将冷流引入城市内部。城市边缘及内部的自然冷源如山体、湖泊、河流等，在与城市集中建设区进行热交换的过程中会形成局地风流，根据冷源与热源的空间位置进行次级通风廊道的设置，能够促进局地环流，改善局部地区的城市热环境。在城市建成区，也可以通过迎风面密度测算识别潜在通风廊道，打通关键堵点，优化通风廊道体系。

（4）保障城市雨洪安全的海绵设施规划

构建弹性调蓄的海绵设施体系，能提升城市韧性，有效应对极端暴雨天气，保障城市安全。规划可从宏观、中观、微观三个层面进行雨洪调蓄体系构建。宏观层面是在流域范围进行雨洪调蓄，通过上游设置湖泊水库、中游预留分洪廊道、下游布局季节性湿地等措施蓄滞过境洪水；中观层面通过在河道两侧设置洪泛区域，提高河道调蓄能力，形成弹性水绿网络系统；微观层面采用地块指标管控方式，对雨水管理单元内部的下凹式绿地率、透水铺装率、储水设施规模提出指标要求，保障低冲击开发设施配置以实现对雨水的有效调控和就地消纳。

3.布局复合平衡的密度组团

合理的城市形态与各个功能单元内部的土地使用情况，将会对人们的行为方式、交通需求乃至能源使用产生重大影响。复合平衡的密度组团作为生态性城市设计重要策略之一，有助于节约土地资源，促进就近出行与工作，降低交通污染和能耗，是人的行为活动与城市空间形态相协调的空间体系。具体规划方法如下。

（1）层级组团和功能复合的土地利用

优化土地利用布局，通过组团化空间结构和多功能的复合使用，促进职住平衡，减少交通需求量。

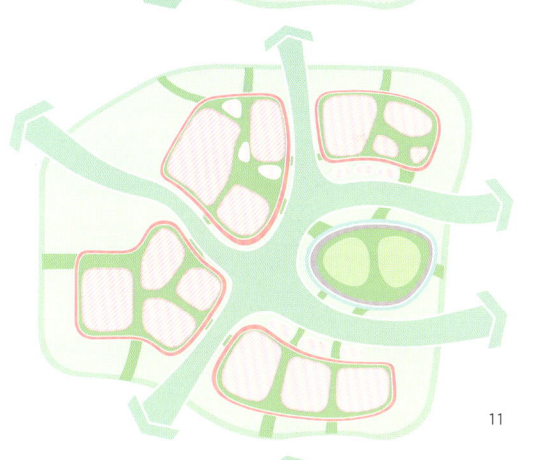
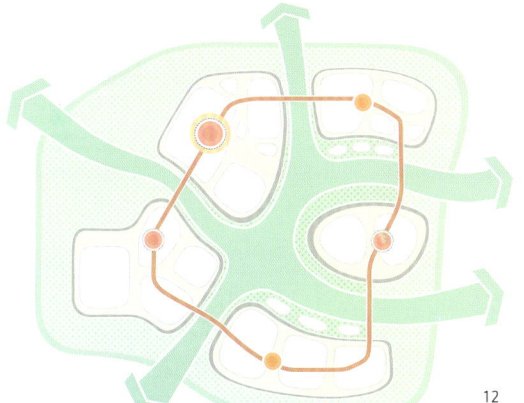

13.雄安新区雄昝片区商务中心区混合布局图
14.雄安新区昝岗组团公交和慢行环线图

国内外城镇密集区发展的实践经验和相关研究成果表明，多中心、组团式的城市空间结构更利于区域的整体健康发展。规划构建城绿共生的发展格局，以大尺度生态廊道划分组团，既能防止城市连片式发展，又能连接区域重要生态斑块；组团内部布局突出城绿相融，采用嵌套式集群模式精细化布局组团内的产城单元和绿色空间；组团间采用环形轴带连接，轴带集合轨道交通、快速公交和骑行环道等串联组团公共中心，构建共享公共服务走廊，由此共同形成多层级、组团式的发展框架。

组团内部提倡功能的混合布局和土地的复合利用，居住结合商业、商务办公、公共服务设施等进行空间布局，能提供更多的就近就业机会，促进居住和就业适度平衡。以雄安新区雄昝片区商务中心区城市设计方案为例，该方案集合金融商务、文化娱乐和休闲创新等功能，通过多种方式相互混合，实现职住平衡。

（2）密度紧凑和尺度宜人的小街区

街区尺度会影响交通便利性与可达性、出行需求和行为方式，规划通过控制街区尺度，增加支路网密度形成密度紧凑和尺度宜人的小街区。根据街区主要功能，采用相应的街区尺度，如居住街区考虑邻里交往的需要及步行、自行车出行的最佳距离，基本居住街区边长以150m为宜，面积约为2hm²。同时强化对城市路网密度的控制，使城市建成区平均路网密度提高到8km/km²以上，中心城区平均路网密度可达到10km/km²。对城市既有建成区内规模较大的街区，可利用同一街廓内地块之间的边线各自退让，形成开放性支路，以增加支路网密度。

（3）公交导向和慢行优先的绿色交通体系

优先发展公共交通，规划通过优化轨道交通系统和快速公交系统，补充完善巴士公交系统，提升公交站点覆盖率、控制公交换乘距离，梯度减少中心区的停车设施等措施，形成系统完整、高效衔接的公共交通系统，促进绿色出行。以雄安新区雄昝片区城市设计方案为例，规划采用公交和慢行双环线来强化区域的便捷联动，外环为无人智轨环线，串联各个组团公共服务中心，内环是依托二级绿廊建设的自行车环道，串联市民休闲场所、公园绿地和公共活动中心等。此外，通过常规轨道交通和地方公交等不同运量的公共交通，与无人智轨环线共同构成公共交通网络，使规划区内公交覆盖率达到95%以上。

同时，规划通过完善慢行体系，提高慢行交通网络的连通度；加强慢行系统与公共服务设施的连接，提升慢行交通网络的功能性；依托蓝绿网络布局慢行系统，改善慢行交通网络的舒适性。

4.形成集约高效的资源配置

城市是人类活动最为集中的空间，是人与自然环境相互交换物质与能量最主要的地区。生态性城市设计不仅需要关注城市空间和土地利用，还必须考虑资源、能源的节约与高效利用，促进人的资源消费与自然承载能力相协调。能源和水资源是经济社会发展所依赖的两大重要资源，也是制约着城市发展的关键因素。生态性城市设计通过对能源、水资源消耗进行分析，采用开源节流策略，优化空间环境，降低资源需求，提高能源、水资源的利用效率，促进可再生能源、非传统水源使用，切实减少资源消耗总量。实现集约高效的资源配置的城市设计方法具体包括如下三方面内容。

（1）让自然做功，减少能源需求

研究表明，通过环境优化策略创造良好的地区微气候条件、提高室内外环境的舒适度，可以促进被动调节、降低建筑能耗。

首先是城市风环境优化策略，包括引导绿地、道路布局等形成通风廊道，促进夏季的城市自然通风；利用自然地形、构筑物或密植林带阻挡冬季寒风；根据主导风向合理设计建筑朝向、建筑布局形式和街道的方向，优化局地风环境。笔者团队在天津中新生态城零能耗岛城市设计中，根据该地区不同季节气候特征，采取相应策略优化城市风环境。该地区冬季寒冷且持续时间长，主导风向为北偏西45°，规划沿岛西北侧规划防护林带、高层建筑，与主导风向平行街道短或曲折，阻挡寒风进入；夏季稍热，主导风向为东偏南22.5°，规划中央绿带方向与夏季主导风向平行，将自然冷风引入城市内部，缓解热岛效应；春秋季日照弱、风速大，主导风向为南偏西45°，为减缓风速，规划将主要街道朝向设置在春秋季主导风向两侧45°~75°范围内，使街道全年平均风速基本维持在2.0~4.0m/s。

其次是城市热环境优化策略，可通过保护山地、森林、水体等城市冷源，并合理组织开放空间和建筑物布局引入冷风、分割热场，结合混合土地利用、控

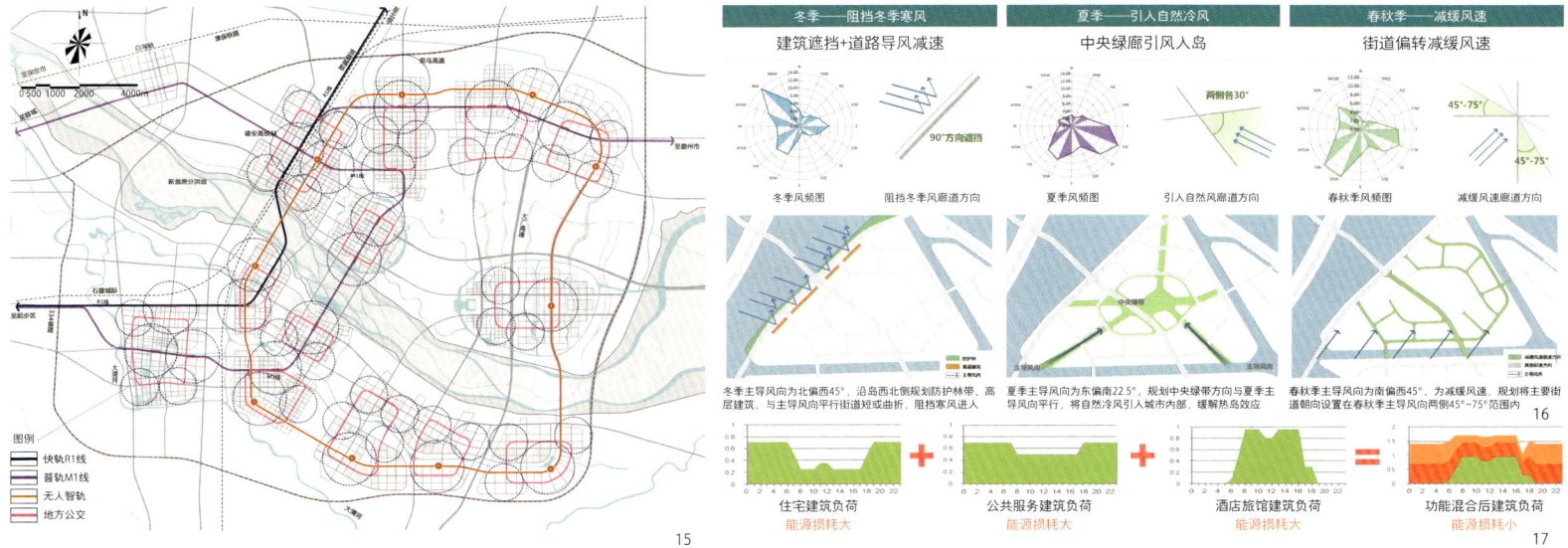

15.雄安新区昝岗组团公共交通体系图
16.中新天津生态城临海新城零能耗岛风环境优化设计图
17.功能混合的削峰填谷能源曲线图

制建筑高度与密度等方式,以减少热量产生,降低夏季城市热岛强度。同时,还可以通过合理组织街道和建筑朝向、控制建筑密度和形式,保证必要的日照条件,最大限度地促进冬季太阳得热。

(2)建立高效能源单元,促进可再生能源使用

城市能源的高效利用是生态性城市设计的重要目标,需要从供给侧和需求侧分别进行优化,构建高效的能源单元。

供给侧方面,建议采用多能互补的分布式用能模式。规划构建"智慧能源中枢—区域能源中心—能源站"三级能源体系,通过泛能微网和能源总线等新型能源系统统筹太阳能、地热能等分布式能源,以就近供应为原则,在使用过程中优先保证分布式能源就近全发全用,不足部分由能源站补充。该方式不仅可以缩短输送距离以减少能源传输损耗,还能通过能源梯级利用使低品位能源得到较好的利用,提高能源使用效率,促进可再生能源使用,降低能源消耗带来的碳排放。

需求侧方面,由于不同功能建筑的用能曲线差异较大,规划可以运用能源配伍法,对建筑功能配比进行适当调整以平衡区域全天能耗负荷曲线,减少能源消耗损失,实现能源的高效利用。具体的建筑功能耦合量可利用能源模拟软件逐时负荷叠加,进行多情景分析比选,得到最优曲线,进而获取建筑功能混合量化结果。以上海临港生态示范区城市设计方案为例,该方案通过DEST能耗模拟软件分析得出在该地区公建与住宅建筑类型比在4∶6至3∶7之间峰值运行时段减少,负荷耦合情况较优,以此作为示范区公建与住宅建筑总量比例的规划依据。

(3)利用雨水和再生水,实现节约的水资源利用

水资源的合理利用有助于形成良性水循环,对城市生态环境的改善具有重要意义。生态性城市设计应根据水资源特征和降雨情况,结合未来区域发展诉求,进行水资源情况评价;提出雨水收集、中水回用和污水处理等综合水资源利用策略;并对海绵设施、市政基础设施等进行空间落实和设计引导。

以天津零能耗岛城市设计为例,该海岛岛内几乎无淡水供应,淡水资源主要依靠于外部引水。规划构建海绵设施系统收集利用雨水,减少岛外引水,按照年径流总量85%的控制要求设计雨水花园、下凹式绿地、雨水罐和地下储水模块等设施的调蓄容积,可调蓄雨水总量为2.35万m^3。该总量可满足场地绿化浇洒、路面冲洗及景观用水的总需求。但由于月降雨量分布不均,在旱季和常水位期,需将处理后的中水作为景观水体重要且稳定的补水来源,实现水资源梯级利用。

三、结语

综上,在生态文明建设的背景下,结合城市设计在城市空间环境塑造方面的独特技术优势,将城市生态学与城市设计紧密结合,以生态性城市设计为手段,营造蓝绿交织的城乡宜居空间,实现当代城乡绿色发展。笔者团队过去几年大量生态性城市设计实践表明,生态性城市设计不仅可以促进生态与城乡空间的有机融合,而且在落实生态文明理念和生态管控要求方面已经发挥积极的作用。在空间规划改革之际,我们还需持续关注生态性城市设计与空间规划体系之间的融合与衔接,以期在国家空间治理中发挥其独特的作用。

注释

①景观阻力消费面:斑块内的物种在不同景观单元之间进行迁移有不同难易程度,即阻力消费值,所有斑块景观阻力值的空间分布则构成景观阻力消费面。

参考文献

[1]田宝江. 生态导向的城市设计实践与反思[J]. 中国园林, 2018, 34(12): 13-16.

[2]臧鑫宇, 陈天, 王峤. 绿色街区:中观层级的生态城市设计策略研究[J]. 城乡规划, 2018(2): 82-90.

[3]臧鑫宇, 王峤, 陈天. 绿色视角下的生态城市设计理论溯源与策略研究[J]. 南方建筑, 2017(2): 14-20.

[4]林姚宇. 生态城市设计理论与方法:营造当代都市的绿色未来[M]. 北京:中国城市出版社, 2010.

[5]王建国. 基于人机互动的数字化城市设计:城市设计第四代范型刍议[J]. 国际城市规划, 2018, 33(1): 1-6.

[6]王建国. 21世纪初中国城市设计发展再探[J]. 城市规划学刊, 2012(1): 1-8.

[7]方创琳, 王少剑, 王洋. 中国低碳生态新城新区:现状、问题及对策[J]. 地理研究, 2016, 35(9): 1601-1614.

[8]孙宇. 当代西方生态城市设计理论的演变与启示研究[D]. 哈尔滨:哈尔滨工业大学, 2012.

[9]孙钊. 生态城市设计研究:以武汉市为例[D]. 武汉:华中科

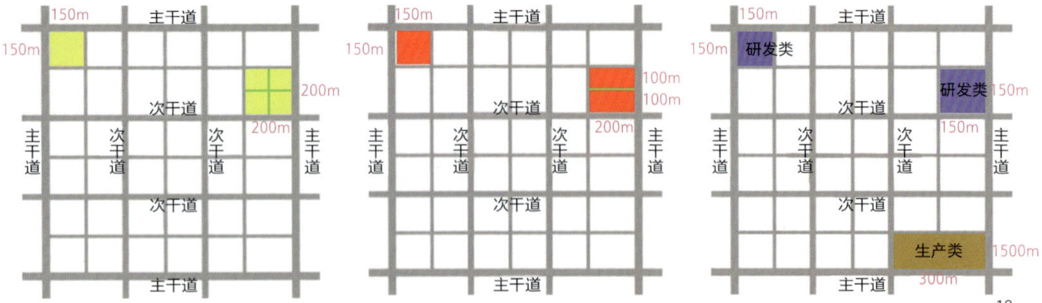

[10]沈清基,彭姗妮,慈海.现代中国城市生态规划演进及展望[J].国际城市规划,2019,34(4):37-38.

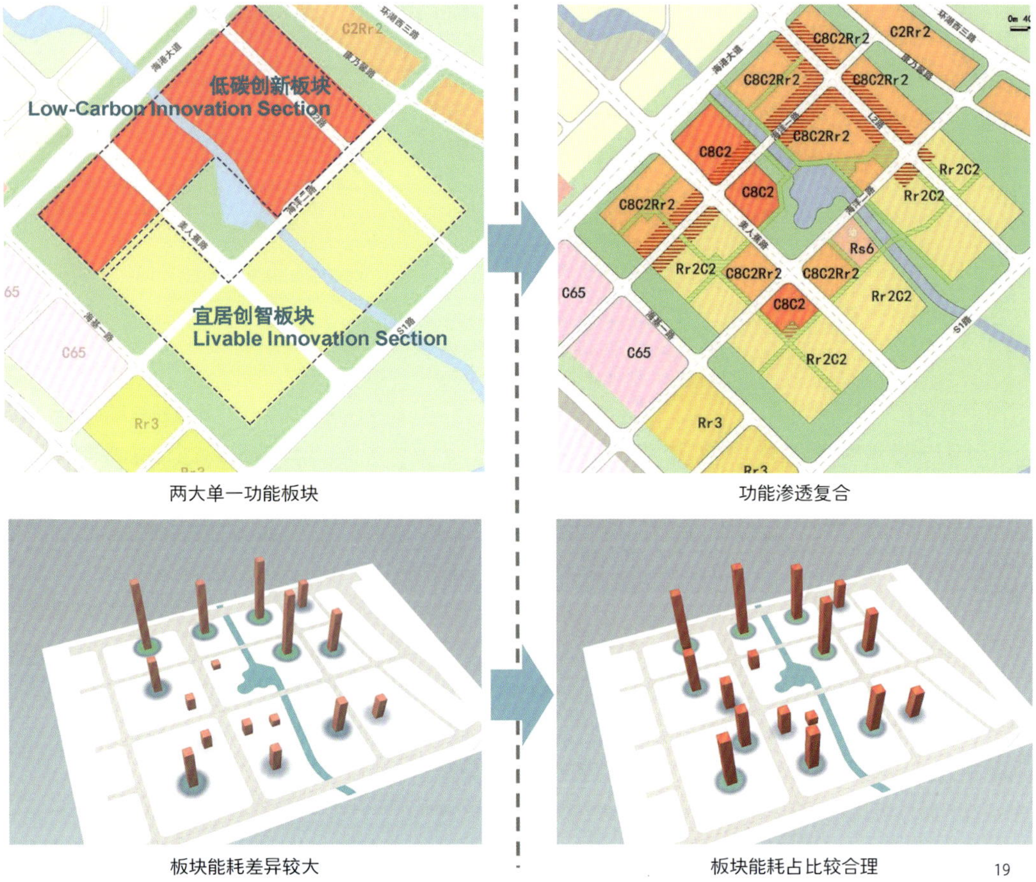

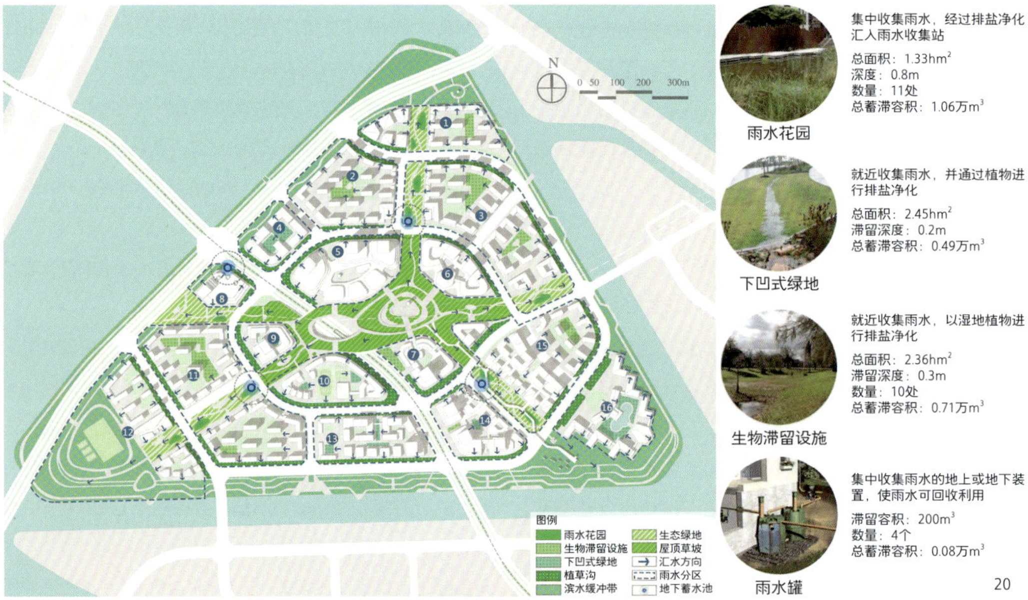

[11]彭奕华.复合型生态社区城市设计探讨:以上海市崇明岛国际实验生态社区为例[J].规划师,2012,28(Z1):15-19.

[12]崔愷.城市设计的维度和视角[J].建筑学报,2018(4):4-7.

[13]黄光宇,陈勇.生态城市概念及其规划设计方法研究[J].城市规划,1997(6):17-20.

[14]林姚宇,陈国生.FRP论结合生态的城市设计:概念、价值、方法和成果[J].东南大学学报(自然科学版),2005,35(Z1):205-213.

[15]RITCHIE A, THOMAS R. Sustainable Urban Design: An Environmental Approach[M]. 2nd ed. New York: Taylor & Francis, 2009: 153-162.

[16]麦克哈格.设计结合自然[M].芮经纬,译.北京:中国建筑工业出版社,1992.

[17]曾忠忠,侣颖鑫.基于三种空间尺度的城市风环境研究[J].城市发展研究,2017,24(1):35-42.

[18]赵宏宇,高洋,王耀武.山地水敏性城市设计:基于"城市、建筑、景观"三位一体理论的城市设计新思维[J].规划师,2013,29(4):86-91.

作者简介

匡晓明,上海同济城市规划设计研究院有限公司总规划师,城市设计研究院院长,城市空间与生态规划研究中心主任;

陈君,上海同济城市规划设计研究院有限公司城市空间与生态规划研究中心执行副主任,高级工程师,注册城乡规划师;

徐进,上海同济城市规划设计研究院有限公司城市空间与生态规划研究中心主任助理,高级工程师,注册城乡规划师。

18.不同类型街区尺度示意图
19.上海临港生态示范区功能优化前后的能耗模拟对比图
20.中新天津生态城临海新城零能耗岛雨水收集设施系统构建图

计算性城市设计：技术方法与实践探索
Computational Urban Design: Methodology and Practices

叶 宇 刘雨洋 武静芬
Ye Yu Liu Yuyang Wu Jingfen

[摘　要]　新城市科学所带来的新数据与新技术的协同进步，为城市设计分析技术的涌现和体系化带来新的可能。本文介绍了一套系统化的计算性城市设计技术体系，涵盖数据支持、具身循证、算法驱动等新兴城市设计技术研究方向的针对性技术与实践。立足形态解析、品质研判与设计生成三个典型城市设计环节开展技术归纳，搭建"研究—实践—反馈"的应用闭环，从实践中发现研究问题，研究成果支持设计实践，实现新数据新技术对城市设计实践的深入赋能。通过对城市设计在现状解析、设计分析与效能提升方面的三大典型需求提供针对性支持，计算性城市设计有望进一步推动当代城市设计向设计科学新范式的转型。

[关键词]　计算性城市设计；计算机技术；数据支持；具身循证；算法驱动

[Abstract]　The collaborative progress of new data and new technologies brought about by new urban science brings new possibilities for the emergence and systematization of urban design analysis technology. This study introduces a systematic computational urban design technology system, covering empirical research cases in the urban design discipline of emerging urban design technology research directions such as data-informed, evidence-based and algorithm-driven. It also carries out technical induction from the perspective of three typical urban design links: morphological analysis, quality judgment and design generation. The study builds an application closed loop of "research-practice-feedback" which discovers research problems from practice, supports design practice by research results and achieves all-round and in-depth control of the entire urban design process. By providing targeted support for the three typical needs of urban design in terms of status quo analysis, design analysis and efficiency improvement, computational urban design will further promote contemporary urban design towards a new paradigm of design science and generate new insights in this classic research field.

[Keywords]　computational urban design; computational technology; data-informed; evidence-based; algorithm-driven

[文章编号]　2025-98-A-011

一、大数据与信息技术支持下城市设计技术的涌现

1.城市设计技术的发展难点

城市设计作为建筑设计与城市规划的中间环节，一方面从建筑学汲取了对三维空间的创作方法，另一方面向城市规划学习了对经济、行为的关注和对土地的控制方法。但长期以来，城市设计主要汲取了建筑与规划学科的方法，而没有形成专属的城市设计技术。城市设计技术形成主要有两个难点：一是城市设计相较于仅关注宏观尺度的城市规划或微观尺度的建筑设计，其分析尺度涵盖数公顷到数十平方公里，跨度较大，并且需要兼顾二维与三维的复杂空间维度；二是目前已有的建造与环境控制技术关注为测度的客观"实体"，而城市设计技术需要关注较难测度的空间感受与行为活力等"虚体"。由于城市设计技术的长期缺位，导致设计实践往往依赖于主观经验判断开展设计操作。这一经典操作范式固然有效，但在城市建设转型的新背景下暴露出现状形态解析难以深入、方案品质评价难以量化、设计优化生成难以实现等问题。因此，适时吸纳新数据和新技术，建立城市设计技术体系，可以推动城市设计在城市建设转型期的效能提升。

2.城市设计的迫切需求与转型趋势

在城市化步入存量提质的背景下，城市更新与品质塑造成为城市设计工作重点，对精准分析和科学介入提出了更高需求。城市设计正在由应对城市空间扩张的宏观增长性设计，转向以内涵品质提升为主导的建成环境营造与精细化管理[1]。这一需求与西方城市的发展历程相吻合，是整体建成环境步入人性化、精细化发展阶段的典型特征[2]。可以预见，随着大规模、精细化城市更新和人性化、品质化城市空间追求的深化，城市设计实践中日益需要能聚焦人本尺度、立足空间形态且高效、精准度量空间品质的评价工具。

与此同时，在城市大数据与信息技术的支持下，第四代数字化城市设计正在催生学科范式转型。近年来，数字化分析技术的涌现重构了人们对城市空间认知的深度与广度[3]，目前数字化技术已被大量用于城市设计分析，并逐渐成为其学科的支柱[2]。同时，随着信息技术发展和社会节奏加快，城市的运行更加复杂交织，个体的高频活动迁移催生了城市空间结构与人群日常需求的变革[4]。第四代城市设计范式的出现正是对这种社会变革的回应，以整合城市信息数据库为基础，以构建管控平台为切入点，以实现"从数字采集到数字设计，再到数字管理"为目标[5]，对城市设计的分析方法提出了更高的要求[6]。通过城市设计技术这一细分领域的确立，可以回应国家战略需求，面向学科发展趋势，推动传统城市设计向数字化城市设计的进一步转型。

3.新数据与新技术带来的新可能

新数据和新技术的协同进步，为城市设计专属分析技术的涌现和体系化发展提供了可能性。经过数年的涌现和积累，新数据和新技术对于城市形态研究的推动正逐步从基础数据的可视化展现，转变成分析研判的深入支持，正在为空间形态特征的提取和基于空间的行为、感知和活动研究提供更精准和高效的分析研判[7]。城市多源大数据在把握环境特征和观察人的行为活动等城市设计的关键问题上提供了精细化与海量化分析的发展可能；各类智能化算法能更好地评估和解析建成环境的复杂交互特征，为设计、规划和评估提供依据；量化形态解析技术基于各类空间分析技术，能够对街道、地块、建筑、功能等各类形态特征开展量化解析，为城市设计提供形态本底特征解析的关键支持；虚拟现实及可穿戴生理传感器设备可以通过电信号实现主观感受的记录，为感知解析提供定量依据。这一系列数据和技术的协同进步，使得计算性城市设计不再是口号性的呼吁，而是逐渐具备坚实的基础[8-9]。

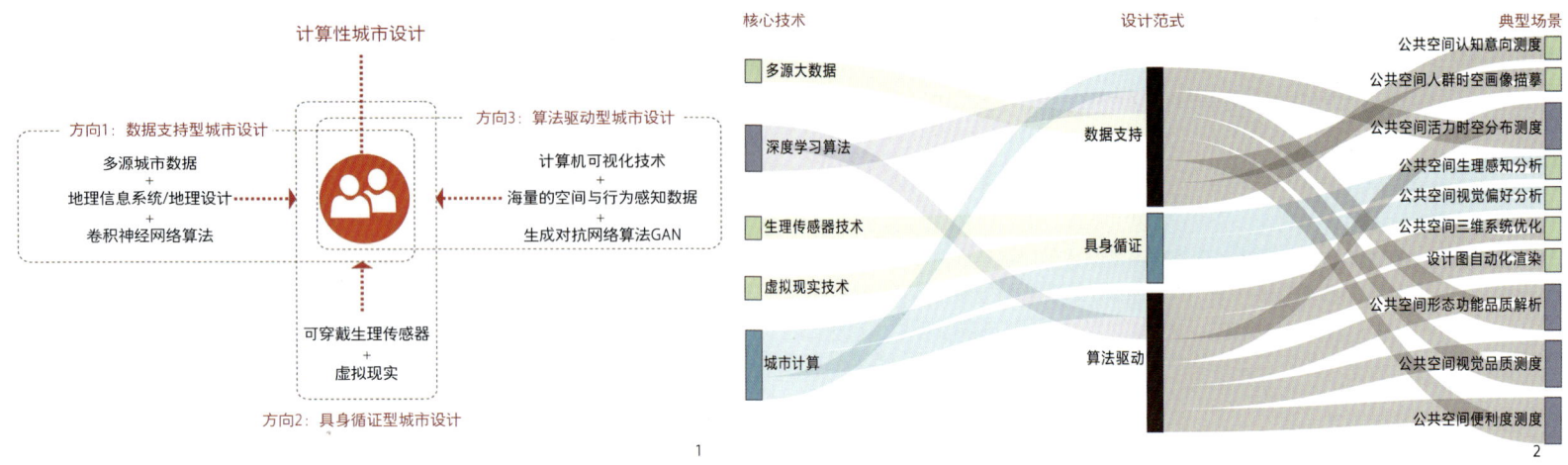

1.计算性城市设计概念图　　2.计算性城市设计三个方向的技术架构图

二、计算性城市设计作为城市设计技术发展的针对性响应

1.计算性城市设计

本文结合Web of Science数据库，抓取2014—2023年来量化城市形态学与计算性城市设计领域的代表性文献300份，对计算性城市设计（computational urban design）这一快速发展的领域开展分析。

计算性城市设计领域的研究并非仅局限于空间形态层面的精准分析，而是处于多方向的不断发展演化中，呈现出三个簇群发展的趋势。其一是多源数据支持下的定量化分析，高频关键词有大数据（big data）、街道（street）、形态（form）等，强调多源城市数据与地理信息系统支持下的空间形态特征解析及其影响测度。其二是各类虚拟现实技术与生理传感器技术支持下的空间认知与场所行为分析，高频关键词有行为（behavior）、建成环境（built environment）、影响（impact）等，强调个人层面的空间与行为感受。还有一个近年涌现的方向，即关注各类深度学习与生成对抗网络算法支持下的生成式设计，高频关键词有机器学习（machine learning）、算法（algorithm）、模拟（simulation）等。

依托设计与科学和技术的紧密融合，计算性城市设计的相关研究可归纳为三个典型方向：方向一强调数据支持的量化分析（data-informed）、方向二则强调具身性的循证分析（evidence-based）、方向三则强调算法驱动的生成创新（algorithm-driven）。大数据和地理设计所构成的新数据环境为定量化的城市形态特征提取与空间品质评价提供了数据基础，空间认知和虚拟现实等环境行为研究领域的技术发展为人本尺度的空间与行为研究提供了具身性的路径，而由计算机学科外溢的深度学习算法则为形态特征支持下的设计生成提供了新的研究手段。上述相关方向的探索有助于促进城市形态学研究从描述性向解释性乃至预测性方向深入发展，所获得的更为深入的认知也能推动设计实践对于城市设计技术的进一步吸纳与反馈，助力于计算性城市设计的进一步发展。在此背景下，本文后续会针对这三个方向的城市设计响应逐一诠释。

（1）数据支持

数据支持的城市设计分析侧重于大规模捕捉居民的空间感知评价与客观的空间形态效应测度。空间感知方面，基于表征市民场所认知与情绪的网络数据（X、新浪微博数据）可以快速捕捉人们对于城市空间的感知与认知意向[10]。空间效应测度方面的分析方法包括：基于街景图像和神经网络算法提取人本尺度的空间特征[11]；借助GIS和一系列城市形态量化分析工具，可以兼顾大规模范围与人本尺度视角的空间形态量化分析；整合表征地区服务水平的功能设施数据（POIs、大众点评、豆瓣活动等）及人口统计数据（家庭、职业、经济收入等），可以判断人群需求，测度空间形态的社会经济效应[12]。整合以上分析与揭示人们行为模式的精细化移动位置服务数据（GPS[13]、Wi-Fi数据、LBS数据），可以更客观地把控行为、品质、活力等非实体要素。

（2）具身循证

具身循证的计算性城市设计通过沉浸式的虚拟场景实验为人本导向的城市设计指标校核提供个体感知的验证途径，实现更为精准、高效的设计要素把控。在空间感知方面已有诸多探索，在研究对象上大多聚焦于公园、湿地、森林的景观要素，而对于城市公共场所的空间形态要素尚缺乏更细致的研究。在方法上，传统的空间感知往往依托于问卷调查和实地访谈，一方面容易受到人力、时间和天气等因素影响，另一方面分析结果带有较强的个体主观性，难以直接测度人们对空间环境的生理及心理反应。如今，虚拟现实（VR）及现实增强（AR）技术与生理传感器（EEG）、皮电（skin conductance）、眼动仪（eye tracker）[14]结合，借由计算机模拟现实环境为使用者提供身临其境的感受，进而在对环境要素进行精准控制的基础上测度人体感知，因此可以获得精细化的空间要素效用评估[15]。

（3）算法驱动

算法驱动的城市设计核心在于通过可视化、机器学习算法等计算机技术开发设计辅助工具，主要包括三类：一是基于GIS整合不同尺度的空间形态要素并进一步关联经济、社会属性数据的可视化工具。该类工具可帮助设计师探索空间形态的社会、经济影响，辅助场地分析，总结城市空间类型，进一步生成城市设计方案[16]。二是借助生成式对抗网络算法（GAN）的设计生成工具[17]。GAN算法通过两个深度神经网络的"左右互搏"，能快速地实现特征学习和再生成，契合方案设计的需求。该类工具可根据设计师的具体要求或已有的城市原型生成场地或建筑平面布局，展现更多的空间形态可能。三是侧重方案评估的工具，可以对方案建成前后的人群行为模式进行模拟和预测，如步行路径、人流量、出行时间等[18]。

三、代表性实践案例

1.数据支持的计算性城市设计案例

多源数据为计算性城市设计案例提供了全面的数据基础，推动空间感知和空间形态效应等非实体要素的量化分析。本团队基于以下三个案例分别展示街景图像（SVI）数据、LBS位置服务数据、POIs兴趣点数据等高频使用的多源数据在城市设计项目中的实践探索。

（1）街道空间品质大规模智能化评价与更新设计：杨浦区"美丽街区"总体规划设计

本团队以杨浦区"美丽街区"总体规划设计为例，针对城市微更新的实际需求，基于街景数据开展大规模智能化的街道空间品质评价，并提出相应街道更新设计方案[11]。案例中首先运用机器学习算法提取街景数据中面向人本尺度的街道空间特征要素，进而使用神经网络算法（ANN）训练评价模型，构建大规模且精细度高的街道空间品质测度。与此同时，通过叠加sDNA的空间网络可达性分析结果，建立以"品质评价"与"可达性分析"为维度的评价矩阵，找出杨浦区分析区域中"具有更新潜力的街道"，为城市微更新提供精细化技术支持。

（2）基于LBS用户画像的城市微更新：杨浦区内环高架桥下空间更新改造

本团队以杨浦区内环高架桥下空间更新改造为例，阐述如何在LBS数据分析指导下开展城市设计项目实践[19]。案例中应用海量移动互联网LBS数据，针对高活力公共空间展开人群活力刻画，包括各类公共空间高频到访客流、访客年龄构成、消费水平等数据，以此为基础分析研判各类人群需求，对杨浦区桥下空间展开更有针对性和适用性的设计改造。

（3）以建筑为单元的大规模生活便利度测度和优化：杨浦区街道问题研判

本团队以大规模的社区生活便利度测度和优化设计为例，基于居民日常生活需求视角，将以往难以量化的生活便利度解析为设施的绝对数量、相对数量、多样性以及交通设施可接触度等多个可通过开放数据定量化测度的维度，构建以建筑为分析单元的生活便利度精细化测度体系[20]。案例应用包括兴趣点（POIs）、建筑物和街道网络等多源城市数据，通过ArcGIS API for Python（ArcPy）开发的地理信息分析工具，高效计算上海全市数百万栋建筑的生活便利性，进而聚焦于杨浦区各街道的生活便利度测算，对平凉路街道的15分钟社区生活圈规划进行相应的问题研判和优化建议。

2.具身循证的计算性城市设计案例

虚拟现实技术与生理传感器技术等新技术、新方法的协同进步，为计算城市设计提供了捕捉人本尺度个体感知的新途径，让具身循证式的空间形态分析与设计支持成为可能。本团队以近年来被高频引入建筑与城市设计领域的虚拟现实技术与可穿戴生理传感器技术为例，分别展现具身循证式技术在计算性城市

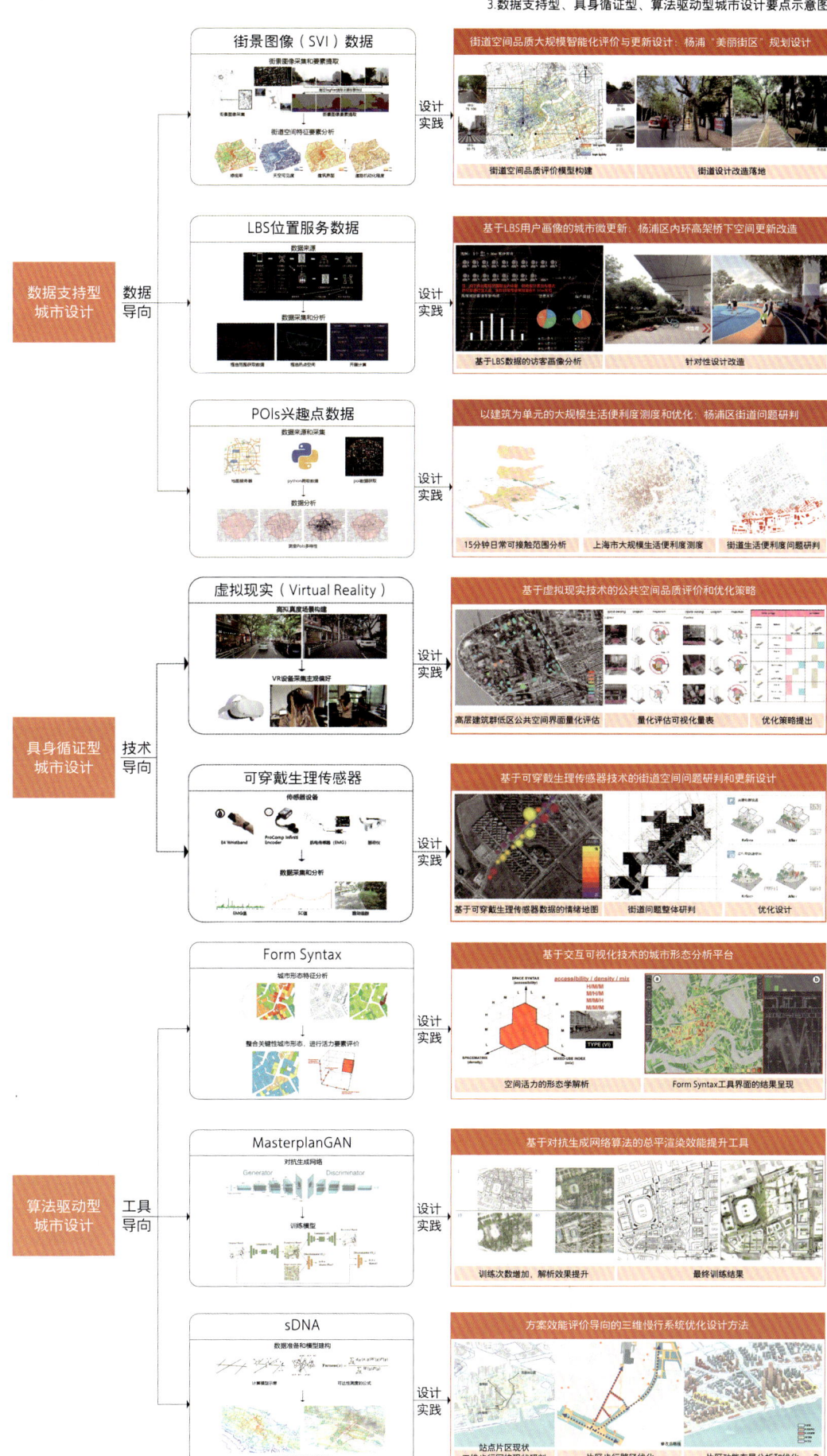

3.数据支持型、具身循证型、算法驱动型城市设计要点示意图

4.内环年轻化行动：四平路—政本路桥下空间景观提升工程案例
5.上海市杨浦区"美丽街区"总体规划设计案例

设计项目中的应用。

（1）基于虚拟现实（VR）技术的公共空间品质评价和优化策略

本团队以高层建筑低区公共空间品质评价与更新为例，结合虚拟现实技术对公共空间的社会效用开展定量化测度研究[15]。案例通过大量高层建筑低区公共空间的类型学分析获得具有典型性的构成要素，然后基于正交设计和虚拟现实技术生成数十个具有代表性的沉浸式虚拟现实场景。两百多名被试者根据虚拟现实场景中的体验给出选择偏好，进而通过离散选择模型和层次分析法开展统计分析，计算各要素权重。结果校核由Empatica E4手环这一可穿戴生理传感器设备实现。定量化的分析结果可用于高层建筑低区公共空间社会效用可视化评价量表的制定，相关结果也能为案例区域提供针对性导控策略建议，便于其实现相关空间效用优化。

（2）基于可穿戴生理传感器技术的街道空间问题研判和更新设计

本团队以南汇新城古棕路的街道空间品质提升为例，基于生理传感器与眼动追踪技术的运用，从情绪分析和视线分析两个板块对古棕路的街道空间开展品质研判。首先，借助可穿戴生理传感器对被试者进行了情绪分析，通过能测度血容量脉冲（BVP）、皮电（EDA）、皮温（Skin Temperature，ST）的E4手环、皮电传感器（Skin Conductance，SC）和肌电传感器（EMG）获取皮电活动、皮肤电导和肌电数据，对数据进行分析后分别绘制对应的情绪地图。通过生理传感器数据归纳出关键研究点位后，进一步进行基于DG3眼动仪的视线分析。佩戴于头部的眼动仪可以精准判定被试者的目光移动情况，采集了多名被试者的视频数据后，运用D-Lab软件分析行人的注意力分配模式，以评估街道空间的可意象性强弱以及兴趣点分布。基于上述测度中发现的问题，后续提出对应的设计导控，促进街道品质提升。

3.算法驱动的计算性城市设计案例

算法驱动为计算性城市设计案例提供了算法支持，推动城市设计实现数字化、智能化转型。本团队基于以下三个案例分别展示Form Syntax、MasterplanGAN、sDNA等算法驱动方法在交互可视化、智能化效能提升、设计方案评价等城市设计项目重要步骤中的实践探索。

（1）基于交互可视化技术的城市形态分析平台

本团队以基于Form Syntax的活力导向的城市形态分析为例，阐释Form Syntax工具平台在研究空间形态特征和城市活力的关联中的实践探索[21]。Form Syntax工具开发基于本团队曾提出的一个关于城市空间活力营造的理论假说：当城市空间具有良好的街道可达性、适宜的建设强度与建筑形态、足够的功能混合度时，城市空间活力应该能够被有效营造。Form Syntax基于GIS平台整合多种量化形态分析方法，同时整合计算机可视化技术与城市形态、城市设计需求来开发辅助分析工具，包括图像界面和数据界面，以及在界面之后以Java语言来实现的数据计算和形态分析。从平台结果呈现来看，可以发现通过整合街道可达性、建筑布局（基于密度的形态分析）和功能混合度，可以较为准确地基于空间形态特征来实现城市活力的测度，并且可用于协助城市设计中的场地分析与方案校核。

（2）基于对抗生成网络算法的总平渲染效能提升工具

城市设计总平面图的渲染是非常耗时且需要丰富设计经验的工作，城市设计方面的生产率亟需提高。本团队以MasterplanGAN为例，阐述如何结合计算机算法与设计工作流，提出通过人工智能算法智能渲染城市设计平面图的模型[22]。案例首先从Pinterest上抓取并筛选高质量城市设计平面作为基础数据源，对数据处理后基于生成对抗网络（GAN）的总平面智能化渲染，以CycleGAN为基础算法实现未匹配数据集的学习，构建出的模型即MasterplanGAN。随着训练次数的增加，最终可以实现输入AutoCAD格式的设计文件，MasterplanGAN在几秒钟内就能生成城市设计平面渲染图。

（3）方案效能评价导向的三维慢行系统优化设计方法

本团队以广州第二中央商务区城市设计项目中的三维慢行系统优化设计为例，阐述在sDNA支持下面向设计的分析方法探索[23]。在提升可达性层面，案例基于sDNA对三维步行网络的可达性分析开展现状研判和优化提升，并结合功能布局进行探讨，判断可达性与相关功能是否匹配。发现具体问题后给出针对性设计策略，优化重要节点之间的三维步行路径，在可达性较低的关键路径处增加垂直节点；并评价相关的功能设施与步行可达性是否均衡，据此开展功能布局优化。最后对比改进前后的方案，再重新计算步行网络可达性，观察其在整体、局部可达性上的提升，判断重要节点之间的步行路径长度和角度优化量是否达到预计优化目标。生成优化后的精细化设计方案，可助力城市设计的精细化、人本化转型。

4.全流程的计算性城市设计案例：以上海城市设计挑战赛为例

本团队还以上海市城市设计挑战赛中的小陆家嘴商务区局部区域的更新项目为例，阐述计算性城市设计体系如何成套应用于设计实践，涵盖数据支持、具身循证、算法驱动三个方向的分析技术以实现城市设计全方位、全流程的深入把控[24]。

首先，以数据支持的城市设计分析技术支撑基地问题识别和策略拟定；以具身循证的城市设计帮助选择设计介入点及具体空间设计要素的把控；并以算法驱动帮助预测方案成效并辅助方案优化。数据支持的城市设计分析从人群需求与服务设施分布、空间活动与设施供给压力两个方面展开，分析后发现基地内功能混合度不高、南北两侧活力差异大等问题，进而提出提高功能丰富度、架设立体步道，打造慢行体系的设计策略。其次，具身循证型的城市设计则对立体步道选线问题和人本尺度的空间要素的明确提供了支持，基于VR实验得到空间要素效用量表，并运用可穿戴生理传感器设备进行街道空间感知测试，最终导向设计方案的生成。最后，算法驱动的城市设计可以预判设计成果的影响，并进一步对利用步行网络连接高密度建成环境的设计策略进行校核，案例中运用三维空间网络分析软件（sDNA）模拟预测步行流量帮助方案节点优化。

综上，各维度的数据分析方法在设计流程上紧密关联、相互支持，不仅支撑了具体设计方案的生成，还实现了方案成效的多维度量化评估。

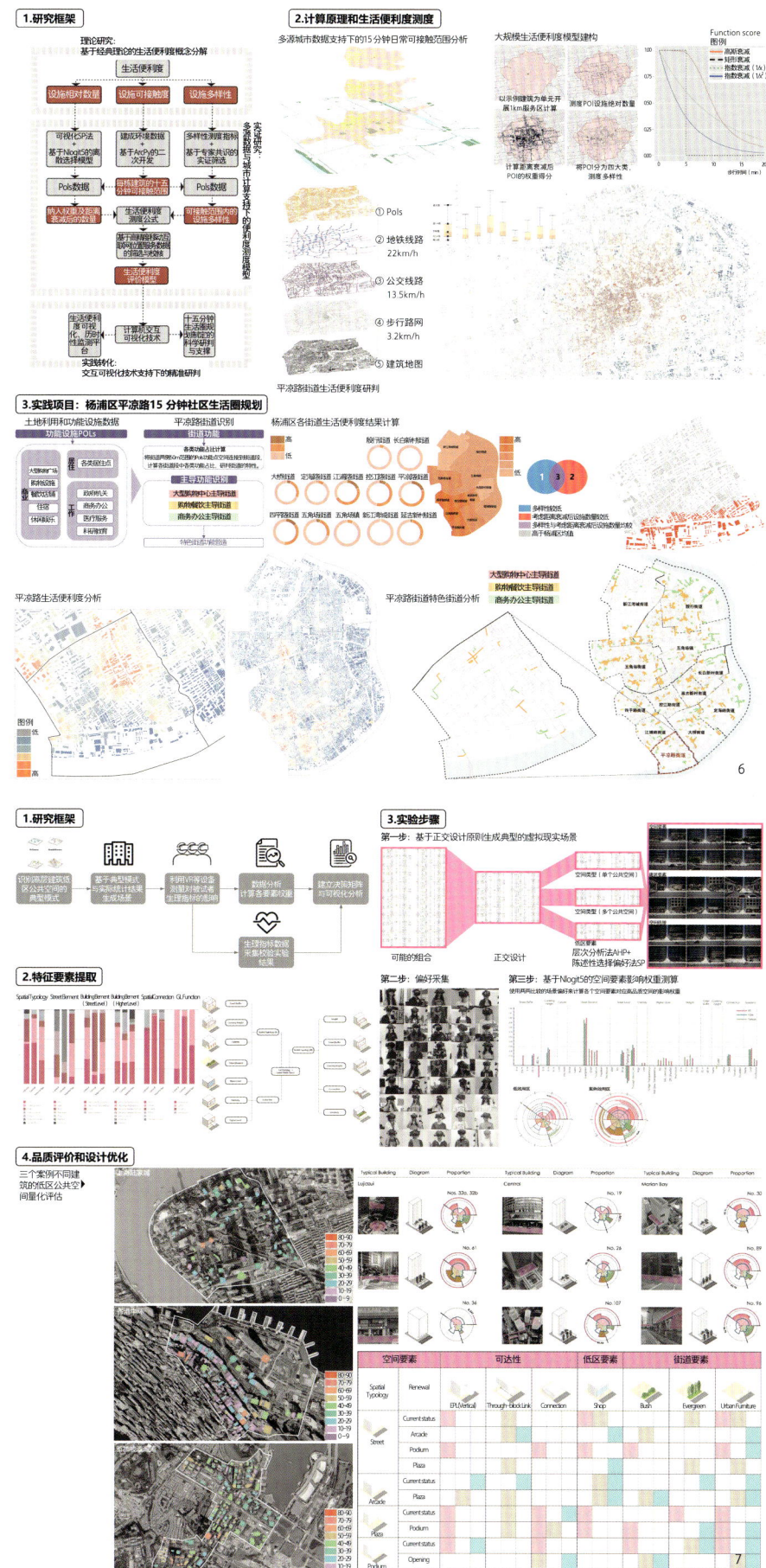

6.社区生活便利度测度研究案例
7.高层建筑低区公共空间品质评价与更新案例

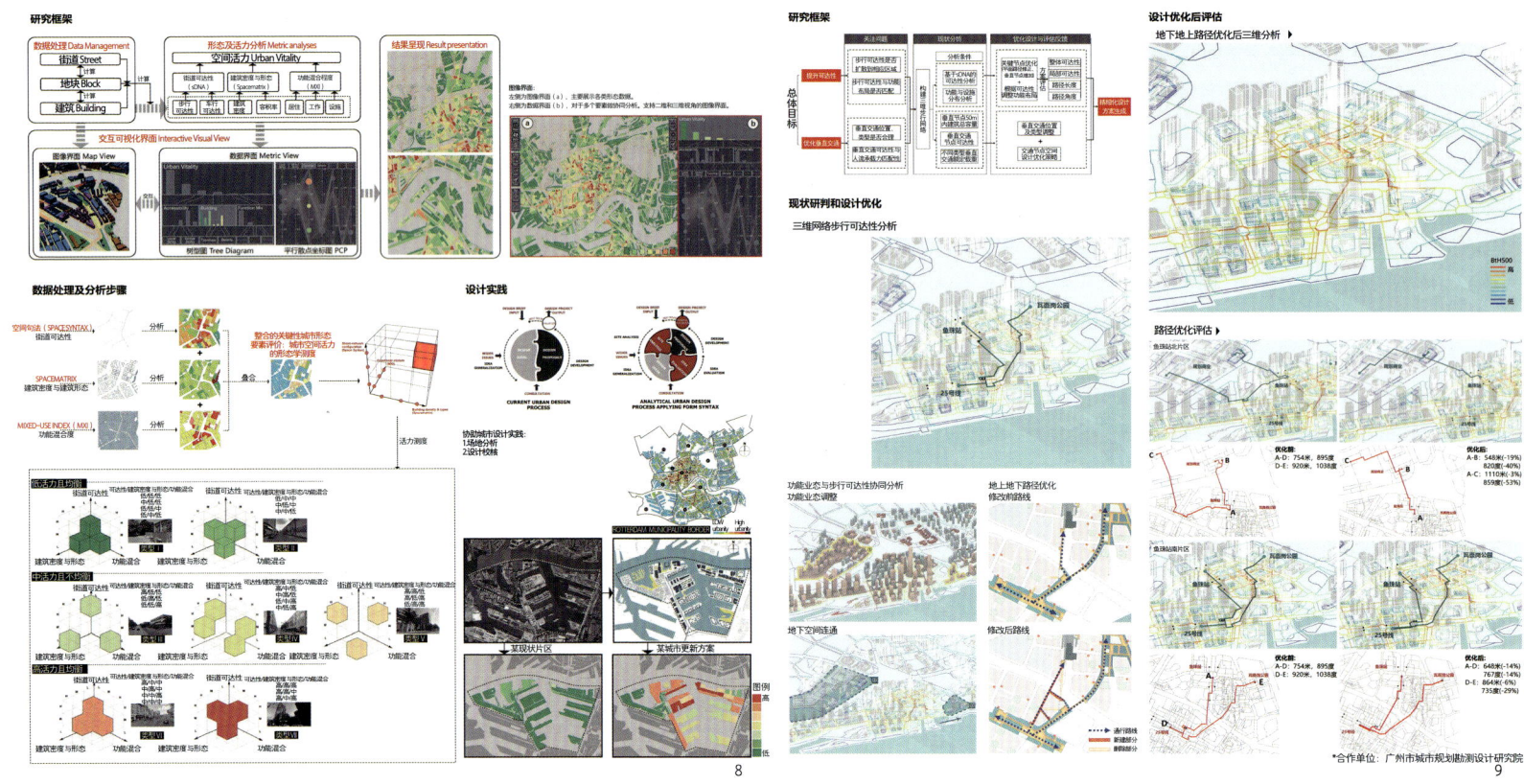

8.Form Syntax：活力导向的城市形态分析案例　　9.sDNA支持的三维慢行系统优化设计研究案例

四、总结与展望

新数据和新技术对于城市设计的推动正逐步从基础数据的提供，转变成设计研判的深入支持。这一系列数据和技术的协同进步，正在促进城市设计专属分析技术的涌现和体系化。我们能看到，计算性城市设计作为一个新的学科方向，其研究成果正在日益涌现。本文立足融合科学、技术与设计的计算性城市设计体系探索，以近年来基于数据支持、具身循证、算法驱动等新兴城市设计技术研究方向在城市设计学科的实证研究为例，从形态解析、品质研判与设计生成这三个城市设计典型环节开展相应城市设计技术归纳，实现研究问题从实践中来，研究成果支持设计实践，搭建"研究—实践—反馈"的应用闭环。

过去十年是计算性城市设计体系不断发展的十年，一方面是新技术内核为城市设计提供的实践支持，正日益全面、高效。多源数据可以实现系统化的集成，以开展全面的设计场地监测与评价，还可以高效地开展分析，通过快速反馈，跟上设计推进的节奏，让新技术不只是点缀而是真正融入设计工作流。另一方面是新技术内核对城市设计理论认知深化的促进，也日益精准、深入。整合有"厚度"的多源大数据和有"深度"的分析算法，能真正推动城市设计领域认知的深化，从而有效回应长久以来设计师对研究者的诘问："城市设计领域的量化分析不过是用复杂方法验证了已知的结论"。

作为一个体系性专属领域，计算性城市设计的出现有助于更好地应对学科"数智化"转型，为城市设计在现状解析、设计分析与效能提升方面的三大典型需求提供针对性支持，进而形成以"人"为关注点、以"算法赋能"为路径的学科技术内核。我们希望能通过计算性城市设计体系的不断创新，进一步推动当代城市设计迈向设计科学新范式，并在这个经典的研究领域催生新的洞见。

参考文献

[1]王建国. 包容共享、显隐互鉴、宜居可期：城市活力的历史图景和当代营造[J]. 城市规划，2019，43（12）：9-16.

[2]杨俊宴，曹俊. 动·静·显·隐：大数据在城市设计中的四种应用模式[J]. 城市规划学刊，2017（4）：39-46.

[3]龙瀛，张恩嘉. 数据增强设计框架下的智慧规划研究展望[J]. 城市规划，2019，43（8）：34-40.

[4]张若彤，李昊. 互联时代日常公共空间的辨析与思考[J]. 住区，2021（4）：116-119.

[5]王建国. 基于人机互动的数字化城市设计：城市设计第四代范型刍议[J]. 国际城市规划，2018，33（1）：1-6.

[6]王建国，高源，胡明星. 基于高层建筑管控的南京老城空间形态优化[J]. 城市规划，2005，29（1）：45-51.

[7]叶宇，戴晓玲. 新技术与新数据条件下的空间感知与设计运用可能[J]. 时代建筑，2017（5）：6-13.

[8]龙瀛. 街道城市主义：新数据环境下城市研究与规划设计的新思路[J]. 时代建筑，2016（2）：128-132

[9]叶宇. 新城市科学背景下的城市设计新可能[J]. 西部人居环境学刊，2019，34（1）：13-21.

[10]谢永俊，彭霞，黄舟，等. 基于微博数据的北京市热点区域意象感知[J]. 地理科学进展，2017，36（9）：1099-1110.

[11]叶宇，张昭希，张啸虎，等. 人本尺度的街道空间品质测度：结合街景数据和新分析技术的大规模、高精度评价框架[J]. 国际城市规划，2019，34（1）：18-27.

[12]钮心毅，吴莞姝，李萌. 基于LBS定位数据的建成环境对街道活力的影响及其时空特征研究[J]. 国际城市规划，2019，34（1）：28-37.

[13]黄建中，张芮琪，胡刚钰. 基于时空间行为的老年人日常生活圈研究：空间识别与特征分析[J]. 城市规划学刊，2019（3）：87-95.

[14]王敏，王盈蓄，黄海燕，等. 基于眼动实验方法的城市开敞空间视觉研究：广州花城广场案例[J]. 热带地理，2018，

38（6）：741-750.

[15] 叶宇，周锡辉，王桢栋. 高层建筑低区公共空间社会效用的定量测度与导控：以虚拟现实与生理传感技术为实现途径[J]. 时代建筑，2019（6）：152-159.

[16] 田宝江，钮心毅. 大数据支持下的城市设计实践：衡山路复兴路历史文化风貌区公共活动空间网络规划[J]. 城市规划学刊，2017（2）：78-86.

[17] HARTMANN S, WEINMANN M, WESSEL R, et al. StreetGAN: towards road network synthesis with generative adversarial networks[C]// Plzeň: Václav Skala – UNION Agency, 2017.

[18] MIAO Y, KOENIG R, KNECHT K, et al. Computational urban design prototyping: interactive planning synthesis methods: a case study in cape town[J]. International Journal of Architectural Computing, 2018, 16(3): 212-226.

[19] 张塽，万洪羽. 新技术支持下的城市微更新快速响应：以杨浦区内环高架桥下空间更新改造为例[C]// 东南大学建筑学院，东南大学设计研究院. 智能设计·数字建造·智慧运维：2022计算性设计学术论坛暨中国建筑学会计算性设计学术委员会年会论文集. 南京：东南大学出版社，2023：571-583.

[20] 樊钧，唐皓明，叶宇. 人本尺度下的社区生活便利度测度：基于多源城市数据的精细化评估[J]. 新建筑，2020（5）：10-15.

[21] ZENG W, YE Y. Vitalvizor: a visual analytics system for studying urban vitality[J]. IEEE Computer Graphics and Applications, 2018, 38(5): 38-53.

[22] YE X, DU J, YE Y. Masterplangan: facilitating the smart rendering of urban master plans via generative adversarial networks[J]. Environment and Planning B: Urban Analytics and City Science, 2022, 49(3):794-814.

[23] 陈志敏，强丹，叶宇. 高密度建成环境下的三维步行网络优化：基于sDNA的精准城市设计尝试[J]. 新建筑，2022（3）：133-139.

[24] 叶宇，强丹，韩赟. 计算性城市设计尝试：上海小陆家嘴公共空间品质提升计划[J]. 新建筑，2022（4）：94-99.

作者简介

叶　宇，同济大学建筑与城市规划学院长聘教授，博士生导师，建成环境技术中心副主任，高密度人居环境与生态节能教育部重点实验室副主任；

刘雨洋，同济大学建筑与城市规划学院硕士研究生；

武静芬，同济大学建筑与城市规划学院博士研究生。

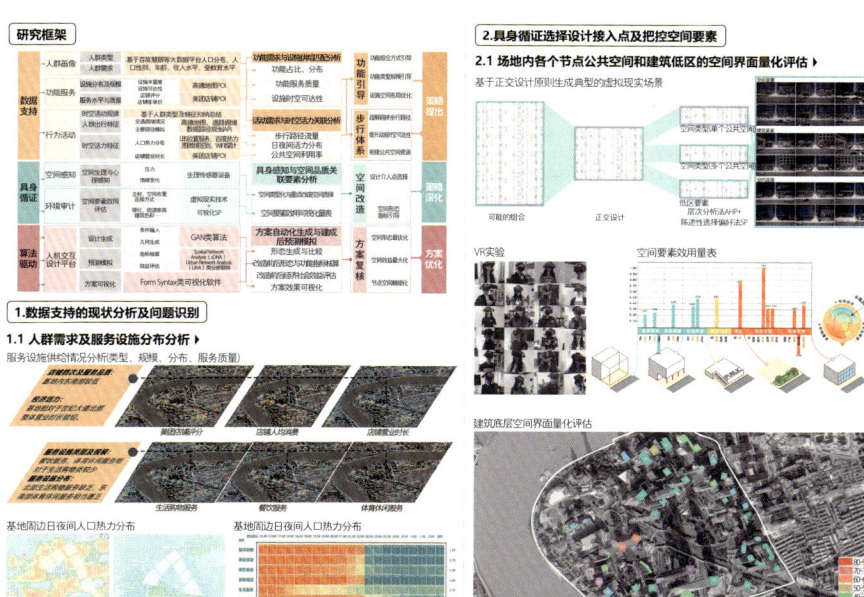

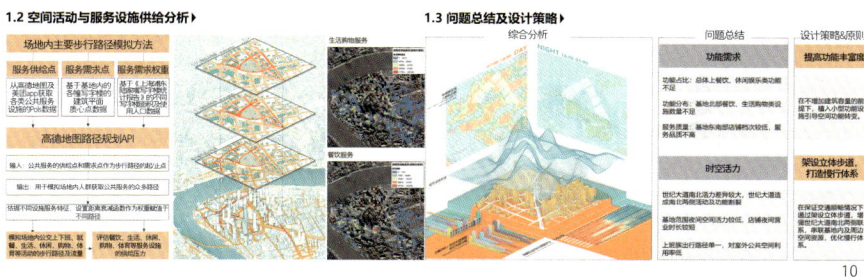

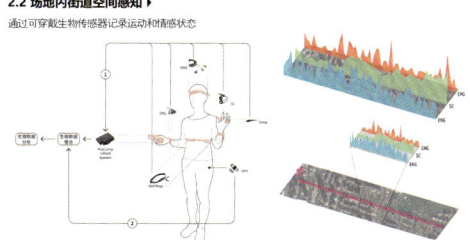

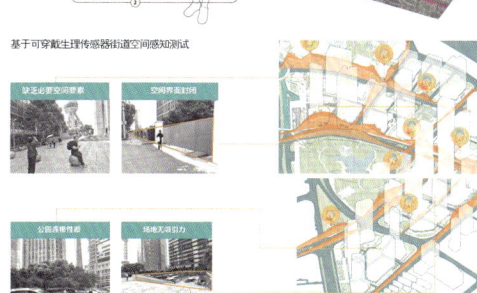

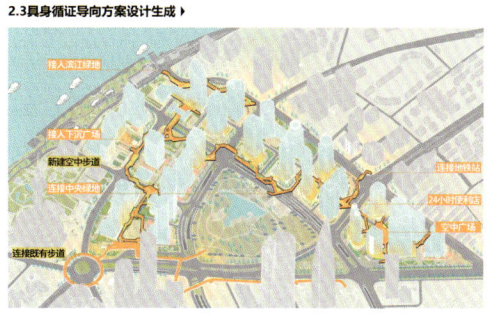

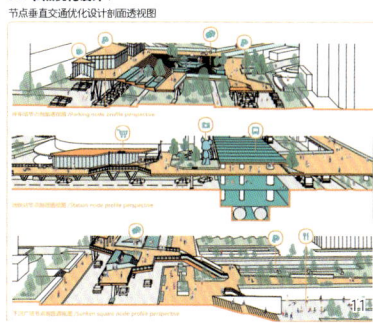

10-11.上海城市设计挑战赛：全流程的计算性城市设计案例

城市设计营造公共场所与城市记忆
——深圳金威啤酒厂城市更新单元规划

Cultivating Public Spaces and City Memory Through Urban Design
—A Case Study of Urban Regeneration Unit Planning for Shenzhen Jinwei Brewery

黄卫东 赵冠宁 苏 毅
Huang Weidong Zhao Guanning Su Yi

[摘 要] 随着我国城镇化模式从增量扩张向存量更新转变，城市设计方法也需要适应和演进。本文以深圳城市设计从"蓝图式描绘"到"制度化管理"，再到"面向公共治理"的范式演进为背景，剖析了深圳金威啤酒厂城市更新单元规划中的城市设计导控方法。该规划通过城市设计搭建公共治理平台，与政府、实施运营主体、社会公众和多专业团队协同发力，在市场化城市更新项目实现了未定级工业遗存的保护与活化，高质量地营造了公共场所和城市记忆，并为更普遍的存量建成区城市设计总结了制度经验。

[关键词] 城市更新；城市设计；公共治理；深圳；金威啤酒厂

[Abstract] As China's urbanization model shifts from incremental expansion to stock renewal, urban design methods need to adapt and evolve accordingly. This paper, against the backdrop of the paradigm evolution in Shenzhen's urban design from "blueprint-style depiction" to "institutionalized management" and further to "public governance-oriented", analyzes the urban design control methods employed in the urban regeneration unit planning for Shenzhen Jinwei Brewery. The planning process utilizes urban design to establish a platform for public governance, fostering collaboration among the government, implementing operators, the public, and multidisciplinary teams. Through market-oriented urban regeneration projects, the protection and activation of undesignated industrial heritage are achieved, high-quality public spaces and urban memory are constructed, and institutional experience for urban design in more common built areas is summarized.

[Keywords] urban regeneration; urban design; public governance; Shenzhen; Jinwei Brewery

[文章编号] 2025-98-A-018

中国城镇化正全面步入以存量建成区为主要对象，追求更高质量发展的新阶段，而城市设计作为从西方引入，并贯穿我国过去四十年城市规划建设过程的重要技术工具，自身也不断在适应与创新[1]。近年来，国内学者对城市更新语境下的城市设计有了更多的引介和探讨，逐渐关注城市设计对象从空间形态和公共场所向经济、社会、文化等复杂维度的兼容拓展，以及衔接当地规划管理规范和政策的开放属性[2-4]。基于以上技术理念层面的总体转变，进一步探究面向城市更新的城市设计在本土实践中的工作方法、实施成效和制度反馈，成为当前和下阶段需要着重研究总结的内容。

一、深圳的探索：面向存量发展和公共治理的城市设计

深圳经济特区特殊的快速城市化过程，使其在国内较早地进入了以存量提质为主的城市发展阶段，推动深圳城市设计完成了从早期"蓝图式描绘"到"制度化管理"，再到"面向公共治理"的范式转型，也积累了较为丰富的实践案例和经验。

1.蓝图式的城市设计（20世纪80年代起）

蓝图式城市设计是我国最早并被应用最广的城市设计方式，以城市发展理想愿景的形象描绘为主要工作内容，直接指引项目开发或局部的空间塑造。例如在20世纪90年代初开展的深圳福田中心区城市设计，详细描绘了福田中心区的总平面布局、三维建筑形态和重要节点建筑形象，重在通过展示城市愿景来吸引投资[5]。

2.制度化管理的城市设计（20世纪90年代末起）

20世纪末至21世纪初，深圳城市设计逐步完成了从"蓝图式描绘"到"制度化管理"的范式转型。1998年展开了深圳城市设计系列研究，内容涵盖"深圳经济特区整体城市设计研究""深圳市城市设计编制技术规定""深圳市城市设计指引技术规定""深圳市城市设计控制指标系统"等15项课题，涉及"编制要求、技术指引、系统管理规定、

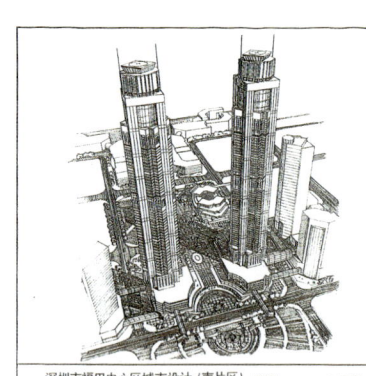
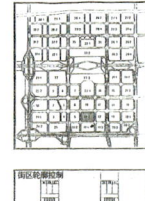
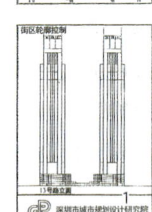
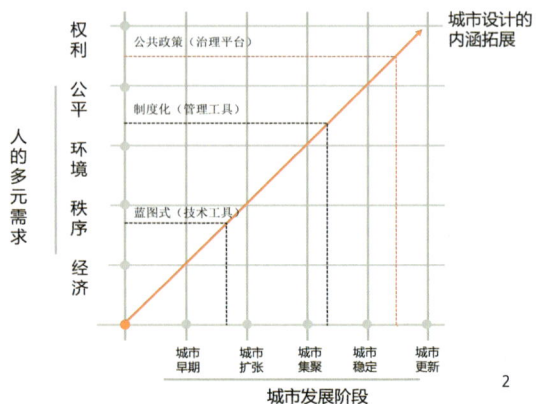

1.深圳市福田中心区城市设计图
2.深圳城市设计的内涵拓展图

设计标准"四方面内容，其主要研究成果转化录入2004年版《深圳市城市规划标准与准则》[5]。2006年深圳着手研究建设用地空间控制总图管控内容，从2009年起作为附件与建设用地规划许可证一并发放，使得城市设计与土地出让结合的制度化管理路径得以明确。

3.作为公共治理平台的城市设计（2009年至今）

从2005年深圳市政府宣布"四个难以为继"到2009年《深圳市城市更新办法》的出台，深圳为适应存量发展占主导的新阶段，在详细规划层面补充了以城市更新单元规划为核心技术抓手的存量规划体系[6]。城市更新单元规划以详细规划编制方法为基础，整合了城市设计、功能策划、交通市政基础设施、经济可行性研究等多专业研究内容，围绕规划许可指标的确定搭建了政府、市场、原权利人、社会公众等多方协商和博弈的公共治理平台。可以说这一阶段城市更新单元规划成为深圳城市设计实践的重要载体，在城市设计的蓝图描绘、形态管控之上，叠加了空间价值提升、多元诉求协调、公共利益贡献等更加多元的价值目标。金威啤酒厂城市更新单元规划编制见证了深圳城市更新制度从建立到完善的过程，且该项目由于承载着经济转型发展、城市记忆留存、公共价值保障等多元目标，是反映深圳城市更新中城市设计方法的典型案例。

二、金威的挑战：市场化背景下保护和活化未定级工业遗存

金威啤酒厂位于深圳市罗湖区东晓街道布心片区，邻近水贝珠宝产业园区，其更新改造工作从开始就面临困难和争议。1990年，原粤海集团控股的深圳啤酒有限公司在罗湖区建设了一栋五层的金威酒楼，同年第一瓶金威啤酒在罗湖出产。金威啤酒问世之后供不应求，销售额一度占据了深圳啤酒市场70%~80%的份额，更多的厂房、设备间、员工宿舍、啤酒广场也陆续随之建起。但自2007年起，由于市场变化、竞争加剧和成本上升等原因，啤酒生产业务利润逐年下降，至2012年已亏损严重，迫使企业选择将啤酒业务整体出售，希望通过厂区城市更新寻求转型发展的新机遇。

考虑到当时的政策环境，从2009年《深圳市城市更新办法》公布到2012年"实施细则"出台，深圳市场运作的城市更新制度初上正轨，大量由原权利人和市场开发主体申报的更新项目通过审批并实施，对旧城、旧村、旧厂的拆除重建成为当时最常见的更新方式。经粤海集团申报，金威啤酒厂更新并被列入《2012年深圳市城市更新单元计划第四批计划》，原计划在拆除后新建

3.2014年复合式更新工作坊形成的部分专家设计草图
4.金威啤酒厂原貌实景照片
5-6.2015年新遗产·新价值工作坊提出的整体保留方案
7.金威啤酒厂工业遗存活化后的效果图
8.金威啤酒厂鸟瞰效果图.

9.金威啤酒厂总平面图
10.金威啤酒厂功能结构图

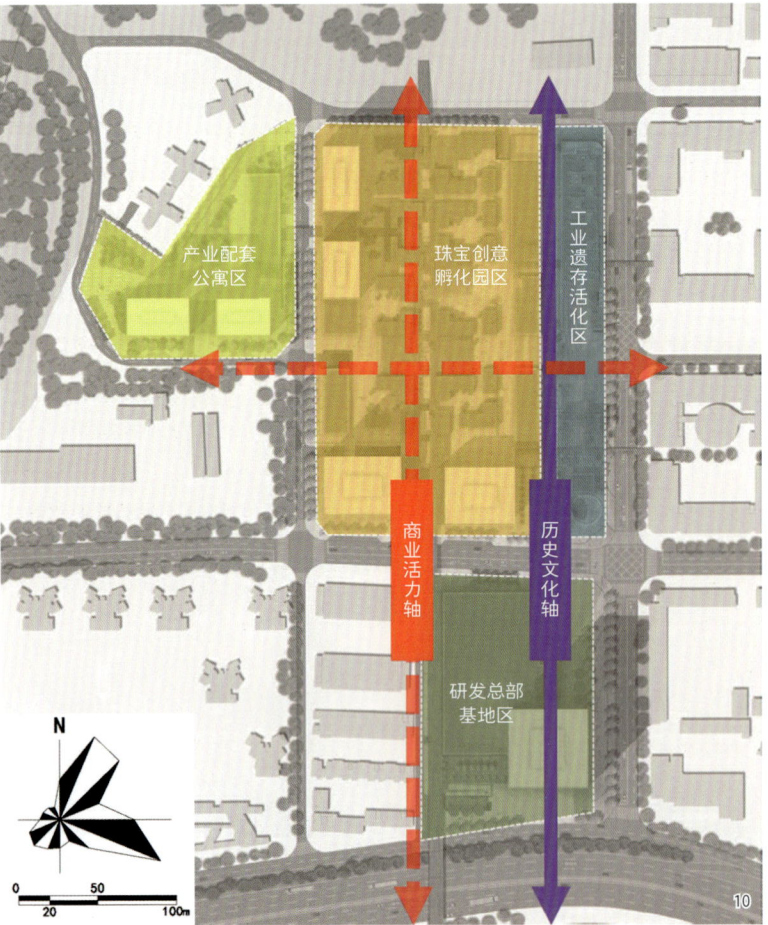

新型产业与商务商业区。由于金威啤酒厂内啤酒工业生产建筑物、构筑物和公共场所具有城市记忆和文化层面的保留价值，更新计划一经公布很快引发了深圳媒体与公众的广泛关注和持续质疑，但在当时的各项更新政策下，原权利人实施拆除重建却也是合法合规的。金威啤酒厂内的历史工业建筑并未定级，既不在规划紫线范围内，也不在历史文化建筑名录内，其建筑物质量、现状使用情况等方面均符合当时的拆除重建条件，因此文化价值如何认定、要不要保护，以及如何保护等一系列问题都缺乏判断依据。市民希望保留金威啤酒厂承载的城市记忆，政府希望综合评估发展效益与城市文化价值，市场主体希望拓展新产业空间以实现转型发展，各方设想存在差异。

深圳市城市规划设计研究院（以下简称"深规院"）于2012年起开展《罗湖区东晓街道金威啤酒厂城市更新单元规划》和后续工业遗存区深化方案编制工作。由于项目的开发运营主体（也是土地的原权利主体）希望用全部拆除重建的方式实施更新，而深规院坚持应当保留一部分城市记忆，双方从2012年到2014年反复研究了两年，始终难以形成满意的更新规划方案。最终，深规院决定将城市设计的探讨从闭门研究转变为开门协商，尝试重新梳理和搭建相关各方对片区价值和发展图景的规划共识。

三、依托城市更新单元规划平台的城市设计导控

1. 定位重构：依托开门规划重新识别片区价值

2014年11月，深规院组织专家开展复合式更新工作坊，并邀请市规划国土委、罗湖区更新办和项目开发运营主体共同沟通协商。从城市价值观、专业技术、社会影响、城市历史文脉保护活化、市场利益实现等视角理性综合研讨，形成的基本共识是保护与开发要兼顾，一定要保留部分厂区，同时市场主体可以因此获得相应的政策激励。尽管当时项目开发运营主体和政府各方并未当场就更新方案完全达成共识，但各个相关部门已经意识到这不是一个简单拆除重建的项目，金威啤酒厂的内在价值与现实困难得以向社会各方传递扩散，引发更多力量关注如何在城市更新中保留城市记忆。

2015年2月，深圳市城市设计促进中心加入研究，组织了主题为"新遗产，新价值"的工作坊、研讨会、展览等系列活动，引入社会公众、青年建筑师等更广泛群体的介入，甚至在原先深规院局部保留方案的基础上，进一步提出将地面的金威啤酒厂整体保留，将新增开发体量向空中叠加的大胆方案。至此，金威啤酒厂的保护价值已经成为多方的基本共识，但越发激进的保护方案在技术和经济的客观条件下，被开发运营主体认为是几乎无法实施的"理想蓝图"。

2015年11月，深规院团队综合项目开发运营主体的合理诉求与政府、社会、专家各方的充分研讨，正式拟定了"遗存活化+产业升级"的复合式更新报批方案。根据罗湖区产业布局规划，金威啤酒厂所在的"水贝—布心"片区将发展为全国性的珠宝时尚产业总部、设计营销中心及旅游购物目的地。金威啤酒厂更新单元规划报批方案提出以黄金珠宝产业为新引擎，集购物休闲、文化体验及工业遗存展示为一体的城市综合体。其中，新产业发展空间布局在项目西侧，发展集高端珠宝专业市场、金融服务、文化创意、技术研发为一体的珠宝产业及服务业。保留项目东侧部分特色工业遗存进行活化再生，植入啤酒工艺文化和珠宝工艺文化展示功能，拓展珠宝产业的附加值。整合联系各功能分区，建立平行交互的商业活力轴与历史文化轴，作为后续设计深化推演的原则性框架。

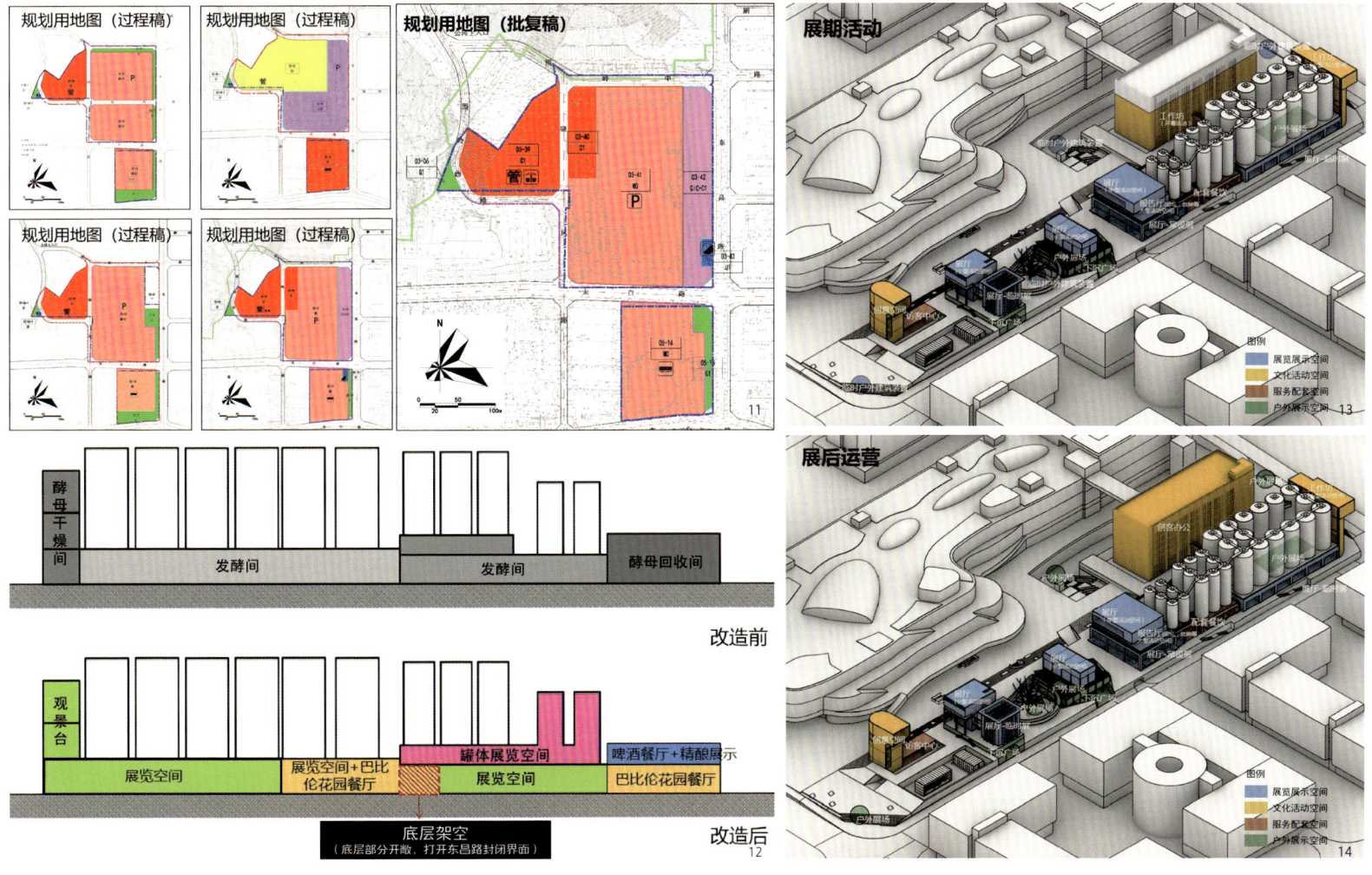

11.基于多方利益博弈的规划用地调整对比图
12.工业遗存建筑群首层公共空间与功能活化示意图（南北向剖面）
13-14.展期活动与展后运营的全过程考量对比图

2.开发统筹：稳定东侧工业遗存整体移交方案，平衡新增开发与城市记忆

基于复合式更新的多方共识，规划团队深化开展了更加细致的工业遗存评估，从而划定具体的拆除重建范围及综合整治范围。根据原有厂区工艺流线、厂区历史风貌和工业建筑物、构筑物元素和整体空间关系，确定将东北部水塔、滤池、发酵罐、包装及分销车间等连片用地划定为综合整治范围，其余用地划定为拆除重建范围，作为新产业发展空间。其中，综合整治范围内的土地、建筑物与构筑物产权统一无偿移交政府，由更新实施主体统一开展综合整治工作。

确定更新方式分区后，规划用地方案成为平衡多元价值和各方诉求的协商焦点。由于东侧工业遗存区土地无偿移交政府，城市更新单元内可供实施主体开发的经营性用地面积减少了大约10230m²。实施主体从项目经济平衡的角度考虑，提出了将经营性用地功能从新型产业用地（M0）整体或部分转变为居住用地（R2）和商业用地（C1），或缩减工业遗存移交用地面积的诉求，从而争取更高的物业价值和更短的投资平衡周期。经过多轮的方案推演和协商，规划批复方案采取了东侧工业遗存用地规划为公共管理与服务设施加商业用地（GIC+C1）并完整移交政府，经营性用地规划为以新型产业用地（M0）为主的用地方案，兼顾了产业转型、遗产活化、公共市政设施配套补足等多元发展目标。

3.容量管理：基于明确的政策规则引导高质量的市场化开发

金威啤酒厂城市更新单元规划以《深圳市城市规划标准与准则》确定的密度分区和《深圳市城市更新单元规划容积率审查技术指引（试行）》等政策为基础，综合片区环境承载能力和城市设计方案确定最终开发量（表1）。其中，新建部分，规划开发量中不少于55%为产业研发用房，用于保障珠宝产业发展空间的落实，其余开发量为产业配套服务用房及移交政府的低成本产业空间；综合整治部分，因项目在识别、保护和移交工业遗存方面的特殊贡献，给予了移交文化遗产建筑面积和构筑物投影面积之和1.5倍的开发规模奖励，该做法后续成为深圳鼓励市场主体积极开展复合式更新的通用性政策。

4.场所活化：设计与策划结合，在工业遗存中培育新空间、新业态

在稳定核心指标和布局的基础上，规划着力消解原有场地高差与建筑区隔，植入连续、畅达的首层公共空间骨架。金威啤酒厂原址场地标高超出周边市政道路约3m，加上东侧保留的干燥间、发酵间、过滤池等工业建筑物、构筑物按照生产工艺环节定制了差异化空间，使得公共可达性成为原工业厂区功能活化

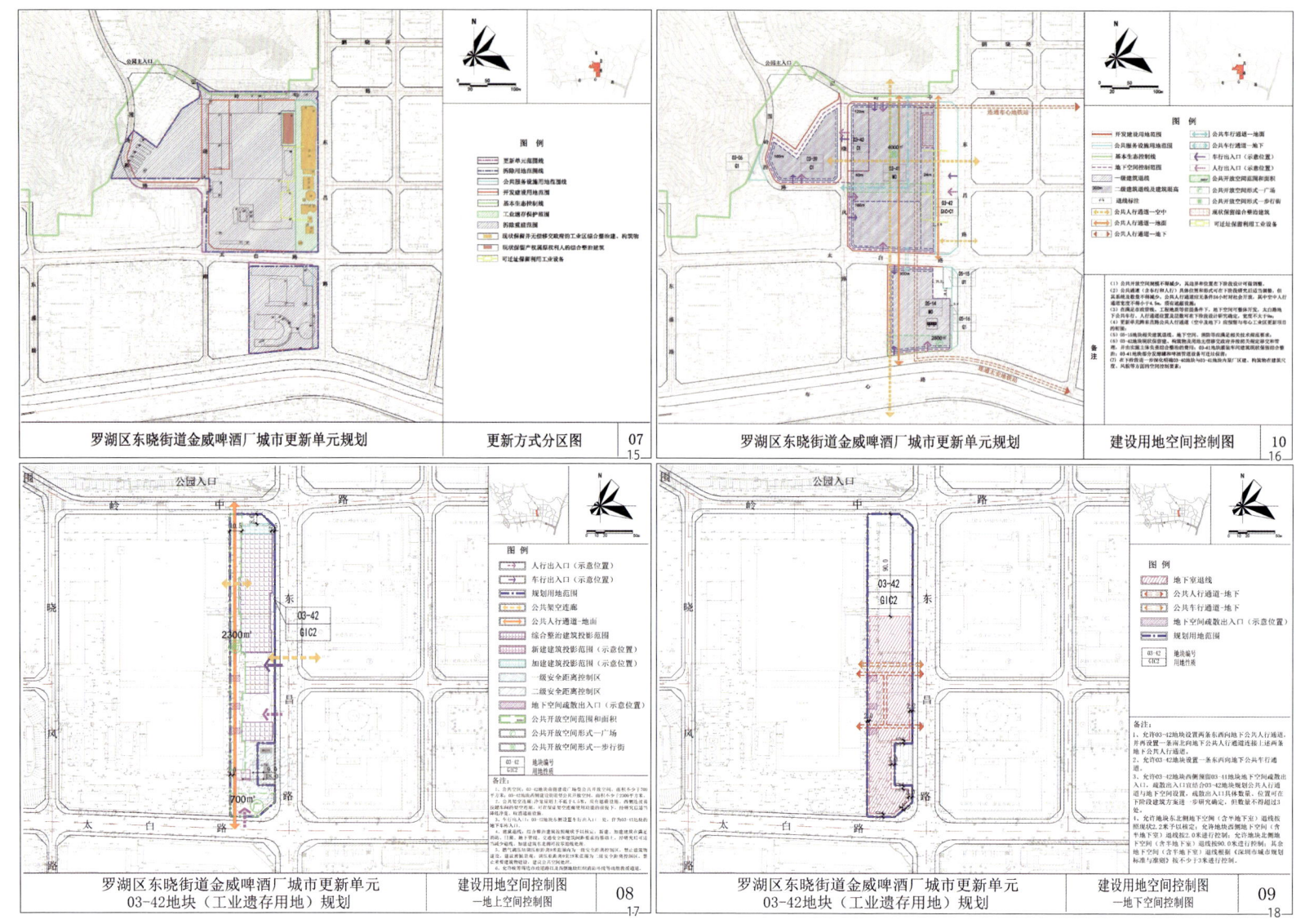

15.更新方式分区图
16.第一阶段面向更新单元整体的空间控制图
17.第二阶段面向工业遗存功能活化的地上空间控制图
18.第二阶段面向工业遗存功能活化的地下空间控制图

的一大挑战。规划提出将东侧工业遗存区场地标高降低至与邻近的东昌路齐平，进而利用降标高形成的首层公共空间来提升步行可达性，并作为工业遗存功能活化的公共底板。

将方案设计与功能策划同步开展，提出精细化的工业遗存活化利用方案。规划在工业遗存区深化阶段将建筑方案设计和功能业态策划专业团队及开发运营主体引入城市设计专项研究中，结合工业遗存建筑物、构筑物具体的空间改造方案和功能活化方案来确定城市设计条件，细化校核建筑容量、功能用途、公共空间落位等规划指标的合理性，提出先期利用工业遗存进行文化生产和展览带动，展期后逐渐转化为文化、商业、办公结合的多业态经营模式。

5.实施导控：将公共利益内容提炼为对后续环节的设计管控要求

城市更新单元规划空间控制图是前述深圳探索城市设计制度化管理的产物，通过标准化的图则将城市设计的设想转化为规划许可环节的管控要求，重点规定公共通道、文化遗产保护要求、公共开放空间和建筑退线等管控内容，而这是对城市设计中涉及公共场所和公共利益的底线内容的提炼表达。规划在第一阶段确定了整个城市更新单元范围内串联工业遗存及新建筑的主要公共开放空间以及公共步行通道体系，第二阶段结合建筑设计与功能策划重点深化了工业遗存综合整治范围内的各项空间控制要求，明确了不小于3000m²公共开放空间、工业遗存功能活化范围等管控要求（表2），并将空中、地面、地下的公共人行通道和疏散出入口进行整体优化，为后续各阶段的建筑设计和开发运营提供了稳定的公共空间骨架。

制订分期实施计划，保障公共利益和遗产保护优先落实。单元规划除了落实法定图则要求的道路、公园绿地、社会公共停车场以外，增加了规划支路改善片区交通微循环，增配了社区管理用房、小型垃圾转运站、公交首末站、燃气调压站等公共配套设施。以上市政交通设施、工业遗存的用地移交及公共服务设施的建设，均作为首期实施计划的内容，确保公共利益得到优先落实。项目二期捆绑工业遗存的保护与活化工作，要求实施主体编制工业遗存地块的保护活化方案并进行具体的工业遗存综合整治及后续运营工作，保证二期开发地块与工业遗存地块同步设计、同步建设、同步运营。

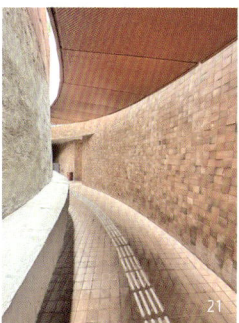

表1　开发强度计算一览表

基础开发量（m²）	转移开发量（m²）	奖励开发量（m²）		政策计算开发量（m²）	最终确定开发量（m²）
422185.3	42778.1	配建创新型产业用房	12050	493548.5	436100
		配建公共服务配套设施	3900		
		28585.1			
		保护文化遗产	12635.1		

注1：土地移交超过范围15%的部分，给予转移开发量；
注2：配建创新型产业用房、公共服务配套设施奖励等面积开发量，保护文化遗产奖励1.5倍开发量；
注3：经片区市政、交通等承载力评估和城市设计，最终确定开发量为436100m²，低于政策计算开发量

表2　城市设计核心管控要求一览表

地块划分及指标管控	空间管控		实施责任管控
	地上空间	地下空间	
1.开发用地面积：9678.3m²； 2.规划容积：6810m²； 3.建筑覆盖率：40%； 4.建筑限高：24m	1.公共空间：落实公共空间不小于3000m²； 2.架空连廊：落实2条东西向架空连廊，连廊净宽不小于4.5m，须有遮蔽设施； 3.建筑退线：在满足消防、日照、交通安全和建筑间距要求的基础上，允许新建、加建建筑物适当减少退线； 4.消防组织：允许统筹周边市政道路及周边地块组织疏散救援通道	公共人行通道：允许设置地下公共人行通道连接周边地块，可结合公共空间预留周边地块地下空间疏散出入口	1.规划编制责任：实施主体制订工业遗存修缮及整治实施方案报辖区政府审定； 2.修缮整治责任：实施主体承担工业遗存的修缮、整治费用及责任； 3.运营责任：实施主体承担一定年限运营责任，运营期满后由区政府指定具体部门接收

19-23.金威啤酒厂工业遗存活化和双年展现场照片

目前，金威啤酒厂城市更新单元已按照规划要求开发完成并投入运营，其中工业遗存区域通过整体活化，成为第九届深港城市建筑双城双年展的主展场。

四、总结：以城市设计营造公共场所与城市记忆

与此前数届深港双年展展场在展期后被拆除不同，金威啤酒厂（金啤坊）持续成为罗湖乃至深圳新文化、新消费持续集聚的热点，紧邻展场的天河城商场也在双年展期间开始营业。这标志着多方参与的城市更新单元规划在成功守住公共场所、城市记忆等公共价值底线的同时，还将原本看似处在对立面的商业运营和集约用地转为协同性的结果。无论是从项目的开发运营主体还是从市民整体福祉的角度，衡量城市更新是否成功都应该放到更长的时间周期来考虑，而城市设计方案中的技术理想和文化追求也应该获得市场和社会的持续认同。

结合金威啤酒厂更新的经验来看，存量更新背景下的城市设计除了蓝图描绘、指标论证的作用，还需重视以下几方面工作：

一是开门协商，识别更新地区多元价值。存量建成区的城市设计过程需要向相关主体积极开放，通过多方商议厘清更新改造活动的经济、社会、文化、生态等多重价值，可以说达成价值排序和目标共识是更新地区城市设计的先行议题。

二是利益协调，制订多元价值兼容方案。城市设计需要将空间设计与更新方式划分、开发权益分配、公共责任捆绑等多维考量相结合，形成因地制宜、多元价值兼容的更新改造方案。

三是永续治理，形成多方遵守的城市规则。面向公共治理的城市设计，除了体现在单个项目中运用制度规则来营造公共场所与城市记忆，也体现在实践探索对制度规则完善的动态反馈。以个案为试验，以成效作总结，可在城市设计工作与城市更新制度之间构建可持续、可推广的公共治理良性循环。

参考文献

[1] 王建国. 21世纪初中国城市设计发展再探[J]. 城市规划学刊，2012（1）：1-8.

[2] 王世福，沈爽婷，莫浙娟. 城市更新中的城市设计策略思考[J]. 上海城市规划，2017（5）：7-11.

[3] 王林，莫超宇. 城市更新和风貌保护的城市设计与城市治理实践[J]. 规划师，2017，33（10）：135-141.

[4] 祝贺，唐燕，张璐. 北京城市更新中的城市设计治理工具创新[J]. 规划师，2021，37（8）：32-37.

[5] 黄卫东. 城市规划实践中的规则建构：以深圳为例[J]. 城市规划，2017，41（4）：49-54.

[6] 赵冠宁，司马晓，黄卫东，等. 面向存量的城市规划体系改良：深圳的经验[J]. 城市规划学刊，2019（4）：87-94.

作者简介

黄卫东，深圳市城市规划设计研究院股份有限公司总经理、设计总监，教授级高级规划师，中国城市规划学会城市更新学术委员会副主任委员；

赵冠宁，深圳市城市规划设计研究院股份有限公司技术与科研管理中心主任规划师；

苏毅，深圳市城市规划设计研究院股份有限公司城市更新规划研究中心主创规划师。

存量更新背景下的总体城市设计策略研究
——以太原市总体城市设计为例

Research on Overall Urban Design Strategy Under the Background of Urban Renewal
—Taking the Overall Urban Design of Taiyuan City as an Example

陈亚斌 匡晓明 刘曦婷
Chen Yabin Kuang Xiaoming Liu Xiting

[摘 要] 随着我国城市建设从增量扩张逐步转向存量提质，城市设计也更多地聚焦对存量资源的挖潜和优化。本文首先分析了总体城市设计的研究内容与趋势，同时研究归纳了存量更新背景下总体城市设计转向人本化、精细化以及行动化的三个转变新要求；进而以太原市总体城市设计为例，从现状问题研判、设计策略制定以及管控实施引导三个方面探讨存量更新背景下的总体城市设计编制思路，强调目标与问题双导向，重视结构性框架与修补型策略的共同作用，并建立结合更新实施路径的管控传导的体系，助力总体城市设计在城市更新中发挥统筹指引作用，推动城市空间的高品质提升与发展。

[关键词] 存量更新；总体城市设计；太原市；设计策略

[Abstract] With the gradual transformation of urban construction from incremental expansion to urban renewal, urban design pays more attention to the exploitation and optimization of stock resources. This paper analyzes the research content and trend of the overall urban design, and summarizes three new requirements for the overall urban design, i.e. under the background of urban renewal to be refined, human-oriented and action-oriented. Then, taking the overall urban design of Taiyuan City as an example, this paper discusses the overall urban design preparation ideas under the background of urban renewal from three aspects: current problem research, design strategy formulation and control implementation guidance. It emphasizes the dual orientation dimension of goals and problems, attaches importance to the joint effect of structural framework and repair strategy, and establishes a control transmission system combining the implementation path of renewal, which aims to foster the guidance role for the overall urban design, and promote the high-quality improvement and development of urban space.

[Keywords] urban renewal, overall urban design, Taiyuan City, design strategy

[文章编号] 2025-98-A-024

一、引言

总体城市设计是与国土空间总体规划对应，以城市整体层面为研究对象，对城市风貌、文化传承和生态景观进行的综合性和系统性的城市设计。在过去快速城镇化阶段，我国早期总体城市设计更多强调整体性与系统性框架构建。随着我国城市建设从增量扩张逐步转向存量提质，城市设计也越来越多地关注对存量资源的挖潜和优化。2023年3月，在《自然资源部关于加强国土空间详细规划工作的通知》中，明确提出"城镇开发边界内存量空间要推动内涵式、集约型、绿色化发展"。7月，住房和城乡建设部《关于扎实有序推进城市更新工作的通知》出台，提出要"强化精细化城市设计引导"，"将城市设计作为城市更新的重要手段"，并要"发挥城市更新规划统筹作用"。我国城市建设全面进入以城市更新为导向的存量提质阶段。在此背景下，深入研究存量提升阶段总体城市设计的策略与方法，对发挥总体城市设计在城市更新中起到统筹指引作用、助力城市高质量发展具有重要意义。

二、总体城市设计研究概述

我国总体城市设计实践最早开始于20世纪末唐山市的城市重建工作，20世纪80年代后期，山东、辽宁、吉林等地尝试通过城市风貌特色规划深化城市总体规划中的三维形体环境塑造内容。2000年后，上海、郑州、常州、无锡等大中型城市开始相继编制独立的总体城市设计。近十年，我国对总体城市设计的理论研究及实践探索有了长足的发展，涌现了一大批有影响力的学术成果。研究方向从内涵定义到实践案例再到技术方法和管控引导，内容不断丰富延展，主要可以归纳为以下四个方面。

1.总体城市设计的工作内容

早期的总体城市设计编制内容强调系统性，内容综合复杂，涵盖面广，涉及特色结构、风貌意向、建筑高度和公共空间等，有时还包括城市家具、建筑材质等细节要素的引导，处于多方位探索实践之中。许多学者也注意到了总体城市设计内容过于大而全的问题，并进行了相应的改进。2017年住房和城乡建设部颁布《城市设计管理办法》（以下简称《办法》），明确了总体城市设计的基本任务在于整体地保护自然山水格局，传承历史文脉，优化城市空间结构，防止城市过度连绵扩张，塑造城市整体空间意象，引导城市健康有序发展。2021年，自然资源部颁布《国土空间规划城市设计指南》，对不同层级不同尺度的总体城市设计工作内容作了较为明确的要求。在存量更新背景下，城市生态修复、城市功能完善、完整社区建设、活力街区打造等与城市更新统筹协调的工作内容逐步增多。

2.总体城市设计的设计方法策略

对总体城市设计的策略方法的研究主要集中在基于城市特色（包括文化特色、生态特色、地理空间特色以及产业功能特色）的总体城市设计系统策略构建，如基于延续城市文化特色的城市风貌塑造、响应地形的山地城市特色空间管控探索、滨海地区总体城市设计的传导与管控、丘陵地区总体城市设计方法的地域性探索、都市圈视角下江南水乡城市总体城市设计实践等。这类研究通常以项目实践为基础，聚焦城市本底特色，研究如何从结构骨架、中心节点、空间秩序以及特色风貌系统性策略来塑造城市景观特色。

1.总体鸟瞰图　　　　　3.多元数字化分析技术示意图
2.城市设计总平面图　　4.太原市总体城市设计项目规划范围图

在存量更新时期，针对城市风貌特色的营造仍然是十分重要的工作内容，如何在现状建成环境基础上精准识别城市特征，并通过修补型的策略彰显城市风貌将成为重要研究方向。

3.总体城市设计的数字技术应用

近年来，随着数字化技术的不断普及和运用，吴志强院士提出了国土空间规划的数智化转型，以大数据为基础的数字辅助技术作为一种重要的数智手段与总体城市设计这类大尺度的城市空间对象有了较为完美的适配，成为近年来学界的关注重点。王建国院士提出基于人机互动的第四代城市设计范型，以形态整体性理论重构为目标，并以人机互动的数字技术方法工具变革为核心特征。在总体城市设计中运用大数据、人工智能等数字化技术，能够更加准确地研判城市生长规律，分析城市空间问题，并具有更包容的多元价值导向。数字化技术的运用也使得全面精准研究大尺度存量地区的现状特征与问题具有可行性。

4.总体城市设计的整体管控引导

总体城市设计如何有效传导，以发挥其整体性管控作用一直是困扰业界的重点问题。过去的研究主要集中在如何将总体城市设计与法定规划有效衔接以及管控要素的有效传导，如上海市总体城市设计的相关研究中提出分区传导和专项协同的理念。也有不少研究聚焦在总体城市设计中某些设计要素，如高度或强度的管控方法的探讨上。随着《国土空间规划城市设计指南》的颁布，城市设计的规范性与支撑作用得到强化，总体城市设计如何依托国土空间规划进行传导，实现全域全要素管控是总体城市设计研究的新方向。城市更新更为强调产权主体、可持续发展和城市复兴等内容，因此，总体城市设计如何更有效地向实施传导以助力城市更新等方面也涌现出了新的课题。

三、存量更新时期总体城市设计新要求

通过对总体城市设计相关研究的分析可以看出，随着《办法》的出台，目前总体城市设计的工作边界及内容逐渐明晰，学界对于城市特色维度的系统构建

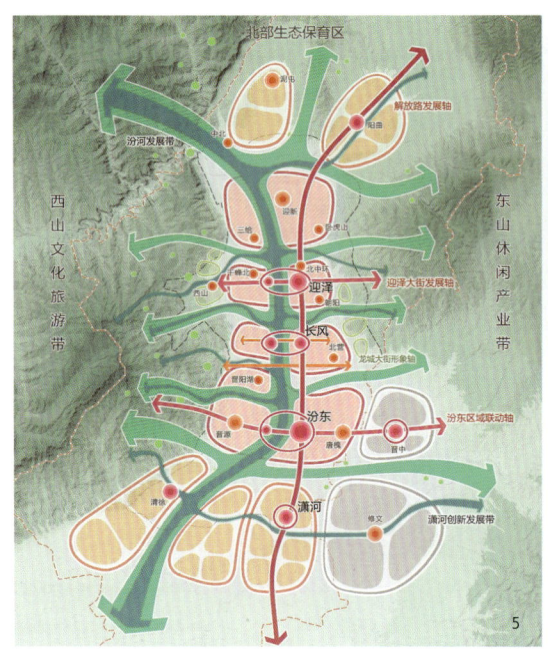
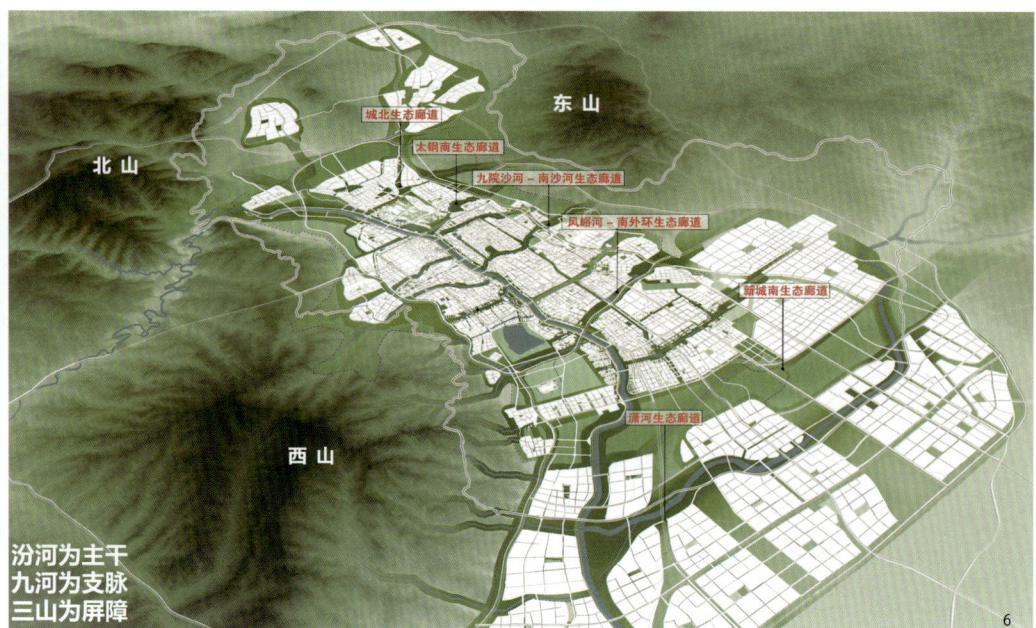

5. 规划结构图
6. 山水生态格局示意图
7. 百里汾河效果图
8. 城市千年生态骨架效果图
9. 南部魅力人文景观效果图

策略已有共识基础，逐步倡导以大数据等数字技术手段的辅助运用，并强调城市设计成果的传导和与国土空间总体规划的衔接。伴随着存量更新时代的工作思路、工作方法及实施操作路径等诸方面的新要求，总体城市设计应在高质量发展、高品质生活和高效能治理等方面进行创新和完善。

1. 由愿景式框架向精细化问题导向转变

总体城市设计是以城市或区域整体为研究对象的城市设计类型，它的成果具有综合性、系统性和全局性等特征。传统的总体城市设计多从目标导向出发，基于传统总体规划对城市未来发展定位与功能布局，结合对城市生态和文化等特色要素的梳理以及城市未来发展的多维度研判，对城市未来空间形象进行整体谋划与塑造，确定城市风貌特色，优化城市形态格局。而在存量时代，总体城市设计不仅要关注城市未来发展问题，更要关注城市振兴和效能的问题，以节约集约为导向，破解城市现状发展的难点与瓶颈，从愿景式建构设计向服务城市发展的深度营造转变。一方面需要有更高的战略性思维，以城市设计为手段对城市结构性问题提出宏观策略，对全域空间形态与全要素建立整体性框架，另一方面需要更加精准地识别城市空间风貌、空间品质和城市活力等问题并深入分析问题本源，以针对性、修补式和干预性的设计提出空间优化的策略。通过战略性思维及精准化策略共同破解城市发展困境。

2. 由鸟瞰型美学向人本化感知体验转变

城市设计缘起自对空间美学的向往，着重考虑城市轴线和中心等物质空间总体结构以及城市空间美学秩序，通过对城市高度、天际线、节点、界面等内容的设计及引导，塑造了较多经典和宏大的新城区总体城市设计代表案例。而在存量时代，总体城市设计对象转变为建成度较高的城市区域，面对复杂化和破碎化的城市空间形态，传统经典美学的整体性导控无法继续发挥较大的作用。同时在存量发展地区有大量生活及工作人群存在，人们对于与自身密切相关的环境设施品质提升诉求更加强烈。因此，存量时期的总体城市设计需要强化"以人为本"的导向，在传统经典美学的整体框架引导下，更加关注重点地区和公共空间等中微观尺度的人性化使用及感知体验，从宏大的鸟瞰转变为以人的视角及尺度切入进行分析，对城市空间环境提出修补策略，并提出更为精细的导控要求。

3. 由整体性引导向动态化实施行动转变

总体城市设计由于引导内容是全域空间，结构性强且内容庞杂，目前对于管控方法、内容及深度的规定尚不清晰并且难以界定，导致设计内容难以传导落地。而在存量更新阶段的城市片区往往受到现状建成环境、社会资本条件等复杂因素的影响更多，对规划可实施性的要求更高，一般的整体系统的引导方式难以应对具体的开发建设问题。因此，存量时代的总体城市设计的导控一方面要更加精准地选择有用的导控内容，另一方面也要进一步结合存量空间的现实操作问题及不确定性，以行动为导向建立可实施的操作路径。

四、存量更新时代总体城市设计方法探索——以太原市总体城市设计为例

太原市作为山西省省会，在工业化进程中，为国家发展作出了重大贡献，但也带来了生态环境破坏、文化保护不足和城市风貌失序等问题，发展动力不足，面临巨大挑战。太原市总体城市设计基于问题与目标双导向研判，全面梳理太原市国土空间风貌特色，诊断识别太原城市空间核心问题，从城市修补的视角出发，力图破解太原城市空间发展困局，并通过城市设计方法改善各类短板问题，研究生态、人文与城市共生共融的融合发展路径。

总体城市设计强化顶层指引，并结合城市建设与管理实际情况，创新城市设计成果体系，系统改善传导实施效果，助推太原城市设计导控向系统化、科学化、精细化与人性化方向迈进，是存量更新背景下针对建成度较高的城市中心区总体城市设计的一次有益探索。

1. 运用多元数字技术研判现状空间问题

针对总体城市设计研究大尺度和全覆盖的特点，

结合中心区存量与增量交织的复杂性，太原市总体城市设计采用多元数据分析方法，如总体情景模拟分析、生态敏感阈值分析、景观视线模拟分析、城市热力检索、街景识别分析、要素修正推演和三维空间模拟等方法，对太原市总体格局、生态环境、空间秩序、公共空间、交通体系和历史风貌等方面进行全面研判，总结四项核心问题，为城市设计的优化策略提供决策依据。

（1）问题一：山水失连

太原市东、西、北三面环山，太原母亲河汾河南北向流经市域，构筑了"三山怀抱，一水中分，九水环绕，一湖点睛"的自然山水格局特色。然而现状东山区域山前地段无序蔓延开发，建设用地整体布局比较零散且开发强度偏高，对自然生态基底影响较大。"一水中分"的汾河沿岸绿带建设具有一定基础，但尺度较大，人气不足，由于临河道路的快速化导致人的可达性较低。九河支流现状河岸硬化，滨水生态廊道逐渐被建设开发挤压蚕食，山水间生态连通度较差。此外，生态要素在太原市中心城区城市格局中的融合度较低，总体表现为有山不见山和有水不亲水。城市格局未能将人工与自然要素整合融为一体，也导致了汾河两岸活力不足。

（2）问题二：文化不显

太原具有2500年建城史，拥有晋祠、太原府城、双塔寺等丰富的历史文化遗产。灿烂辉煌的历史文化湮灭在现代城市建设中，没有得到有效彰显和利用。太原府城作为历史城区，文化空间的可感知性较弱且缺乏活力。双塔寺作为太原最为知名的文化地标性地区，现状周边地区的开发也呈现出业态杂乱陈旧、体验不佳的问题，没有发挥应有的文化价值。同时由于周边建设的增加，与府城之间的历史空间关系已经断裂，作为文化地标的可视区域也在减少。

（3）问题三：空间失序

部分由于生态、文化等要素在城市空间塑造中的低参与度与低融合度，太原城市空间塑造缺乏统一管控秩序准则，使得现状建筑高度空间整体失序，

10. "府城文道"历史感知路径图　　12.代表性特色街区与品质街道示意图
11. 高度分区管控图　　　　　　13.多样城市设计导控语言示意图

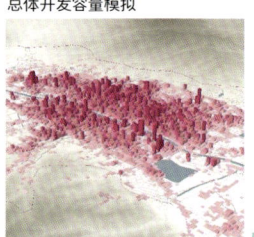
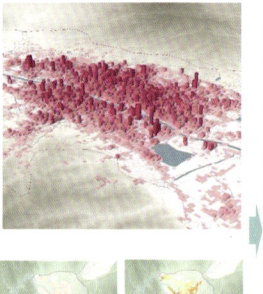
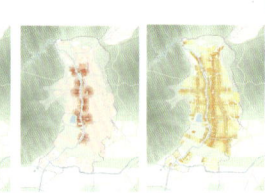
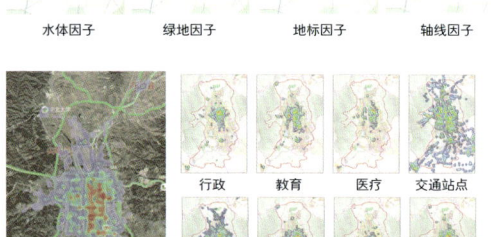
  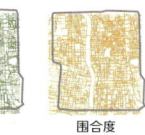 
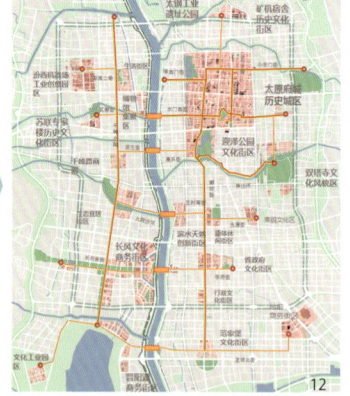

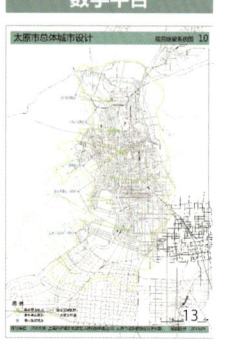

百米建筑占比较多且呈插花式散点分布，55~80m高度建筑缺失，空间整体缺乏高度层次与美学秩序。同时结合GIS视域分析技术，于汾河两岸对东西两侧山体20%可见区域进行可视面域分析，可以看到山水之间视线严重遮挡。此外，由于汾河沿岸主要天际线区域缺乏标志物，天际线曲折度和过渡性不足，汾河整体天际线缺乏特色。

（4）问题四：街道失活

通过城市热力以及街景识别技术分析，现状滨水临绿及文化空间活力不足。一方面由于太原汾河及支流河道两岸道路的快速化，阻断了河道生态景观与城市功能的联系，使人流不能方便抵达滨河绿地。另一方面是慢行空间不足，城市道路空间重车行的通畅度而轻步行体验的舒适度，慢行系统未成网络。

2.结构性框架与修补型策略并行

规划结合目标与问题的双重导向，确立"锚固山水特质、彰显名城气质、提升都会品质"三大核心目标，构建"轴带组群式"的城市空间新格局，强化沿水沿绿发展的空间模式，将汾河与九河廊道塑造为最具魅力的城市生态与活力名片，结合绿色开放空间整合城市文化要素，注入城市活力功能。在系统性构建城市框架的同时，对现状核心问题针对性提出修补策略，实现系统上的统筹和完善。

（1）锚固"三山环抱、一干多支"的山水生态格局

以梳理与构建自然山水生态格局为基础，加强外围三山的生态修复与综合利用，构建西山文化公园带、东山郊野公园带与北山休闲示范区；重点突出汾河两岸的生态修复与景观提升，将百里汾河景观带塑造为城市生态主轴与核心公共空间；此外，结合九河综合治理建立东西向城市生态廊道，打通东西山与汾河的生态联系，系统构建以"汾河为主干、九河为支脉、三山为屏障"的全域生态格局。同时精细化划定生态廊道管控范围并提出管控要求，真正锚固城市千年生态骨架。

（2）彰显"一带双城、古今交融"的龙城人文魅力

设计紧扣太原历史文化价值与特色，保护和挖掘晋地人文资源，构建重点突出、特色鲜明的风貌格局。充分发挥太原府城与晋阳古城两大历史人文片区的地域人文优势，通过汾河文化景观带加以关联，建立"如意形"核心历史文化框架，在保护历史文化要素高密度区基底整体性的同时，强调历史文化对周边区域的联动发展。对于太原府城历史城区，提出"保、疏、活、显"四项策略，显现府城"层积性"历史人文构架。同时塑造"府城文道"历史感知路径，以步道串联不同时期的人文景观，彰显具有"太原范和烟火气"的地域文化魅力。南部结合晋阳古城，将晋祠、天龙山和晋阳湖关联为有机整体，塑造"山—湖—祠—城"独具魅力的景观体系。

（3）重塑"层次清晰、显山露水"的城市风貌秩序

针对现状空间失序问题，结合多因子分析建立基准高度和标识高度结合的高度分区导控体系；针对临水、沿山和城市中心等重要区域，提出"梯级化和通透性"的可量化建筑空间秩序引导通则；结合观赏眺望体系分析优化城市重要天际线与地标体系，共同塑造层次清晰的整体空间秩序。此外，针对山水感知体验弱的问题，规划结合GIS视线模拟与实地调研，确立八处临水望山观点，打造城市阳台，

14 回归人的尺度塑造公共空间效果图
15 汾河绿道贯通实景照片

控制临汾河看向自然山体的景观视廊，控制新建建筑高度，原则上保证通道中心应有连续山体可见界面，核心控制范围内西山山体可见范围大于30%。

（4）营造"富有温度、可识可知"的公共空间体系

满足市民对美好生活的向往，结合大数据分析人群活动特征，构建具有识别度的城市公共空间体系，塑造5个城市客厅及8处城市阳台并提出精细化引导策略；挖掘太原街巷文化基因，结合街景识别分析，确定一批代表性特色街区和品质街道，打造13条林荫景观街、11条活力主街与21条城市次街，并提出街区风貌、空间格局和人性尺度等导控要求。同时建立特色绿道体系，重点塑造汾河与九河绿道，实现山水空间可达可游。

3. 从要素式管控到品质化行动

为在实施操作中能将总体城市设计的核心意图更好地传达，规划基于设计策略针对性建立从总体到分区再现重点片区的分层级穿透式管控体系，将空间营造与设计引导相结合。同时充分考虑多元使用主体的需求，最终形成准则、说明书、实施说明、近期建设指南、公众宣传册、专题研究报告6套成果。核心管控要素如生态格局、山水视线通廊道同步纳入了太原市规划管理信息系统，辅助搭建了总体城市设计专项模块，有效解决了总体城市设计管控难以落地的问题，推动太原市城市管理水平的提升。实施说明通过对设计内容进行有效的转译，对不同职责部门采取如纳入法定规划、编制城市设计导则等成果实施的不同形式，以形成总体城市设计与城市规划建设、实施管理的多样化接口，以确保总体城市设计意图的有效传导。

此外，规划充分考虑城市设计与更新行动的融合路径，基于核心策略建立行动计划，并结合政府城市建设工作部署，建立重点项目库，将总体城市设计成果分解为以时间为线索的职能部门具体行动步骤。基于该城市设计的行动框架，《太原市城市品质提升行动方案（2019—2022年）》发布并实施，聚焦对精品街道与特色街区的打造。太原市总体城市设计中首次提出的24km"府城文道"成为太原市重点城市更新项目，汾河绿道工程核心段也已全线贯通。

五、结语

总体城市设计作为把握整体城市风貌特色塑造以及统领城市精细化治理的重要抓手，在存量更新背景下，需要提出针对性设计思维，基于目标与问题双导向，从存量角度对现状空间做特色挖掘与问题研判、重视结构性框架与修补型策略的共同作用，将核心结构性要素衔接纳入国土空间规划进行传导实施，同时结合城市更新实施路径制定项目行动计划，共同推动城市空间的高品质提升。

参考文献

[1]自然资源部. 自然资源部关于加强国土空间详细规划工作的通知[J]. 自然资源通讯，2023（6）：42，55.

[2]张娟. 住房和城乡建设部：扎实有序推进城市更新工作[J]. 城乡建设，2023（13）：11.

[3]中华人民共和国自然资源部. 国土空间规划城市设计指南：TD/T 1065-2021[S]. 2021.

[4]中华人民共和国住房和城乡建设部. 城市设计管理办法[J]. 中华人民共和国国务院公报，2017（28）：40-41.

[5]资源中国. 吴志强院士谈国土空间规划[EB/OL]. （2023-09-04）[2024-01-05]. https://mp.weixin.qq.com/s/2HYl_UIWXRmj_b_gOOla1w.

[6]夏青，叶芳芳，王宁. 国土空间规划视角下存量地区总体城市设计实践：以深圳龙华区为例[J]. 城市规划学刊，2022（Z1）：127-135.

[7]段进，兰文龙. 总体城市设计的制度建构与实践考察：核心内容与关键要素[J]. 规划师，2023，39（6）：5-10.

[8]王建国. 基于人机互动的数字化城市设计：城市设计第四代范型刍议[J]. 国际城市规划，2018，33（1）：1-6.

[9]周俭，俞静，陈雨露，等. 上海总体城市设计空间研究与管理引导[J]. 城市规划学刊，2017（Z1）：101-108.

[10]杨俊宴. 总体城市设计的实施策略研究[J]. 城市规划，2020，44（7）：59-72.

[11]顾祎敏，陈亚斌，刘曦婷. 存量更新背景下的总体城市设计转型探索：以杭州滨江区总体城市设计为例[C]//中国城市规划学会. 面向高质量发展的空间治理：2021中国城市规划年会论文集. 北京：中国建筑工业出版社，2021.

[12]赵舰. 太原市城市风貌管控方法探索与研究[J]. 建材技术与应用，2020（5）：13-15.

[13]匡晓明. 城市设计的穿透性[J]. 时代建筑，2021（1）：22-25.

[14]林静远. 总体城市设计的管控与实施机制研究：以太原总体城市设计的实施为例[C]//中国城市规划学会. 面向高质量发展的空间治理：2021中国城市规划年会论文集. 北京：中国建筑工业出版社，2021.

作者简介

陈亚斌，上海同济城市规划设计研究院有限公司城市设计研究院副院长，城创所所长，高级工程师，注册城乡规划师；

匡晓明，上海同济城市规划设计研究院有限公司总规划师，城市设计研究院院长，城市空间与生态规划研究中心主任；

刘曦婷，上海同济城市规划设计研究院有限公司主任规划师，高级工程师。

城市设计与生态低碳
Urban Design and Ecological Low Carbon

基于传统理水智慧的城市水系统规划
——以合肥未来科技城城市设计为例

Urban Water System Planning Based on Traditional Water Sorting Wisdom
—Taking the Urban Design of Hefei Future Science and Technology City as an Example

符 骁　蒲文珺
Fu Xiao　Pu Wenjun

[摘　要]　传统的城市设计常忽视不同地域的理水智慧与水文化传统，在标准化现代水系规划的引导下，易造成水生态基础设施"水土不服"的乱象及水景观的千篇一律。本文通过对合肥未来科技城片区内的陂塘水系统进行研究与挖掘，汲取古人理水经验和智慧，将传统陂塘水系空间保留并融入现代城市生态格局，打造新时期下的"长藤串珠式"陂塘治水体系，并将陂塘渠等自然要素与城市景观空间紧密结合，塑造兼具传统文化特色与现代智慧的陂塘环链景观系统。

[关键词]　理水智慧；陂塘水利；水系统；城市设计

[Abstract]　Traditional urban design often ignores the traditional water sorting wisdom and water culture of different regions. Under the guidance of standardized modern water system engineering planning, it is easy to cause the chaos of water ecological infrastructure that is not adapted to the climate and the uniformity of water landscapes. This article studies and excavates the pond irrigation works system in the Hefei Future Science and Technology City area, draws on the experience and wisdom of ancient people in water management, retains and integrates the traditional pond irrigation works system space into the modern urban ecological pattern, and creates a "long vine beaded style" in the new era. Pond irrigation works system. It also closely integrates natural elements such as the pond irrigation works canal with the urban landscape space to create a pond chain landscape system that combines traditional cultural characteristics with modern wisdom.

[Keywords]　water sorting wisdom; pond irrigation works; water system; urban design

[文章编号]　2025-98-P-030

1.规划核心区总鸟瞰图　　　4.苦驴河流域支流水系图
2.合肥未来科技城总平面图　5.古代泸州理水智慧八景示意图
3.派河流域岗冲水系图

一、引言

传统理水智慧是人们在长期的水利管理实践中，通过对自然塘陂水系统生态结构、功能要素以及自然演变历程的观察与总结[1]。经过千百年来的不断实践，在不同地域地理气候特征下所形成的生态实践智慧。传统的城市设计常忽视不同地域的理水智慧与水文化传统，在"直流快排"的水系规划思想引导下，易形成诸多与场地不匹配的水系统与治水策略[2]。如何在城市设计层面挖掘与传承传统理水智慧，最大程度保留地域水系特色并使之融入城市生态格局，不仅是新时期水环境治理下的重要议题，也是城市设计层面实现更加绿色生态目标的重要途径。

二、项目背景概况

合肥未来科技城位于合肥城市西南区域，紧邻规划的江淮运河，总占地面积64km²。场地整体地势呈现西南高、东北低的地貌态势。现状海拔高程集中分布在20~65m。水系以坡地与脉冲带形成的天然地表径流为主，呈现由西南往东北降低的整体趋势。

随着场地不断推进城市化建设，片区内水系面临三大问题与挑战。

1.水资源时空分布不均

场地位于江淮分水岭东南侧、巢湖东北侧的派河流域，范围内的苦驴河为派河上游重要的支脉水系，流域总面积约为173.4km²。苦驴河自西南紫蓬山向北汇入派河，是场地内唯一的排洪廊道。基于岗冲地貌的特性，现状水资源存在易汇难存、旱涝不均的现实问题。西南侧的浅丘地区海拔落差较大，溪涧源短流急，难以积存水源且时常干旱，无法满足居民生产生活需求；东北侧的低洼地地势较低，暴雨时期易短时间内发生洪涝灾害，威胁居民生命财产安全。如何充分利用现有的水资源，消解其在时空分布上的不平衡，是规划面临的重大挑战。

2.水文化有待保护传承

江淮地区自古就有完整的塘、陂、堰、荡、泊、圩、堤体系。为了解决淮河和长江流域的丘陵和高亢平原旱涝不均的问题，古人很早就创造出陂塘水渠串联的水利工程，以存积岗冲地区的水源，从区域角度对水资源进行调配。场地所处的合肥西北片区，自古就有建造陂塘水利工程的传统。北宋仁宗时期，曾发动淮南路民众筑坝修陂塘以灌溉农田。位于场地内的枯草塘就是当时修建的古陂塘，虽历经沧桑，但沿用至今。据《庐州府志·水利》载：舒则南西皆山，尤多美田山泉之利，号称膏腴。独不滨湖，故无圩，以近山故资堰，以地兼平衍，故有塘[3]。

古人在陂渠工程的基础上，逐渐形成以陂塘为中心的九龙攒珠式传统村落格局，这也是治水文化的主要体现。村落顶部陂塘滞蓄的水源，通过环绕四周的巷道明渠流入民居和农田，以满足日常生活与农业生产的需要。经过调研与分析，场地内陂塘现存总数量约为810个，总面积约4km²，预计储水量达600万m³。由于传统农业的没落与现代化农业生产方式的介入，大部分陂塘处于孤立、散落的状态，与陂塘相依存的传统村落格局与文化传统也逐渐衰败。

3.水安全面临严峻挑战

江淮运河工程，将现状苦驴河流域重新划分为南北两条独立的汇水区域，对场地的径流环境产生重大影响。由于局部地区的江淮运河堤顶标高高于现状场地标高，势必会加剧东北部低洼地区的洪涝风险。虽然运河工程预留了六个排水口，但如何科学规划场地内的河道网络，确保城市面对极端气候时洪水能及时排出场地，是水安全层面的重要挑战。

三、基于传统理水智慧的城市水系统构建

1.构建以陂塘渠为核心的蓝绿空间系统

总体城市设计层面，打造城乡野共融、三系统共构的全域生态格局。突出城乡野有机相融，理水引脉陂塘连渠，田林湖渠岭园多要素整合。构筑"运河引脉、一岭一园、陂渠相连、林田交织"的总体生态格局。

2.三大层级塑造韧性水生境

在总体生态格局的基础上，通过三大层级塑造韧性水生境系统，构建起陂塘渠交织、河湖水相融的韧性水网，以提升场地水系连通度与水面率，实现兼具水生态、水安全、水文化特色的节水蓄水型水系统网络。将场地8.5%的现状水面率，规划提升至10.5%，优于合肥海绵城市适宜水面率5%至10%的水平。

（1）蓝绿交织的运河廊道

融入引江济淮运河百里画廊，提升腹地景观价值。结合200m的一级控制线要求，沿运河两侧打造蓝绿交织，以水、林为特色的生态缓冲廊道，构建沿河生态绿脉，并通过七条垂江生态廊道将江淮运河生态带渗透进场地内部，通过双向廊道绿脉提升沿河流域生态与多样性。以运河八景激活运河生态廊道景观，实现运河益林，打造运河廊道。

（2）韧性连接的河湖脉络

充分顺应现状河网与地形地貌，依山就势打造自然韧性的水网系统。依托场地内苦驴河、梳头河以及小蜀山分干渠、长余岗分支渠、枯草塘支渠，打造两河三渠的水网框架。通过季节性河道与弹性水面规

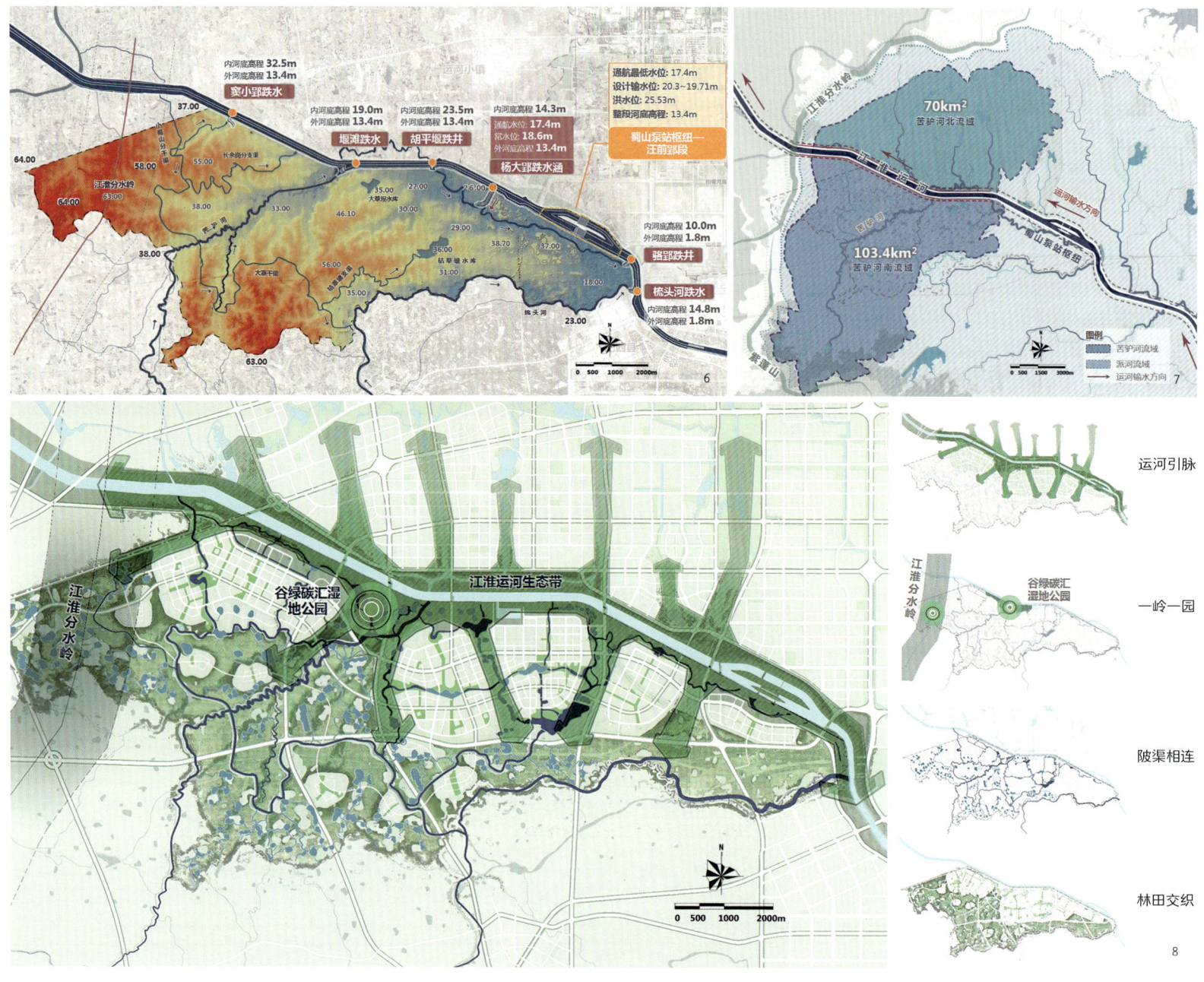

6.江淮运河工程与场地内水系衔接图　7.修建运河后的苦驴河流域图　8.合肥未来科技城总体生态格局图

划，构建韧性节水型水网体系，将现状0.5km²河湖面积提升至1.1km²。场地内的水网在枯水期通过陂塘及上游水库补给蓄水，常水期以雨水收集为主，弹性水面蓄流全部降水，丰水及暴雨期利用河湖与湿地进行安全外排。

（3）长藤串珠的陂塘图谱

传承与利用现状陂塘系统，创新陂塘体系打造长藤串珠式的特色陂塘体系。通过四大斑块重塑陂塘新脉络：津渠交织的"蓄水陂塘"，保留现状坡地上的丘陵陂塘与连接水系形成生态蓄水区域，对来水进行截流与集蓄；陂湖串联的"生态陂塘"，依附于湿地生态系统，打造结合湿地内湖与水系的特色生态陂塘栖息地；依田傍村的"文脉陂塘"，保留并优化特色村落附近的陂塘群落，传承独具特色的陂塘水文化；融于生活的"都市陂塘"，结合城市河湖体系形成的海绵陂塘系统，收集与净化城市地表径流，保障水资源安全。

3.江淮岗冲特色的海绵系统

构建引江济淮工程引水后，派河河道常年平均水位将升高，流速与流量将增大。输水时水流向上引入淮河，不输水时水流向下进入巢湖，河道内水文情势将变得更加复杂，需要制订合理的调配计划，对水资源进行合理调配与布置。通过季节性弹性河道，构建节水、用水型水网体系。保障河道全年集水、用水、排水三大功能。通过构建山河交融，陂渠交织的立体化水安全保障系统，确保在枯水期通过水库与陂塘截水保流，在常水期通过河湖的水网形成清洁自净的生态水系，在洪水期通过低洼地区的湿地形成滞蓄洪水的功能区，延缓洪水排入江淮运河。

4.文景相融的陂塘环链系统

核心区场地内有明显的从西南往东北向降低的脉

冲带。水系以坡地与脉冲带形成的天然地表径流为主，呈现由西南往东北降低的整体趋势。城市设计层面，顺应现状地形与径流依势营水，将现状枯草塘与规划蓄滞洪区相连，塑造陂塘环链的总体景观格局。

以传统长藤结瓜式陂水网络为基底，结合跌水连陂，重塑陂湖串联结构，提升内部水系调节的分流泄洪、净化调蓄功能。打造生长在城市界限内陂河交织的水系生态网络，营造城水一体化、传统与现代技术共生的特色新型陂塘脉络，实现对水资源的综合保护与利用。

按照不同功能划分为塘链绿谷、活水趣园、蒲荷湿地三个主题片区。

（1）塘链绿谷

塘链绿谷是片区十字形公共空间的横向骨架，将层级跌落的陂塘与智慧科技设施相结合，以鱼鳞跌水坝串接陂塘链，两侧布局活力休闲街区和智慧文体设施，叠加智慧人文，塑造活力交往中心，成为激发城市活力的重要场所。

（2）活水趣园

活水趣园主要通过链条式的陂塘水网，形成蓄水、渗水、净水为一体的韧性海绵体，构建陂塘湿地净化与科普教育示范园。

（3）蒲荷湿地

蒲荷湿地，将现状陂塘与自然教育相结合，采用低碳工艺材料，打造以"自然+教育"为特色的自然野趣空间。

5.乡村单元陂塘灌溉系统

场地内位于开发边界外的现状村落，在梳理陂塘水系的基础上，通过头塘和腰塘的组合以及各陂塘之间跌水连渠的串联形成的梯级陂塘水系，构建灌溉网络和水系景观。在常绿落叶树种组合的基础上，通过乔、灌、草的搭配方式，融入色叶及花卉植物，在村庄周边形成复合健康的景观林地。

四、结语

城市设计层面，常常会面临如何创造出具有地域特色、兼具韧性美学的生态景观空间的问题与挑战。而传统理水智慧是人类在与自然不断协同的漫长过程中积累的宝贵财富，对于挖掘场地独特水系功能与文化价值具有重要参考价值。本文通过对合肥西北地区的陂塘系统进行挖掘与运用，试图将传统理水智慧融入现代规划理念之

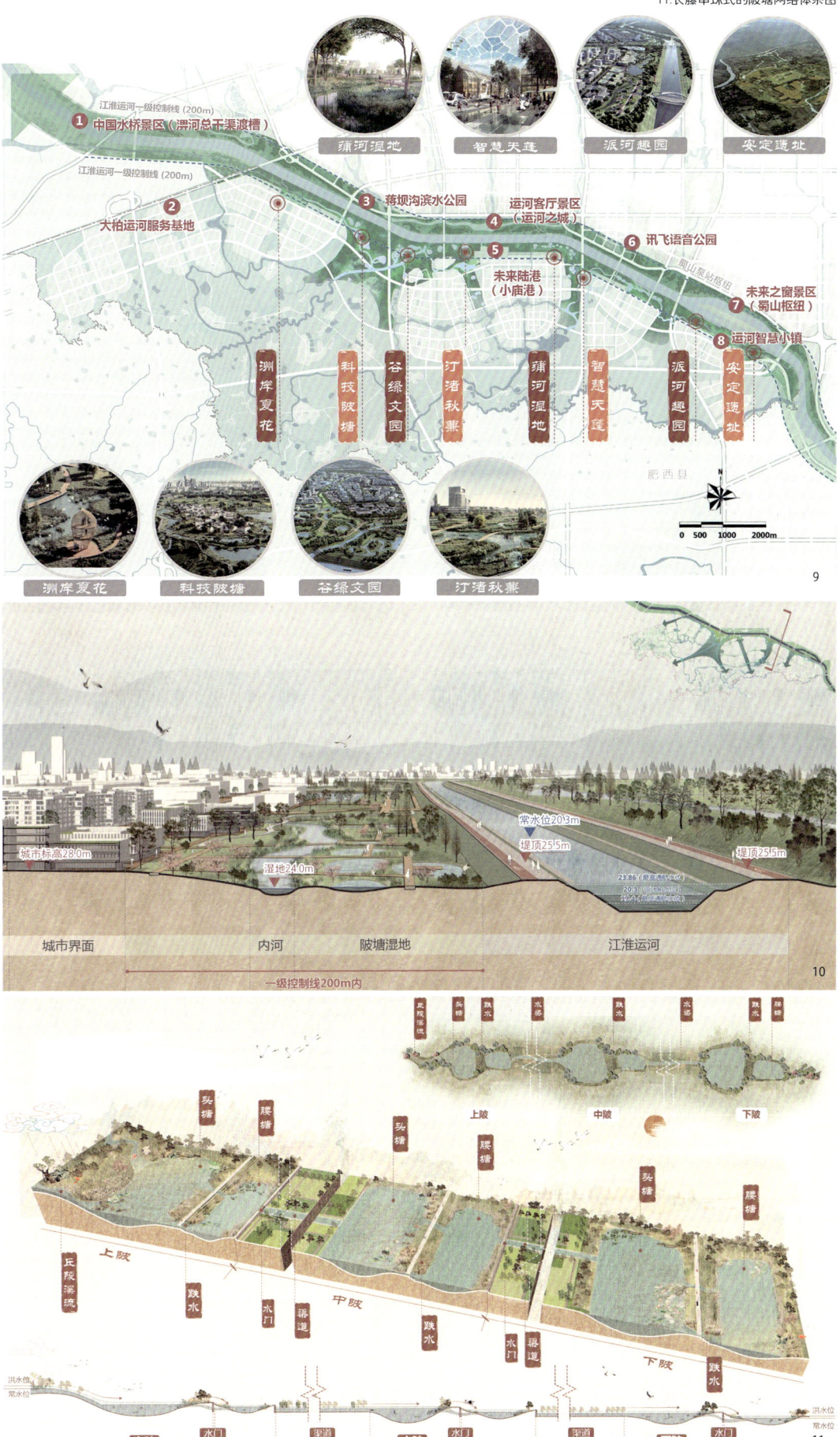

9.江淮运河百里画廊场地段节点
10.江淮运河生态廊道剖透图
11.长藤串珠式的陂塘网络体系图

中，力图在宏观层面实现遵循生态演变规律和土地适应性特征的流域生态系统，在微观层面塑造传承文脉与地域景观特色的水景观系统，从不同尺度为合肥未来科技城创造出蕴含历史，面向未来的生态景观空间。

参考文献

[1] 袁兴中，杜春兰，袁嘉，等. 适应水位变化的多功能基塘系统：塘生态智慧在三峡水库消落带生态恢复中的运用[J]. 景观设计学，2017，5（1）：8-21.

[2] 王敏，汪方心怡. 韧性视角下传统乡村聚落雨洪管理的生态智慧分析与启示：以堰塘冲田系统和基塘系统为例[J]. 住宅科技，2021，41（2）：39-44.

[3] 张祥云.（嘉庆）庐州府志[M]. 诸伟奇，王光汉，点校. 合肥：黄山书社，2012.

作者简介

符骁，上海同济城市规划设计研究院有限公司城市设计研究院城景所所长；

蒲文珺，上海同济城市规划设计研究院有限公司城市设计研究院城景所主创规划师。

12 塘链绿谷效果图
13 活水趣园效果图
14 蒲河生态湿地效果图
15 乡村单元韧性理水模式图
16 河渠交织的生态水网图
17 陂湖串联的生态网络图
18 不同降雨时期下的水安全保障体系图
19 陂塘环链式的水资源调蓄脉络图
20 陂塘环链空间结构图

绿色低碳导向下的城市中心区规划实践
——以上海金桥副中心城市设计为例

Planning Practice of Urban Central Areas Under the Guidance of Green Low-Carbon
—Taking the Urban Design of Shanghai Jinqiao Subcenter as an Example

邵 宁 曾舒怀 刘文波
Shao Ning Zeng Shuhuai Liu Wenbo

[摘 要] 城市中心区是资源消耗和碳排放最主要的场所，在国家提出双碳目标的背景下，顺应高质量发展的城市建设趋势，城市中心区发展进入了城市更新的新阶段。本文从绿色低碳视角出发，以金桥副中心城市设计的编制为例，结合现状问题研判，针对性提出金桥副中心绿色低碳优化策略，重点从土地利用、交通规划和生态安全三方面构建绿色低碳导向下的规划框架，实现新时期下"社会生态经济"的可持续发展。

[关键词] 绿色低碳理念；城市中心区；城市设计策略；城市更新

[Abstract] The urban central area is the most important place for resource consumption and carbon emissions. Against the background of the national dual carbon goals and in line with the trend of high-quality urban development, the development of the urban central area has entered a new stage of urban renewal. This article starts from the perspective of green and low-carbon, taking the urban design of Jinqiao City Subcenter as an example, combined with the analysis of current problems, proposes targeted green and low-carbon optimization strategies for Jinqiao Sub center, focusing on building a green and low-carbon oriented planning framework from three aspects: land use, transportation planning, and ecological safety, to achieve sustainable development of "social ecological economy" in the new era.

[Keywords] green low-carbon concept; urban center area; urban design strategy

[文章编号] 2025-98-P-036

《上海市城市总体规划（2017—2035年）》将金桥定位为城市副中心，城市空间结构和功能定位的变化使金桥需要从工业区逐步转型成为城市中心区。在生态文明发展的大背景下，城市中心区作为活动集聚和能源消耗的主要场所，绿色低碳的发展方向已成为当下城市中心区更新的新议题。绿色低碳城市的概念源于对环境危机的反思、对宜居环境的追求以及因全球气候变化导致的能源危机，其以可持续发展为理念，聚焦于提升生境空间的数量、质量和减少温室气体的排放[1]。2020年9月，我国明确提出至2030年"碳达峰"与至2060年"碳中和"的目标；2021年2月发布的《国务院关于加快建立健全绿色低碳循环发展经济体系的指导意见》提出要"全方位全过程推行绿色规划、绿色设计、绿色投资、绿色建设、绿色生产、绿色流通、绿色生活、绿色消费"[2]。双碳目标下，城乡建设面临高质量高品质、可持续发展的转型趋势，尤其是城市更新政策提出"绿色低碳"的更新原则。2021年10月发布的《2030年前碳达峰行动方案》明确提到"城市更新和乡村振兴都要落实绿色低碳要求"，要"推进城乡建设绿色低碳转型"[3]；上海发布的《上海市城市更新行动方案（2023—2025年）》要求城市更新以"绿色低碳、安全韧性"为工作原则[4]。

因此在金桥的转型更新过程中，以绿色低碳城市为导向显然是顺应和满足时代发展需要的。本文旨在探讨在城市中心区的更新过程中，如何重新分配空间利益、融入绿色低碳发展路径，综合考虑绿色生态、低碳高效、节能减排等内容。结合金桥副中心的项目实践，探讨具体的绿色低碳城市更新模式与路径，提出以绿色低碳更新为导向的城市发展对策与建议，促进城市中心区绿色化、低碳化的可持续发展。

一、绿色低碳的城市更新路径

绿色低碳的城市更新路径可以从以下方面切入：打造生物多样化的蓝绿空间网络，促使城市生境变为连续有机的整体，提高碳吸收能力；探索功能复合的生态导向式开发，以绿色空间为中心打造高效复合多样的活力场景；提高绿色空间可达性，鼓励立体绿化，提升绿色容积率；通过合理而紧凑的空间功能规划以及公交和慢行导向的绿色公共交通体系降低交通碳排放；通过引导发展绿色建筑设计减少建筑碳排放；发展集中式与分布式相结合的高效的可再生能源体系；提升资源利用效率，鼓励水资源和固废资源的循环再利用[1]。

金桥作为未来的城市副中心，其基本职能发生了根本转变，主导功能由原来的产业研发、智能制造转化为集聚商务研发、商业休闲、文体医教等功能。开发强度和建筑高度将大幅度提升，也将面临公共空间和绿地面积的缩减以及高能源消耗等问题。因此，如何通过存量更新完善城市功能，从绿色低碳视角带动区域整体产业升级以及城市空间转变是本次设计的核心议题。

本次规划充分研究绿色低碳城市更新的路径，以绿色低碳为导向，从减少建筑和交通的碳排放以及增加城市生态空间的碳吸收两方面进行整体考虑，结合现状面临三大问题从土地利用、交通出行和生态优化三个方面切入，提出金桥副中心绿色低碳的城市更新路径，带动城市空间结构重塑和产业转型升级。

1.紧凑和立体复合的城市空间形态

紧凑和均衡的空间结构具有降低社会碳排放的作用[5]。规划将根据人们的出行需求特征，优化城市空间形态和土地使用方式，以减少长距离出行需求形成紧凑均衡的城市用地布局；以促进短路径出行为原则，进一步加强空间的立体复合使用。在尊重现状肌理的基础上，合理布局空间形态，以绿地为中心进行生态导向式的复合营造，打造高效复合的多样化活力场景，实现城市用地碳排放的降低、绿色空间和碳汇的增加。

2.公交和慢行导向的绿色低碳出行

城市中心区高强度开发，需要交通规划在区域内进行紧凑高效布局，提升高强度开发区域和公共服务设施的交通可达性，以此来增加居民绿色出行比例，

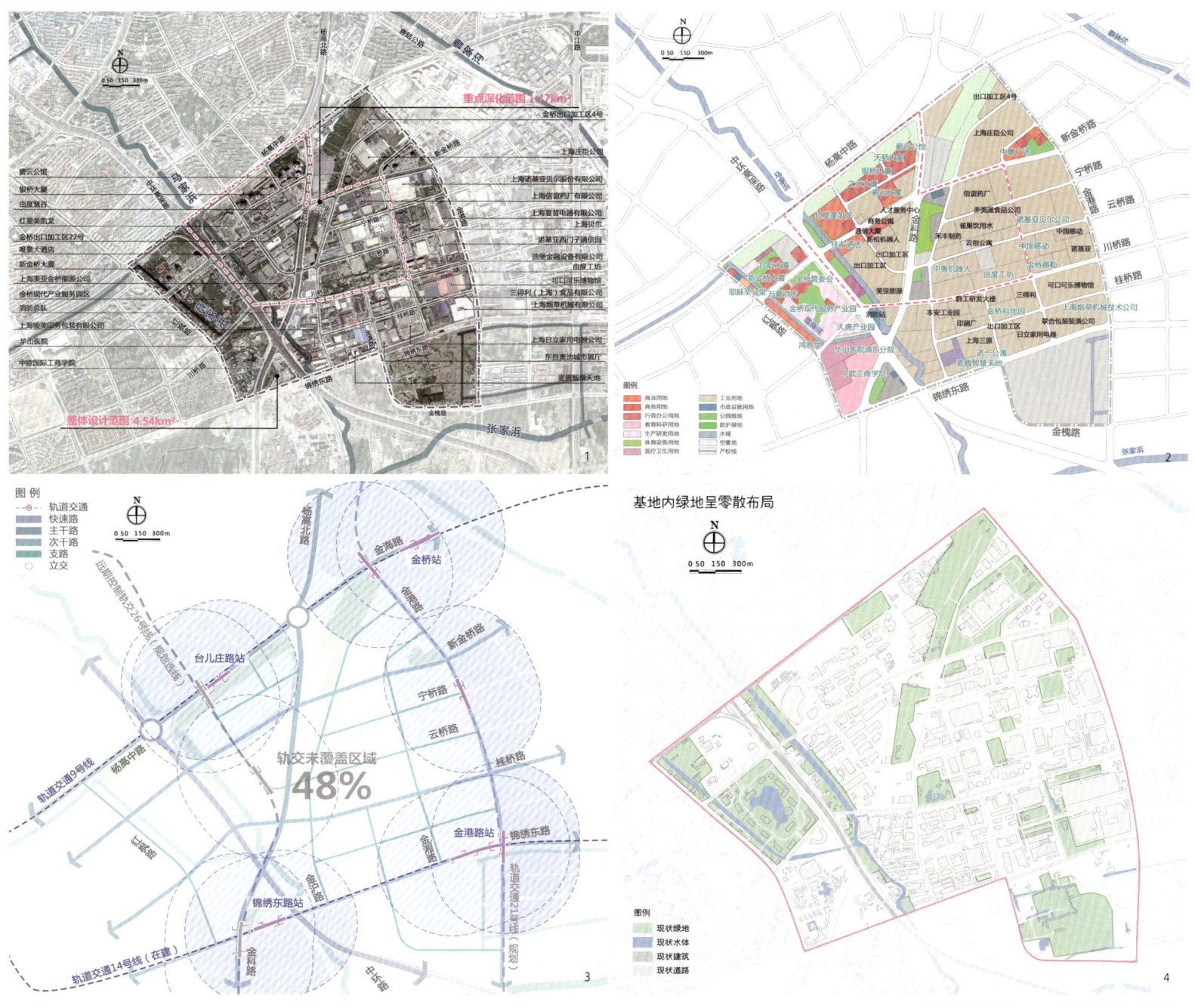

1.基地现状概况图　　3.轨道站可达性分析图
2.土地利用现状图　　4.基地内绿地布局分析图

并形成多种方式相协调的复合交通系统，实现以非机动化和公交出行为首的人流和物流在城市空间内部的合理流通。

3.生态友好和高效能的蓝绿网络空间

绿色低碳导向下的城市更新应充分考虑城市建设行为对当地生态本底的影响，尽可能延续大区域原有的生态体系，构建生态友好的绿色空间环境。通过整合碎片化的现状生态斑块形成集中规模化的生态空间，缓解高密度、高强度城市建设带来的热岛效应。同时，通过采用低冲击开发措施，集合多项绿色技术，植入立体绿化，增加绿色容积率，创造多层级蓝绿网络空间以增加碳汇能力，提升城市空间的生态效能。

二、绿色低碳导向下的金桥副中心规划设计

1.现状概况与发展问题

《上海市城市总体规划（2017—2035年）》将金桥列为上海九大主城城市副中心之一。金桥副中心现状为金桥经济技术开发区，规划总面积约4.5km²，核心启动区面积约1.5km²。

金桥城市副中心现状用地以工业用地为主导，公服设施占比较低，现状存在以下三方面的问题。

（1）用地功能单一化

金桥副中心现状用地产业类型为传统制造业高能耗工业项目，用地功能复合度较低，现状主要的配套和居住用地均位于基地2~5km以外的区域，单一的功能分区使得居住与工作等活动分离，造成了大量交通需求，使因为交通产生的移动碳排放增长。

（2）轨交站点外围化

现状路网整体饱和度适中，随着后期开发强度的增加，现状道路密度和通行能力无法满足新增的交通

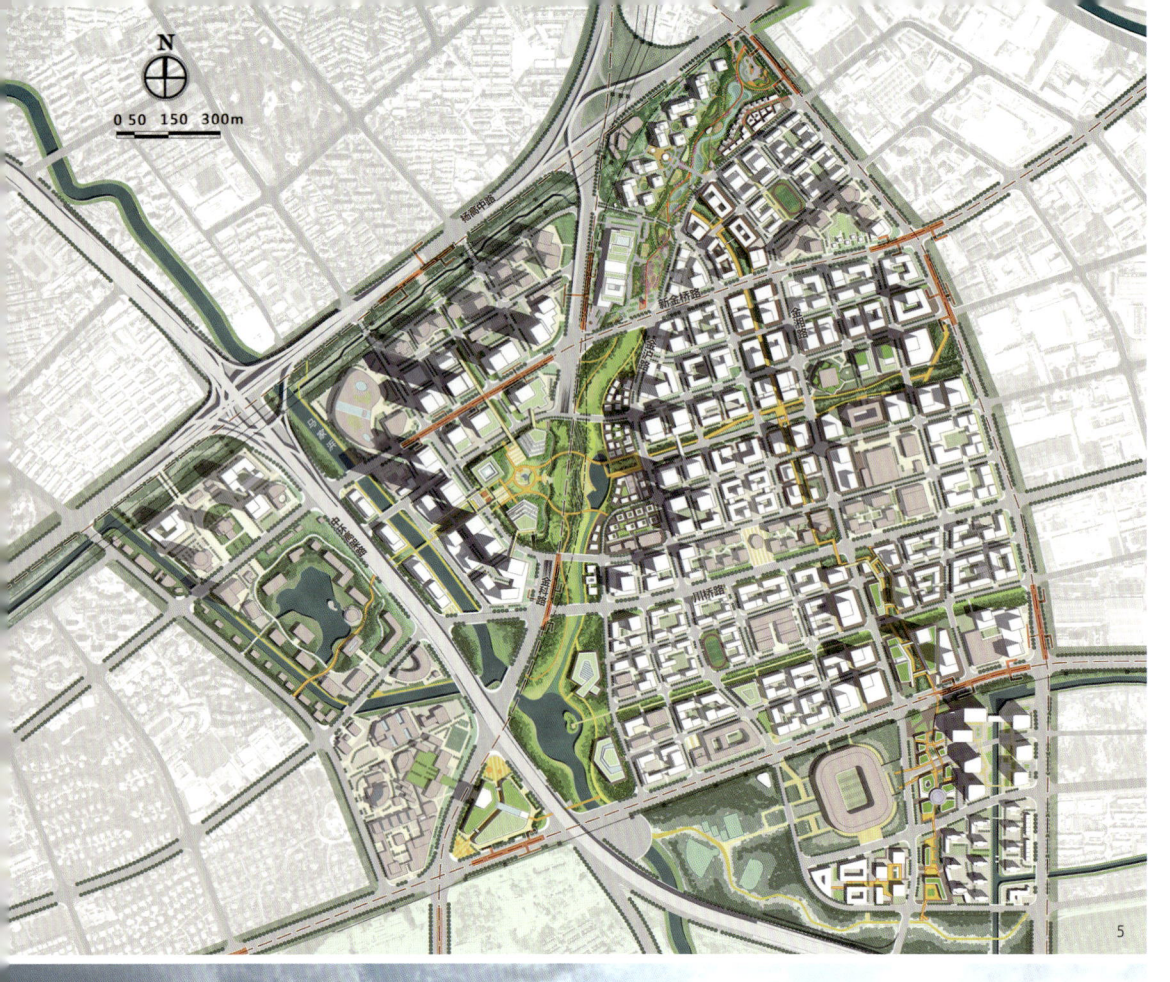

需求。根据未来轨道交通规划，三条轨道交通线路和站点均为周边设置，核心区仅有15%的用地位于地铁300m范围内，副中心核心区大量高强度开发的商业办公地块位于地铁站点覆盖的真空区域，低碳高效的公共交通出行系统和慢行交通系统尚未完善，中心区的可达性较差将导致未来居民低碳出行的意愿较低。

（3）生态空间碎片化

基地内两河交汇、生态资源整体较为丰富，但是由于现状河道两侧绿地不连续，并且现状绿地大部分为防护绿地，参与性和体验感较差。基地内南北向的高压线隔离进一步造成现状生态空间的割裂，整体的生态碳汇网络系统功效并不显著。

2.总体布局与规划策略

本次城市设计提出"城市活力有机共生体"的规划理念，塑造生态、人文与科技高度融合的城市副中心。针对基地东西空间割裂问题，采用空间缝合手段，将过境主干道金科路下穿通过，并结合高压线下地入管廊等方式，将原来碎片化的生态绿地聚集为中央公园，以绿色空间打造生活人文复合的活力场景。规划整体空间格局遵循自然生态原有的格局和肌理，充分利用原有水系、绿廊等要素构建生态网络框架，以生态人文中央公园为核心向周边延展，高效连接轨道站点和城市功能节点。整体形成公共活力环绕的公共空间枢纽，以轨交+步行走廊为骨干构建网络圈层空间秩序。规划突出生态价值转化，将生态空间与人文场所有机融合，以生态空间为载体，创造既有场所精神又有烟火温度的引力空间。

3.绿色低碳的规划策略

（1）优化用地结构，提高土地复合度

①高效能的城市空间格局

绿色低碳城市设计应致力于构建服务均衡、绿化共享、高效可达的城市空间结构，以降低资源能源消耗以及碳排放。规划形成"一核一轴协三区，一环一廊织绿网"的规划结构打造绿网为底的网络化绿色低碳发展模式。以中央公园为核心的"环+放射"的绿地系统整体加强了生态空间的共享性，并通过绿化廊道将副中心分割成若干组团，组团规模控制在合理的范围之内，组团内部形成公共服务节点，实现内部功能的自我平衡。围绕地铁公共交通，城市空间紧凑均衡高效发展。以生态主导的空间结构，促进城市空间融合为有机的整体，生态导向式开发是实现"社会经济人文"效益最优发展方式。

②低能耗的立体复合空间

绿色低碳城市的土地利用提倡紧凑、集约的开发方式，通过功能的高度混合减少人员的区域流通，从而减少交通引起的碳排放。城市设计通过多样化的土地使用和场所设置来促进城市交通系统能源消耗和碳排放量的降低[6]。通过积极引导城市紧凑和混合开发，改变现状功能分区理念下城市功能单一的情况，有效提高城市土地利用率，塑造立体复合的低碳能耗空间。本次规划设计通过功能复合、用地混合以及空间立体叠合的多途径多方式在合理的区间范围内提升用地复合度和功能的混合度。多元功能的城市空间提升城市活力，同时减少了不同功能之间产生的交通碳排放。

功能复合：金桥城市副中心建设的重要特征是高复合、多元化，规划将生产、生活、生态融为整体，确保一定比例的功能混合性，是确保高品质城市生活集聚的关键。促进各项功能融合，创造多样化的城市生活场景，以办公为主要功能的项目部分转换为商住混合项目、酒店或其他创新功能，以增加地区功能的复合多元。核心区所有建筑的底层空间全部作为公共空间，住宅空间与办公空间复合，绿化空间和文化体育设施融合。公共设施充分与城市其他功能空间复合，提升城市运营效率的同时减少使用设施产生的交通能耗。

用地混合：规划一方面强调商、办、文、体等功能多元高效混合，如结合中央公园地块，融合地铁TOD、商业休闲、文化体育与绿化广场，打造景观、文化、创新融合的文化活力综合体。另一方面体现职住平衡持续活力的理念，整个核心区混合用地的比例高达60%，并且地块内增加与绿地的混合，增加碳汇的同时，减少了不同功能地块之间的流动性，降低了交通碳排放。

立体叠合：根据《中共中央 国务院关于支持浦东新区高水平改革开放打造社会主义现代化建设引领区的意见》提出的"支持推动在建设用地地上、地表和地下分别设立使用权"等要求[7]，结合TOD，按照"地上一座城、地下一座城、云端一座城"的开发思路，精细化分层规划，进一步探索城市空间的竖向复合，建设立体复合的城市副中心。核心区通过抬高中央公园、连通二层连廊，实现地面空间的立体连通，地下空间整体商业开发以及中心区一体化的地下停车系统和便捷连通的人性活力空间等方式实现立体叠合。立体化的城市空间提升城

5. 城市设计总平面图　　9. 网络化空间发展模式图
6-7. 空间形态示意图　　10. 核心区用地图
8. 城市设计规划结构图　　11. 立体叠合的核心空间示意图

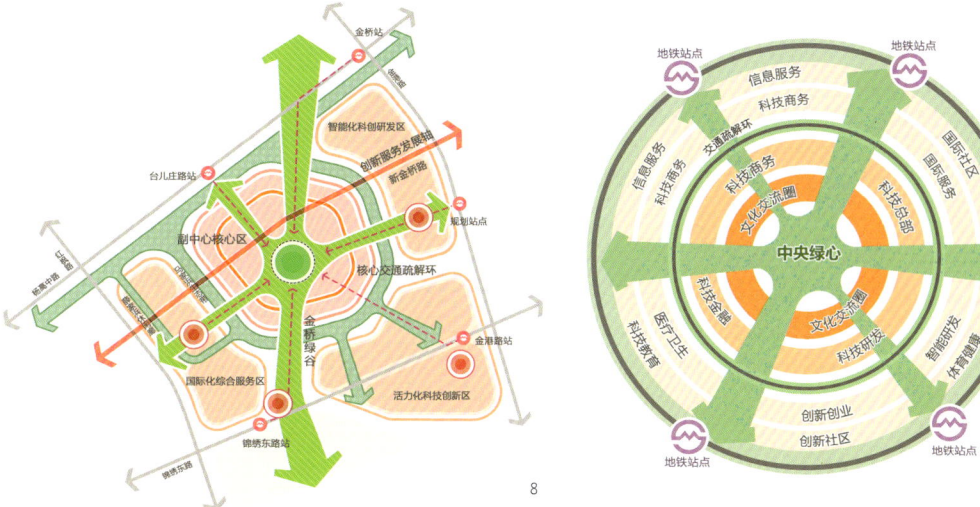

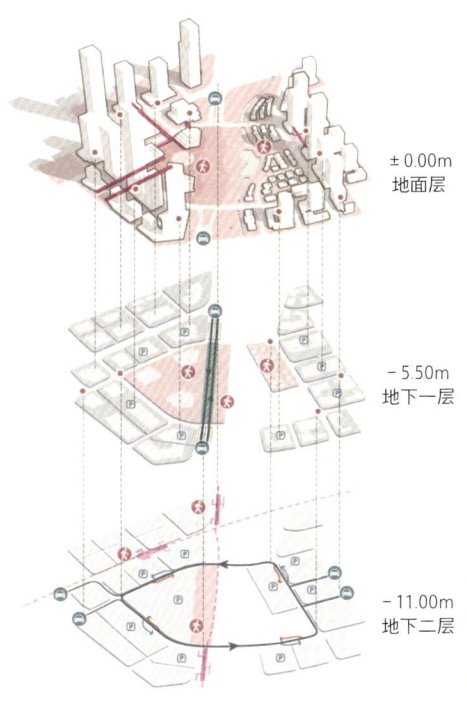

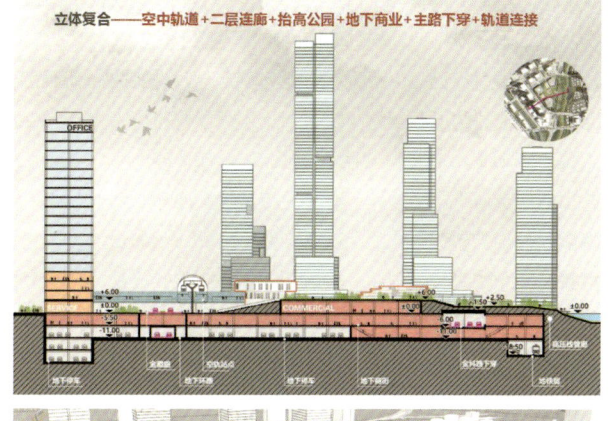

12. 多元功能复合示意图　　14. "环+放射"绿网生态体系图
13. "轨交+步行"的动线网络图　　15. 构建连通楔形绿地冷源的绿廊

市整体运转效率，提高功能空间的可达性，从而降低了流通引起的碳排放。

（2）建立多维立体化低碳通行网络

①"轨交+步行"的低碳通行网络

由于本次规划范围内的轨道站点基本位于规划区边缘，为了引导低碳出行方式降低移动碳源，需要建立强大和便捷的步行网络与轨道站点连通，快速导入人流。规划提出构建以"轨交+步行"为骨干的网络共生圈层空间秩序，强调步行交通与轨道交通的联动组合，外围是轨交与快速路疏解交通，内部通过绿道链接轨交与中央公园以及各圈层功能板块。倡导绿色低碳的公共出行方式，降低因交通能耗产生的碳排放。整个片区形成的多维立体化低碳通行网络。轨道交通站点周边打造交通综合体，结合立体停车库、公交站点以及步行体系，解决最后一公里的交通问题，提升公共交通的便捷度从而减少小汽车的使用频率，从而降低因交通能耗产生的碳排放。未来规划区将成为金桥功能区内重要的交通换乘节点和交通枢纽发展低碳交通示范区域。此外，规划通过增加支路密度提升交通通行效率，并减少了部分道路的机动车道宽度，增加骑行绿道，结合商业和生态空间拓宽了休闲步道，并结合商业界面建议预留建筑前区，结合商业节点和口袋公园，延续步行道路沿线的商业活力，打造适宜绿色低碳出行的道路空间。

②立体高效的交通系统

为缓解地面交通的压力，规划围绕中央公园高强度开发区域，建立多维立体化绿色低碳通行网络，一方面分离到发交通与过境交通，构建地下环路系统缓解地面交通压力，高效连通核心区域，提升交通效率，另一方面以大运量公共交通系统串联城市主要功能片区中心，倡导公交优先和慢行优先；构建立体的慢行交通空间，打造便捷高效的绿色低碳出行体系，通过二层连廊与地面步行网络相结合的方式，形成连续、舒适的城市慢行网络；通过步道放射延伸以及站点密集辐射，规划结合现有轨交站点与步道相连，各组轨交站点10~15分钟步行范围辐射办公空间，实现整个金桥副中心范围的15分钟交通覆盖，大幅度提升轨交站点的密集辐射度与办公空间的步行可达性。规划通过高效的步行网络、宜人的慢行环境优化低碳的出行方式，来影响人们在出行意愿上的选择，减少交通碳排放。立体高效的交通系统促进高可达性，通过调整交通耗能结构以及缩短出行距离，降低区域交通耗能。

（3）整合蓝绿生态空间、叠加集成绿色技术

①蓝绿复合的绿色低碳网络

现状由于高压线的割裂和滨河绿化的不连续，整体生态绿化空间布局分散。连续整体的生态空间相比较分散的生态空间的碳汇效率更为突出。本次规划充分利用分散的生态碳汇斑块和道路绿化、河道绿化等，结合金科路下穿及沿路高压线入地下管廊的契机，形成南北向生态碳汇廊道，通过形态设计与城市空间的整合，整体形成"环+放射"绿网生态体系。规划后公园绿地占比大幅提升，由现状不足8%的比例提升至22%。规划通过整合完善绿地格局以扩大碳汇，结合滨河绿化等线型绿化通廊扩大生态网络，同时使得绿色空间可达性也大幅提升，通过增加建筑屋顶绿化及公园多层次空间绿化等立体垂直绿化，以人工要素和自然要素相结合为原则，促进不同廊道的固碳和汇碳等生态功能的有效发挥，将不同类型的生态碳汇斑块串联为一个有机的整体。

②多向协同的绿色集成技术

绿色低碳背景下的在地化城市设计应充分考虑城市建设行为对当地生态环境的影响，响应国家双碳战

16.城市风热环境模拟验证分析图

略，践行国土空间规划原则，叠加集成以下方面的绿色技术。

低冲击：修复工业开发的过度硬化用地，大幅增加城市海绵，总体下凹式绿地率达到25%，优化现状水体形成蓄滞塘，最大化利用雨水资源。规划绿地植林率超过50%，提出被动式节能建筑设计要求，通过打造屋顶绿化等，增加区域碳汇效应。

分布式：结合圈层组团式空间结构，规划分布式智慧能源体系，结合自动控制系统等新技术优化能源输配送方式，通过小范围的分布式能源供给减小能源损耗。目前位于副中心核心区的冷、热、电三联供能源中心已启动。

微气候：规划通过城市风热环境模拟验证，构建连通碧云楔形绿地冷源的绿廊，模拟各季节主导风向的最大概率风速进行风热环境验证，进一步推敲周边建筑空间、高层建筑布点及绿化空间布局对微气候的影响，最终形成整体东南低、西北高的核心区建筑空间布局，以降低城市热岛效应。

三、结语

本文结合金桥城市副中心城市设计的编制，提出绿色低碳导向下的城市设计路径及策略：首先，通过优化城市空间结构提升城市紧凑度和运营效率，通过增加土地复合利用和空间立体叠合来降低区域整体能耗，提升城市活力；其次，强调步行交通与轨道交通的联动组合，加强公共交通的衔接，引导低碳出行的交通方式降低移动碳排放，包括构建"轨交+步行"的动线网络，基于TOD模式构建链接站点—吸引点的步行体系来进一步引导绿色出行方式，形成立体互联的交通体系，提高目的地的可达性；再次，网络化、整体性的生态空间能有效提升区域生态效应，包括增加集中绿地、构建生态廊道、预留渗透空间和智慧能源体系等设计路径，集成多项绿色低碳技术，提升生态安全。未来随着项目的推进，可结合金桥副中心的实施和运营效果进一步探讨绿色低碳导向的城市设计路径和策略，为中心城区的更新建设提供行动建议。

参考文献

[1]郑德高, 罗瀛, 周梦洁, 等. 绿色城市与低碳城市：目标、战略与行动比较[J]. 城市规划学刊, 2022（4）：103-110.

[2]国务院. 国务院关于加快建立健全绿色低碳循环发展经济体系的指导意见[EB/OL].（2021-02-22）. https://www.gov.cn/zhengce/content/2021-02/22/content_5588274.htm.

[3]国务院. 2030年前碳达峰行动方案[EB/OL].（2021-10-24）. https://www.gov.cn/gongbao/content/2021/content_5649731.htm.

[4]上海市人民政府办公厅. 上海市城市更新行动方案（2023—2025年）[EB/OL].（2023-03-16）. https://www.shanghai.gov.cn/nw12344/20230419/0525317031c54e86bde6fdf0cabbe1f4.html.

[5]王欢. 基于低碳理念的城市更新设计研究：以惠州惠环片区为例[J]. 城市建筑空间, 2023, 30（4）：63-66.

[6]李陈宸. 低碳生态城市理念下城市交通与空间结构优化策略研究：以苏州中心城区为例[D]. 苏州：苏州科技大学, 2018

[7]国务院. 中共中央 国务院关于支持浦东新区高水平改革开放打造社会主义现代化建设引领区的意见[EB/OL].（2021-07-15）. https://www.gov.cn/zhengce/202203/content_3635499.htm.

作者简介

邵　宁，上海同济城市规划设计研究院有限公司城建所总工，高级工程师，注册城乡规划师；

曾舒怀，上海同济城市规划设计研究院有限公司城市设计研究院院长助理，城建所所长，高级工程师，注册城乡规划师；

刘文波，上海同济城市规划设计研究院有限公司总工程师，正高级工程师，注册城乡规划师。

产业园区低碳更新策略研究
——以上海漕河泾开发区为例

Research on Low-Carbon Renewal Strategy of Industrial Parks
—A Case Study from Caohejing Hi-Tech Park

陈海涛 林辰辉 罗 瀛
Chen Haitao Lin Chenhui Luo Ying

[摘　要] 城市是我国实现碳中和目标的主阵地，产业园区是城市碳排放的重要来源。随着城市的发展，我国大量老旧产业园区进入城市更新的新阶段。在"双碳"背景下，如何利用城市更新的契机推动产业园区的"低碳化"，成为城市减碳的重要议题。本文从园区碳排放特征出发，构建八大维度的产业园区低碳更新技术体系，并应用于上海漕河泾开发区的城市更新中，形成相应的应用场景。

[关键词] 产业园区；城市更新；低碳策略；漕河泾开发区

[Abstract] Cities are the main position of China's carbon neutrality, and industrial parks are an important source of urban carbon emissions. With the development of cities, a large number of old industrial parks in China have entered a new stage of urban renewal. In the context of "dual carbon", how to use the opportunity of urban renewal to promote the "low carbon" of industrial parks has become an important issue for urban carbon reduction. Starting from the carbon emission characteristics of the park, this paper constructs a low-carbon renewal technology system of industrial parks in eight dimensions, and applies it to the urban renewal of Shanghai Caohejing High-tech Park, thus proposing the corresponding application scenarios.

[Keywords] industrial park; urban renewal; low-carbon strategy; Caohejing hi-tech park

[文章编号] 2025-98-P-042

一、背景

产业园区是我国经济发展的重要支撑。据统计，我国有数以万计不同层级、不同规模的产业园区，累计建成工业建筑超88亿m^2，其中约30亿m^2的工业建筑于2005年以前建成[1]。大量产业园区存在用地粗放、产出偏低、建筑老旧、服务缺失等问题，迫切需要进行存量更新。而目前学界对产业园区更新的研究和实践主要集中于工业遗产保护利用、功能提升更新、建筑更新改造和空间品质提升等方面，对于绿色低碳的关注较少。随着我国"双碳"目标的确立，向低碳转型已经成为我国当前城市发展与建设的重要目标。产业园区的发展必然要遵循绿色低碳的目标，亟需探讨更新中低碳策略，构建产业园区低碳更新技术体系。

二、基于碳排放特征的产业园区低碳更新技术体系

1.产业园区的碳排放溯源及特征

国内外较为成熟的碳排放核算方法主要有排放因子法、质量平衡法、实测法等。其中排放因子法是适用范围最广、应用最为普遍的一种碳核算方法。但这种核算方法针对的是温室气体的生产部门，无法判断产业园区消费端各维度对于碳排放的影响情况，对提出减碳策略缺乏直接的指导意义。本文根据郑德高等学者提出的消费端碳排放测算方法[2]，从城市消费端的角度重新归纳排放部门的细分内容，将IPCC排放清单中的四大部门转译至建筑、交通、工业、其他能源活动、农/林业和其他土地利用及废弃物六个维度。根据空间数据及现场调查结果，将城市规划要素纳入碳排放计算公式，得到各维度的碳排放值。

以消费端碳核算框架为基础，对典型产业园区进行碳排放核算。以上海漕河泾开发区中区为例，经计算，碳排放总量为18386kg/年，单位建筑面积碳排为79.94kg·m^2/年。从消费端碳排放的六个维度来看，建筑用能占比29.95%，工业碳排占比44.88%，交通碳排占比17.29%，其他用能占比3.36%，废弃物占比6.18%，而碳汇为1.66%。在结构特征上，显现出工业、建筑、交通碳排为主的碳排放特征（表1）。

对比典型园区、典型社区和城市尺度碳排放可以发现，建筑、工业等能源活动引发的碳排放占主体地位。但产业园区碳排特征与社区存在显著差异，导致减碳策略的重点有所不同。产业园区中，因大量能源由工业活动消耗，工业碳排在六大维度中比例最高，占比44.88%，因此工业维度减碳尤为重要。建筑用能是第二大碳排来源，占比29.95%，虽然产业园区中商办和居住建筑比例较少，碳排占比也显著低于社区和城市，但仍是减碳的重要领域。交通维度碳排放是第三大来源，通常产业园区存在职住分离现象，而导致交通碳排显著升高。除此之外，因生活垃圾和废水较少，园区的废弃物碳排远低于社区；园区较低的绿化覆盖率使得碳汇低于社区。

2.基于碳排放特征的产业园区低碳更新技术体系

根据产业园区的碳排放结构特征，以减碳潜力为核心，综合考虑产业园区更新中技术适用范围，确定"减碳维度—关键技术—核心指标"的产业园区低碳更新技术体系。八大减碳维度包括清洁高效的低碳产业、高效可靠的能源利用、绿色低碳的建筑建造、公交和慢行导向的低碳出行、低碳汇的布局形态、高碳汇的蓝绿空间环境、绿色韧性的市政基础设施以及便捷互联的智慧管理系统。在八大维度的基础上，提取关键技术，构建包含21项关键技术和23项核心指标的技术体系。

（1）高效可靠的能源利用

总体而言，产业园区的碳排放主要是能源活动产

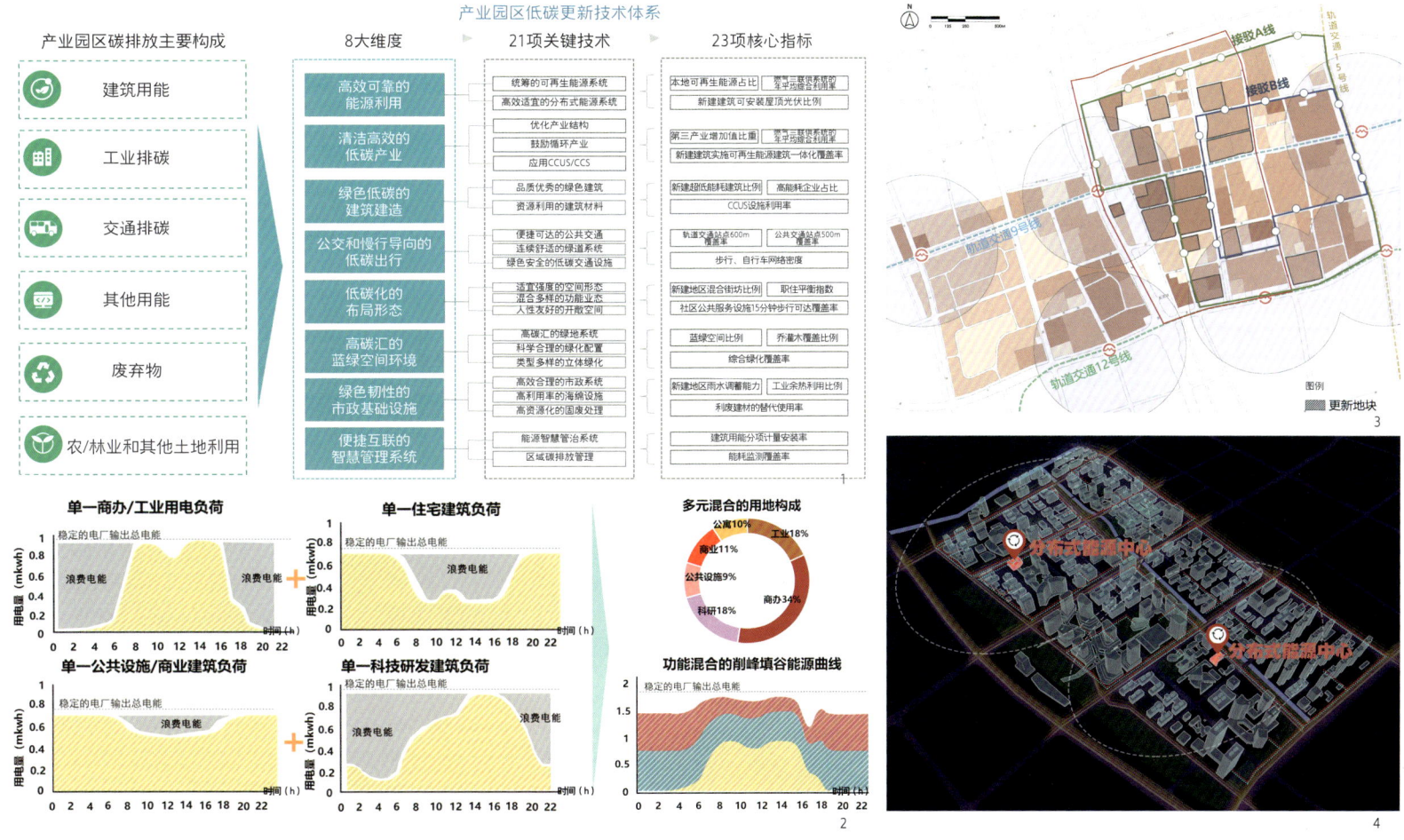

1.产业园区低碳更新技术体系图　　3.漕河泾开发区公共交通接驳环线示意图
2.功能混合引导的用能峰谷曲线图　　4.漕河泾中区冷热电三联供系统布局示意图

表1	典型产业园区、典型社区和城市尺度碳排放对比		
维度	典型产业园区（以漕河泾开发区中区为例）①	典型社区（以上海市世博家园小区为例）②	我国城市活动碳排放③
建筑	29.95%	72.24%	40.04%
工业	44.88%	—	46.72%
交通	17.29%	11.20%	9.4%
其他用能	3.36%	6.36%	3.65%
废弃物	6.18%	13.4%	3%
农/林业和其他土地利用	-1.66%	-3.2%	-2.81%

注：①漕河泾中区碳排放数据基于《漕河泾开发区中区城市更新规划研究》、交通大数据以及调查问卷整理计算得出。②世博家园小区碳排放数据基于社区用能、用水及物业相关数据整理计算得出。③我国城市活动碳排放根据科技部社会发展科技司《碳中和技术发展路线图（征求意见稿）》（2020年）、国家能源局《2020年全年国网全社会用电量报告》等资料整理计算得出。

生的，所以加强可再生能源利用是产业园区减碳的基础。考虑到园区更新的特点和可操作性，能源维度核心技术主要为统筹光伏布局、植入分布式能源系统。首先，通过更新的方式提升园区光伏利用。结合光照分析，结合保留及改造建筑的屋顶可利用空间，统筹布局园区内的建筑光伏屋顶和光伏墙面。其次，因地制宜植入分布式能源系统。在更新中植入以冷热电三联供系统为代表的分布式能源系统，为新建建筑供应能源；同时有条件的保留和改造建筑通过更新接入分布式能源系统。

（2）清洁高效的低碳产业

通常而言，工业企业碳排放由企业用能和生产过程两部分产生，用能包括用电、用气、用热、用冷等，生产过程中的碳排指的是物理化学反应释放的二氧化碳。产业园区的减碳重点是产业减碳，一方面通过产业结构调整降低碳排，在保证产业竞争力的前提下，引导高能耗、高碳排的工业类企业逐步退出，引入低能耗、低碳排的企业，有效降低园区碳排放；另一方面针对碳排重点企业，在成本可行的情况下，因地制宜地引入碳捕捉及封存技术（CCUS/CCS）吸收生产过程中碳排。

（3）绿色低碳的建筑建造

商办和居住等类型建筑是园区碳排的重要来源，需要在更新中采用降低建筑碳排的核心技术。首先，在更新中探索超低能耗和零碳楼宇的建设。更新新建建筑全部达到绿建二星及以上标准，而超低能耗建筑比例不低于30%。同时在更新方案中对于采用超低能耗建筑的业主给予一定建设规模的奖励。其次，更新改造项目应积极使用绿色建材和装配式建筑。装配式建筑的碳排放量相较于传统现浇建筑碳排放量低30%~40%。规划明确新建建筑绿色建材的使用比例达到40%以上，新建建筑中装配式建筑的建筑面积达到8%以上。

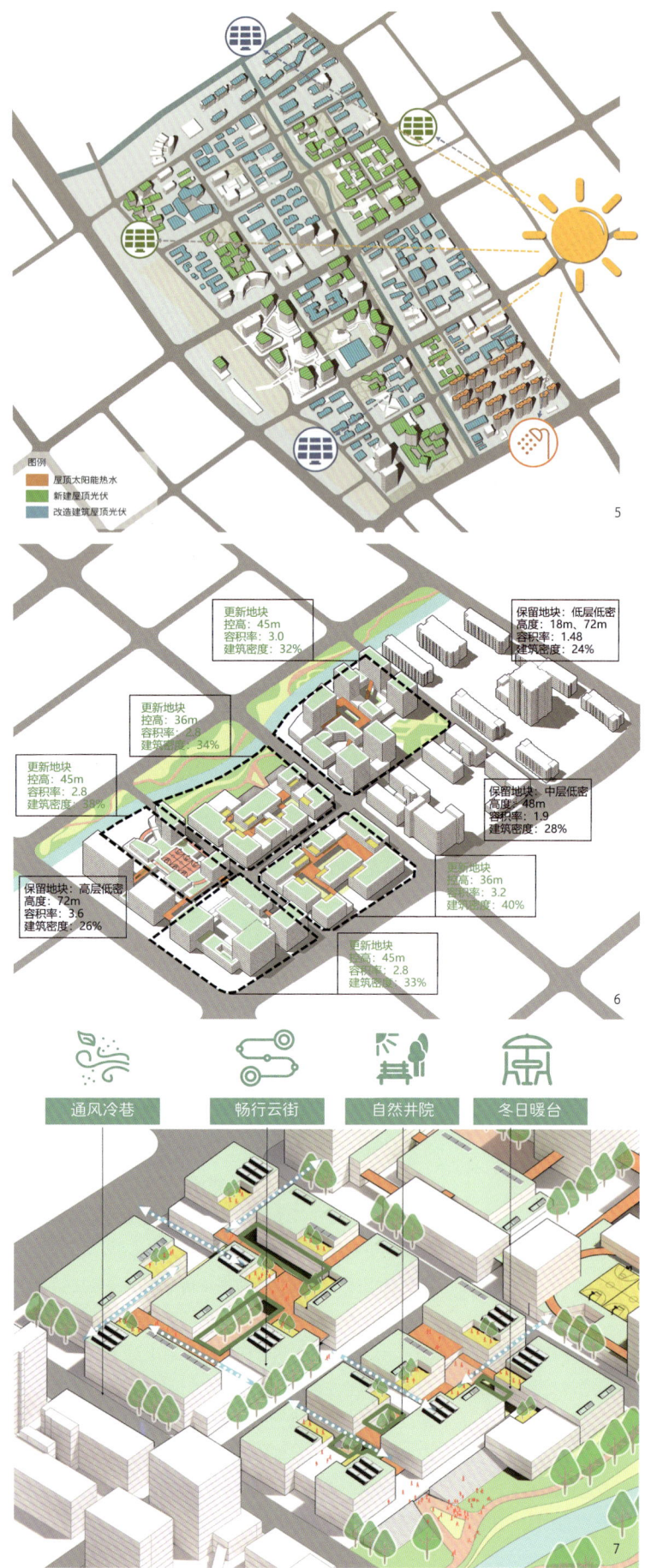

5.漕河泾中区光伏屋顶布局示意图
6.漕河泾中区更新街坊强度指标控制示意图
7.公共空间设计示意图
8.漕河泾中区碳排放监测模型示意图
9.漕河泾中区零碳示范楼宇布局及建设示意图

（4）公交和慢行导向的低碳出行

通常产业园区都存在职住分离的问题，从而导致交通碳排较高，公交和慢行导向的低碳交通能够有效降低交通维度的碳排放。低碳出行的关键技术在于提升便捷可达的公共交通和建立连续舒适的绿道系统。首先，通过更新提升公共交通组织，尽可能提升轨道交通站点和公交站点覆盖率。考虑到小汽车交通出行的人均碳排放是轨道交通的2倍、公共汽车的4倍，提升公共交通站点覆盖率能够有效提升公共交通的使用率。更新中应考虑引入轨道交通或公共交通，站点设置应偏向开发强度较高的地区。其次，通过更新在园区内形成系统性的绿道，连续舒适的绿道系统能够提升园区内部的绿色出行，减少小汽车使用。在有条件的地区开辟不小于1.5m宽的专用的自行车道，对空间较为局促的地区，自行车道可与步行道联合设置，总宽度不小于3m。更新后，规划自行车路网密度大于10km/km²。

（5）低碳化的空间布局与形态设计

存量产业园区的空间布局和形态大多已经固化，但通过拆除重建和更新改造仍可能引导低碳化的布局和形态。适应本地气候的空间形态设计能够有效改善地块内部微气候，降低建筑能源消耗，引导低碳化的生活方式。一是通过更新优化适宜强度的空间形态。根据多位学者[3]的研究，单位建筑能耗随建筑高度的变化呈"U"形分布，中层中密度是相对低碳节能的指标区间。对于商办类地块，引导"中层中密度"的街区形态，控制更新街坊的地块控高为45m，容积率为2~3.5，建筑密度为30%~40%。二是通过更新引导混合多样的功能业态。提高用地混合度，在地块内部局多种功能类型的建筑，充分利用办公、研发、工业、住宅、酒店、公服等各类建筑的峰谷时间分布特征，平滑用能曲线，降低建筑用能峰谷差距，提升用能效率。三是通过更新建设人性友好的开敞空间。设计夏季隔热、冬季保温的公共空间，减少通风、照明、遮阳、保暖等方面的用能。

（6）高碳汇的蓝绿空间环境

蓝绿空间是城市重要的碳汇来源，但产业园区通常并不注重绿地的规划和建设。通过更新形成良好的蓝绿空间环境，既可以增加碳汇能力，又能形成良好的游憩和生态环境。更新提升高碳汇的蓝绿空间环境，一是可通过鼓励更新业主贡献绿地和开放空间，提高蓝绿空间总量；二是优化新建绿地的树种，选取高碳汇能力的植物种类，根据大量研究，同等面积森林的碳汇量约为草坪碳汇量的30倍，灌木的碳汇量是草坪碳汇量的6倍；三是利用现有建筑增加类型多样的立体绿化。

（7）循环集约的基础设施

废弃物仍是产业园区碳排放的来源之一，建设资源能源可循环的基础设施，是减少废弃物碳排放的重要手段。一是建立高效合理的海绵系统，保证新建地区可渗透地面面积比例不低于45%，更新地区可渗透地面面积比例不低于30%。二是建立建筑垃圾循环利用机制，结合城市更新分阶段实施的特点，将每期施工过程产生的建筑垃圾作为下一期施工的原材料，实现建筑垃圾的循环利用。

（8）便捷互联的智慧管理系统

统一的智慧能源管理系统能够实时监测园区内的用能需求和能源流动情况，协调控制园区内的能源供应，实现不同能源间的有效转换和能源的高效消纳。更新应用综合能源系统，对园区内空调、照明、充电桩、电动窗等建筑能耗相关设备进行精细化管理，实现多情景的能源调节与柔性分配。

三、漕河泾开发区的城市更新低碳策略应用

1.漕河泾开发区概况

漕河泾新兴技术开发区位于上海市徐汇区，用地约6km²。其中中区面积约2km²，总建筑面积约230万m²。中区始建于1984年，目前园区面临增量空间用尽、载体空间老旧、环境品质偏低、服务设施不足的问题，迫切需要进行城市更新。

基于漕河泾开发区中区的碳排放结构，更新规划结合低碳更新技术体系，以产业用能、建筑用能、交通出行、空间布局、数字智慧为主要方向，利用各项减碳技术的叠加效应，提出能源重置、零碳建筑、绿色交通、恒能园区和智慧孪生五大应用场景。

2.漕河泾开发区低碳更新技术应用场景

（1）能源重置场景

漕河泾中区的工业企业主要为电子信息和生物医药企业，生产过程不产生碳排放，工业碳排主要为工业用能。为了有效降低工业碳排，改变现有的传统能源结构，提高可再生能源利用水平可采取以下措施：一是统筹园区内的屋顶光伏布局，规划新建工业建筑屋顶可布局光伏的面积比例不低于50%，新建商办建筑及更新改造建筑的屋顶可布局光伏的面积比例不低于30%；预计可布局屋顶光伏面积达到10.2万m²；二是统筹拆除重建地块，建设冷热电三联供系统；结合更新地块布局两个分布式能源中心，单个中心服务范围约1km²，为新建建筑供应能源；有条件的保留和改造地块，可将能源系统接入分布式能源中心。

（2）零碳建筑场景

随着漕河泾开发区的产业转型，商办和研发逐渐成为更新的主要方向，更新应重点探索商办和研发建筑的绿色建筑建设。一是结合更新方案，选择河南队街坊、中枢街坊和华美达街坊三处开发强度较高、用能需求较大的更新地块，更新为超低能耗建筑。二是应用智慧能源调节系统，根据天气和建筑使用情况自动调节建筑的空调、采光和电梯系统。三是鼓励业主建设绿色建筑的积极性，在更新指引中对建设超低能耗建筑给予3%的容积率奖励。

（3）绿色交通场景

漕河泾中区已无可能增设轨道交通站点，更新规划重点在于强化现有站点的交通接驳能力。一方面，规划开通内外两个公交接驳环线，串联主要轨道站点，同时为站点600m覆盖"盲区"提供公交接驳，引导低碳的公共交通出行。另一方面，鼓励更新地块建设内部连廊，并由政府组织建设公共连廊，将园区现有及规划的步行连廊与轨道交通站点连接，形成良好的通勤步行环境。

（4）恒能园区场景

街区采用功能混合布局，引导"中密度"的空间形态，并通过更新建设气候适宜的公共空间。一是以功能混合为目标，引导更新地块内集合商业、商办、科研、租赁住房等功能，实现产城融合和用能稳定。二是强化"中层中密度"的建筑形态，更新地块建筑满足控高45m、容积率2.5~3.5、建筑密度30%~40%要求，使得建筑能耗处于相对理想的低能耗区间。三是针对上海的气候特征，设计夏季隔热、冬季保温的公共空间，形成人性友好的公共空间，减少能源使用。通风冷巷可以加速街区内的通风，从而降低夏季街区的内院温度；畅行云街创造舒适体验促进步行或自行车出行；自然井院起到拔风作用，促进室内通风；冬日暖台通过退台建筑形式增加建筑内部采光面积，加强利用自然光源。

（5）智慧孪生场景

应用智慧能源和数字孪生系统，形成更新全过程设计、收集、监控与运营的平台，能够支撑低碳更新技术的应用和反馈。一是搭建碳排放监测模型平台，具备监测、分析、模拟三大功能模块。监测园区用能、交通、废弃物数据，可实现园区碳排放的核算与分析。同时加入减碳效能模拟模块，可定量模拟更新技术的减碳效能。二是建立智慧能源管理系统，实现多情景的能源调节与柔性分配。通过智慧能源平台，实时监控用能需求，有效调节能源分配，提升能源使用效率。

四、结语

在我国快速城镇化和产业化进程中，大量产业园区发展壮大，成为我国经济发展的重要支撑力量。在"双碳"目标下，如何实现绿色低碳已经成为产业园区更新中的重要目标。本文从产业园区消费端碳排放特征出发，构建了包括8大维度、21项关键技术、23项核心指标的产业园区低碳更新技术体系，并以上海漕河泾开发区中区为例，提出了5大技术应用场景，以期为产业园区低碳更新提供经验借鉴。

参考文献

[1]刘伯英,胡戎睿,李荣,等.既有工业建筑非工业化改造技术研究[J].工业建筑,2018,48（11）:1-8.

[2]郑德高,吴浩,林辰辉,等.基于碳核算的城市减碳单元构建与规划技术集成研究[J].城市规划学刊，2021（4）:43-50.

[3]郑德高,董淑敏,林辰辉.大城市"中密度"建设的必要性及管控策略[J].国际城市规划,2021,36（4）:1-9.

作者简介

陈海涛，中国城市规划设计研究院上海分院规划三所主任工程师；

林辰辉，中国城市规划设计研究院上海分院副院长；

罗 瀛，中国城市规划设计研究院上海分院规划三所所长。

旧城更新视角下的城市"绿街系统"实践探索
——以茂名河东片区绿道(示范段) 建设工程为例

Practical Exploration of Urban "Green Street System" from the Perspective of Old City Renewal
—Take the Construction Project of the Greenway (demonstration section) in the Hedong Area of Maoming as an Example

肖 达 吴树杰 范 江
Xiao Da Wu Shujie Fan Jiang

[摘 要] 在响应国家"双碳"目标、推进生态文明建设的背景下，茂名市河东片区采用城市"绿街系统"理念为指导进行老城区的改造更新。本文以茂名河东片区好心绿道示范段建设工程为例，阐述了片区城市"绿街系统"的理念落实与策略运用，并对实施建设后的成效做出分析总结，旨在探索城市老城区构建活力、低碳、健康、安全、便捷的绿色街道空间，推动城市老城区功能与环境更新提升的技术方法与实施路径。

[关键词] 生态文明建设；城市更新；旧城改造；城市绿街系统

[Abstract] Currently, in response to the national "dual carbon" strategy and the promotion of ecological civilization construction, the Hedong area of Maoming City adopts the urban "green street system" concept as a guide for the renovation and renewal of the old urban area. This article takes the construction project of the Haoxin Greenway Demonstration Section in the Hedong area of Maoming as an example to explain the implementation of the concept and strategic application of the urban "green street system" in the area, and to analyze and summarize the results of the implementation. The aim is to explore the technical methods and implementation paths for building a dynamic, low-carbon, healthy, safe, and convenient green street space in the old urban area, and promote the upgrading of the functions and environment of the old urban area.

[Keywords] ecological civilization construction; urban renewal; old city renovation; urban green street system

[文章编号] 2025-98-P-046

一、引言

1.茂名市积极以绿道建设作为城市旧城更新与转型发展战略实施的重要举措

茂名市被称为"中国南方的油城"，是广东省重要的能源、原材料和重化工业基地，主要发展以炼油、乙烯生产为龙头的石油化工工业。石化产业的发展促使茂名市城镇化建设同步扩大，相应也产生了如"城市规划效能下降、老城区风貌环境杂乱、公共空间需求难以满足"等空间问题，制约着茂名市更高质量发展的脚步。

为积极落实国家"双碳"目标，贯彻落实"绿水青山就是金山银山"的生态文明建设理念，缓解当前发展困境，解决当前空间问题，茂名市委、市政府研究决定，以休闲绿道建设带动城市旅游新方式，以小切口带动大变化，从而引导居民绿色出行、城市低碳发展，让城市增添新魅力焕发新活力，进一步助力城市旧城更新与转型发展。

2.河东片区是落实"绿街系统"理念的先行区

茂名建市之初，城市中心设立在小东江以西片区（后称河西片区），主要是化工产业工人生活生产的聚集地，也是当时城市主要生活区。20世纪80年代开始，产业与城镇化发展非常迅速，城市中心跨越小东江向东扩展，也致使小东江以东片区（后称河东片区）逐步取代河西片区成为当前茂名市主要的烟火气息凝聚地与人文风情体验地。但人口聚集度的快速提升与城市公共空间不断被挤压、衰落之间的矛盾越来越突出。为解决这一发展矛盾，茂名市确定以建设城市"绿街系统"作为老城区更新改造的理念与方法，河东片区作为实践"绿街系统"理念的先行区[1]。

在充分调研河东片区道路交通与公共空间问题以及居民生活休闲需求后，规划发现影响和制约河东片区空间环境质量的重要因素是居民的生活习惯与出行方式。因此，河东片区城市"绿街系统"规划设计的主要工作是划分系统的内外空间边界，具体是将茂名大道、站北路、小东江、大园路作为片区的空间体系边界，明确大规模车流货流不得进入内部区域，避免

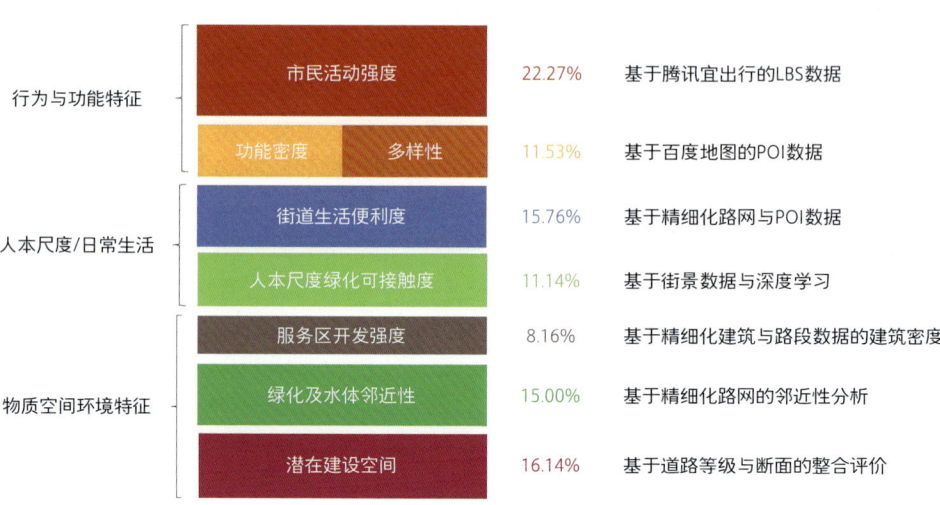

1. 大数据分析示意图
2. 河东片区好心绿道（示范段）总平面图
3. 导视及节点设施示意图

交通对生活空间的分割与阻碍。其次，坚持"人车分流"的路网体系，循序引导河东片区内部改变以小汽车和摩托车为主导的交通方式。街道空间规划设计上划分三种"绿街"类型：以机动交通为主的"绿街"（林荫道）为主干网络；以步行为主的"绿街"作为次干网络；以特色活动为主的"绿街"作为补充，扮演"毛细血管"与"形象代言"的角色[2]。通过搭建不同功能类型与主题化的街区网格，充分展现城市特色与活力。

二、河东片区绿街系统规划设计

在明确以步行为主的"绿街"建设是本轮河东片区旧城更新改造工作的重中之重后，河东片区绿街系统规划设计方案确定了目标：打造一个"成环、成景、成链"，能够体现文化性、生活性、景观性、生态性的，动静相宜、骑行自由、链园成网的"城市绿街系统"[3]。而茂名河东片区绿道（示范段）建设工程（以下简称"好心绿道示范段"）则是选取了改造意愿最为迫切、现状最为复杂、区位最为重要、利于后期绿道体系拓展的两条十字轴线路。

1.茂名好心绿道建设选线的方法

茂名好心绿道的选线基于充分运用大数据分析作为研究各项空间需求量化指标，旨在构建"漫步友好"的城市空间，形成可达、连续、优美、有趣的生活游憩空间。

（1）顺应城市发展和功能需求的原则

好心绿道示范段规划选线坚持以人为本，顺应城市交通结构、易于到达、符合本地居民生活习惯和需要、注重游憩休闲、功能营造、强调环境宜人，旨在将好心绿道示范段打造成功能丰富的线性空间，更重要的是打造有一定游憩功能的带状公园。

（2）大数据分析方法

通过腾讯宜出行的LBS数据评价、百度地图的POI数据评价、街景数据与深度学习评价、精细化建筑与路段数据的建筑密度评价、精细化路网的临近性分析、道路等级与断面的整合评价等大数据分析方法的运用，采取多项指标定量分析评价，模拟河东片区人本尺度与日常生活场景，精准把握物质空间环境特征以及居民行为与功能特征，总结现状路段建设绿道潜力，为绿道选线提供精细化支撑。

（3）居民意愿田野调查

通过问卷调查的方法，抽样调查居民的上班、上学、去公园、去购物娱乐等主要行为，辅助绿道选线。好心绿道示范段调查问卷共收集了5600余份。调查显示，接近80%的市民问卷反馈希望出门3~5分钟能到达绿道。

最终，综合现状居民需求分析与空间行为量化指标判断两种方法，明确步行为主的二类绿街的选线方案[4-5]。

2.选线方案

规划选取串接文化广场至新湖公园的东西向路线与串接官渡路至银湖商业街的南北向路线两条路线作为好心绿道示范段。示范段路线全长约12km，主线长度约为6.4km，支线长度约为5.7km，包括西粤中路、人民路、官渡路、双山路等8条城市主干道，以及文创街、荔红四街、方兴二街、迎宾横街等8条内街小巷，并串联起文化广场、春苑公园、新湖公园、人民广场4个公园。

项目总投资1.2亿元，于2019年10月开工，2020年春节前完成。

好心绿道示范段是河东片区城市"绿街系统"建设实施的示范工程，也是最能展现旧城更新成效与最具代表性的区段。

4-5 银湖商业街、方兴二街改造前后实景对比图
6-7 建筑风貌改造前后实景对比图
8.文化广场驿站建设前后实景对比图

三、规划策略及实施效果展示

1.规划策略

好心绿道示范段是对构建城市"绿街系统"体系中多元复合、步行为主的绿街的回应。根据现状居民空间需求调查，结合当前河东片区居民空间行为的量化指标，应对片区空间与功能问题，确定了"四径一体"的规划策略，即乐活民径、视窗文径、运营商径、绿色智径。

（1）乐活民径

河东片区内部分老旧小区的街坊路，大多较为曲折，局部道路为封闭状态，且存在不规范停车，极易造成交通拥堵，休闲配套设施配置空间被侵占，人行空间利用低效。

针对这一问题，乐活民径策略采用调整交通组织形式，形成单向车行交通，并优化道路断面增加单侧人行空间与休憩空间。此外，充分吸纳群众意见，串联居住社区、生活设施，满足不同人群需求，打造24小时活力绿道，并在沿线增加了大量供附近居民休闲游憩的节点空间和配套设施。

（2）视窗文径

河东片区旧城由于建设年代较早，建筑多为20世纪八九十年代建成，品质不高。旧城内建筑普遍呈现破旧、杂乱的风貌特征。同时，由于旧城区内居住密度较大，年代久远，城市片区配套设施不足，乱搭乱建现象严重。居住小区内由于权属问题复杂，导致院落围墙围蔽严重，严重影响了公共空间的畅通性和环境更新的可能性。

针对这一问题，在绿道沿线的节点空间注重融入文化元素，形成特色鲜明的文化体验节点，主要体现在道路标识标线采用"好心茂名"的文化元素。沿线节点位置的破旧建筑、公厕等采用彩绘的处理方式来体现茂名的"油城"文化、民俗文化等内容。绿道沿线驿站结合书报亭、书吧、旅游驿站等功能展现茂名的地域文化。

（3）运营商径

随着社会经济的发展和人民生活水平的提高，人们对于健身康体、休闲娱乐的需求逐年增加。旧城区与新建城区城市环境和配套的差距日益凸显，旧城区居民对于休闲环境的需求日益迫切，这也是推动旧城更新的社会问题之一。

河东片区由于设施配套不足，生活生产条件远不如新城区齐备，多年人口流失加速凸显了人口老龄化问题。同时，医疗卫生文化体育设施老旧、投资和生活环境恶化反过来又导致人口、资金、技术进一步向外转移，形成恶性循环。

运营商径策略侧重在商业运营上下功夫，塑造商业兴趣点，提升周边地段的商业价值，形成自身可持续的网红商径，吸引年轻人回乡创业；此外，绿道沿线结合居民使用需求间隔设置休憩和商业零售、医护等功能结合的驿站，使绿道形成自身可持续的城市商业带。

（4）绿色智径

河东片区范围内现有的城市公园、休闲广场等开敞空间分布主要在老集聚区之外。由于缺少全面深入的慢行系统引导，导致城市

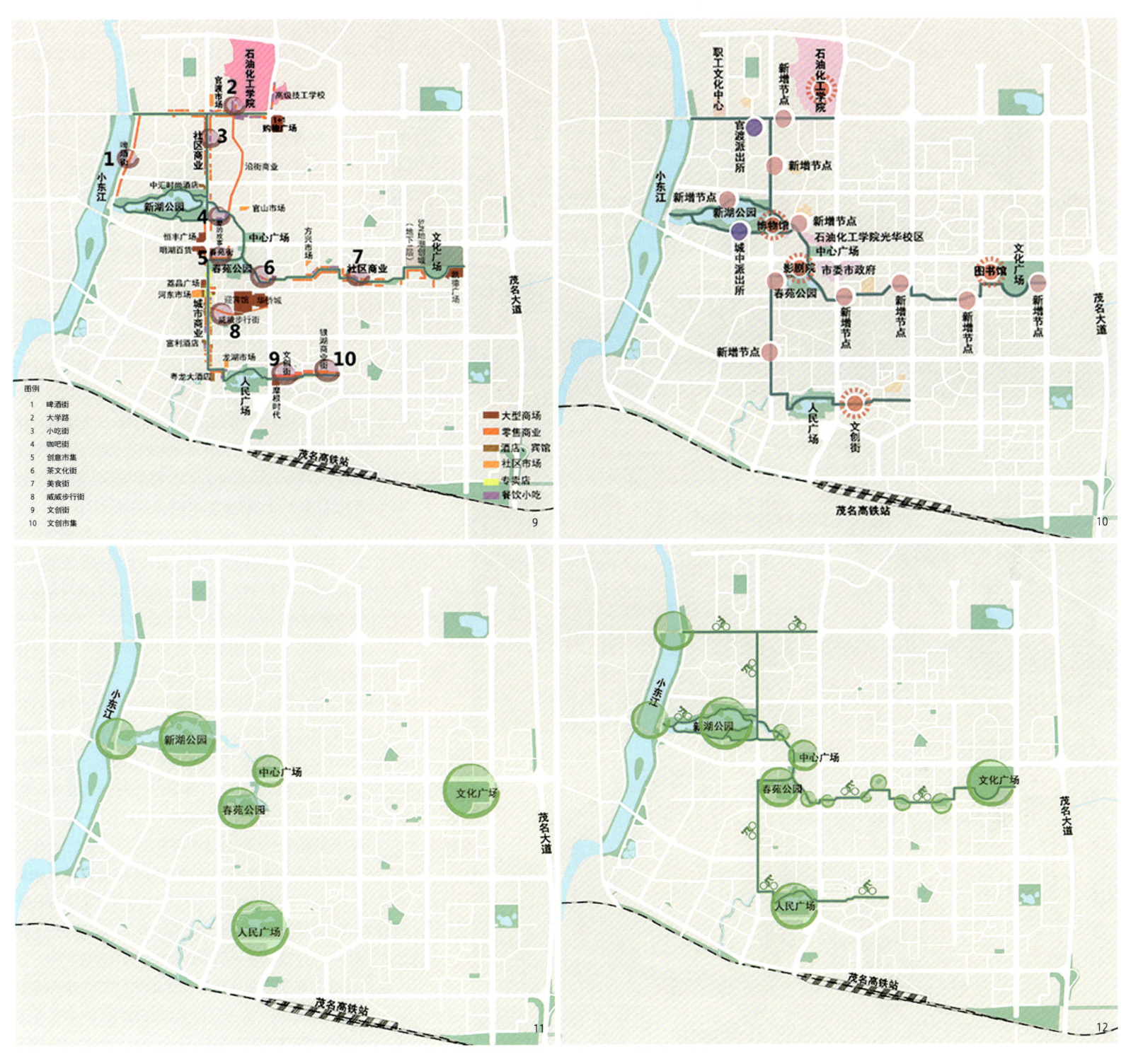

9-10.规划商业兴趣点文化节点分布图
11-12.现状公园体系串联前后对比图

开敞空间缺少必要的联系，居民对于公共空间的使用不便。此外，老集聚区内建筑密度较高，城市绿化空间的配套不足，尤其在老旧居住小区内，随着居民家庭家用轿车的保有量增多，原本稀疏的绿化空间又被改造为停车设施，片区公共绿化空间进一步匮乏。

根据问卷调查，旧城片区的居民对于日常上下班和学生上学等出行需求的便利性需求更高，80%以上的居民反馈希望3~5分钟能到达目的地。

绿色智径策略旨在加强打造绿化及开敞空间的联系通道，即形成绿道为空间联系的网络体系，好心绿道示范段主要不仅连接了新湖公园、春苑公园、中心广场、文化广场，也着力在主线外打造向学校、医院等公服设施延伸的支线，满足居民日常生活休闲需要。

2.实施效果展示

好心绿道示范段建设完成后，沿线交通、环境品质、文化宣传展示、休闲设施、建筑风貌、网红兴趣

13.运营驿站实景照片
14.文化广场绿道入口改造前后实景照片
15.文化广场园路改造前后实景照片
16.文化广场公厕改造前后实景照片
17.荔红四街龙湖二街改造前后实景照片

点打造等方面都得到了极大的提升与改善，与建设前形成了鲜明的对比。项目实施完成后获得了良好的社会反馈并实现价值提升。

建设内容包括骑行绿道、绿道标识系统、沿线口袋公园、路灯照明及景观照明工程、雨污排水管线新建或改造工程、景观绿化工程、景观栈道工程，以及配套绿道驿站、小游园、城市家具等。

四、河东片区绿街系统实践思考

1.意义与作用

茂名好心绿道示范段是国内首条连续贯通老城区的休闲绿道。相比于其他城市多在郊区、景区修建绿道，示范段建设的第一宗旨就是便民，这符合老城区居民的第一需求。因此，规划设计在选择示范段线路时，最大程度地串联了老城区内绿地、公园等开放节点，将绿道延伸至如博物馆、学校、菜市场等重要设施点，形成东西南北十字的总体结构，示范段总计连接了城区8街8巷，服务功能辐射16个街区、20多万常住人口。

好心绿道示范段的建成，有效推动了城市可持续发展目标与人们对美好生活向往目标的有机结合，改善了居民生活与出行方式，为居民提供更便捷、更生态、更新颖的公共休闲场所，大大提升市民的参与感、获得感、幸福感。

为进一步完善好心绿道网络体系，扩大绿道服务范围，构建完善的茂名城市"绿街系统"，好心绿道二期示范段已开工建设。其建成后将与好心绿道示范段形成相互连通的闭环线路，全面辐射茂名中心城区。

2.难点与遗憾

（1）示范段建设工程的难点与遗憾

好心绿道示范段建设工程虽然获得了良好的社会反响和居民认同，但仍然存在一些难题没有得到根本解决。主要有两点：

一是绿道沿线的老旧小区未能全部深入开展一体化改造，因复杂的产权归属问题仅进行了个别国有资产的更新改造。

二是绿道沿线部分商业业态对绿道的使用和管理造成影响。例如洗车店、机修店等会占用和污染绿道路面。

（2）示范段二期建设注意事项

好心绿道示范段的建设为后续的绿道网络建设提供了经验。二期绿道建设中需要重点解决绿道沿线商业业态的规划引导和老旧小区参与改造的动员工作，同时沿线需加强管理与设施补充，规避绿道空间被占用、破坏现象。

五、居民回访及社会反馈

好心绿道示范段的建成得到了广大居民的认可和赞许，同时也受到了各大媒体的争相报道，社会反响良好。

例如，接受《南方日报》采访的市民吴女士说道："在好心绿道上，我们可以徒步、慢跑、骑行，还可以一路领略老城区的风土人情。这是百姓心中的民生绿道，我们所在的这座城市正变得越来越美好！""好心绿道建在家门口，等于把家安在了风景里，沿着绿道一路行走，社区、学校、公园、市场等全都连在一起，每天出门成了一种享受。"市民陈关说。《茂名晚报》也曾做过专题报道。

六、结语

好心绿道示范段的规划设计及建设是对城市"绿街系统"理念的深化和延展，城市绿街系统的打造不仅在优化生态系统、传承历史文脉、强化功能组织等方面取得了一定的成效，同时对推动城市绿色发展转型、绿色低碳出行生活方式的引导改善具有良好的实践意义，对于类似城市也具有一定的普适性与参考意义。

参考文献

[1]李强,贾博,权海源,等.绿色街道理论与设计[J].建筑学报,2013(S1)：147-152.

[2]金广君,朱超.论塑造生命城市物质空间的"绿街"之道[J].城市设计,2015（2）：64-71.

[3]金广君.当代城市设计创作指南[M].北京：中国建筑工业出版社,2015：72-103.

[4]金广君,朱超.城市街道空间的演变：从道路系统1.0到"绿街系统"[J].现代城市研究,2017（5）：106-111.

[5]朱超,李响.城市"绿街系统"概念及构成研究——以人为本的城市道路系统新探索[C]// 中国城市规划学会.活力城乡 美好人居：2019中国城市规划年会论文集.北京：中国建筑工业出版社,2019.

作者简介

肖　达，上海同济城市规划设计研究院有限公司党委副书记，教授级高级工程师，注册城乡规划师；

吴树杰，上海同济城市规划设计研究院成都分院所长，高级工程师；

范　江，上海同济城市规划设计研究院成都分院主创规划师，高级工程师。

18 绿道服务功能服务人口分布图
19-20 新湖公园改造前后虹桥实景照片
21 新湖公园改造前后鹊桥实景照片

基于自然的解决方案
——海岸带地区空间塑造路径探索

Based on Nature Solution
—Exploration of Space Shaping Path in the Coastal Zone Area

陈 波 徐 宁
Chen Bo　Xu Ning

[摘　要]　在快速城镇化的进程中，海岸带地区的发展依赖于海滨优势，但因忽略对自然环境的关注，致使生态保护不足、空间品质不高、风貌特色不显等问题出现。生态文明建设背景下，海岸带地区作为实施陆海统筹、推进海洋强国建设的重要战略空间，推进海岸带地区高质量发展、解决海岸带地区保护与开发矛盾成为关键。本文结合基于自然的解决方案相关研究，以生态优先、低影响开发理念，探索基于自然的空间塑造路径，从"自然感知""自然恢复""自然共生"三重维度提出规划策略，以江苏省"生态百里"方案实践为例，为海岸带地区的现代化治理提供更多思考。

[关键词]　基于自然；海岸带地区；空间塑造；生态百里

[Abstract]　In the process of rapid urbanization, the development of the coastal area depends on the advantages of the seaside. However due to the little attention of the natural environment, it turns out to be insufficient ecological protection, low space quality, and lack of appearance characteristics. In the context of the construction of ecological civilization, the coastal belt area is an important strategic space for the implementation of land and sea coordination which will promote the construction of marine powers, and the high-quality development of coastal belt areas, and solving the contradiction between the protection and development of coastal belt areas. This article combines related research based on natural solutions, and explores natural space-based shaping paths based on ecological priority and low impact development concepts. The provincial "ecological hundreds of miles" plan is used as an example to provide more thinking for the modernization governance of the coastal area.

[Keywords]　based on nature; coastal zone area; space shaping; ecological hundreds of miles

[文章编号]　2025-98-P-052

海洋作为社会文明的起源，随着社会的不断发展，开发海洋经济成为我国沿海城市的时代趋势，但高速的城镇化造成了海岸带地区的破坏。党的十八大以来，围绕新时代生态文明建设、海洋强国战略思想的深入推进，海岸带地区已经步入创新引领、布局优化、特色彰显的新阶段。为应对空间发展的新要求，更有效地引导海岸带地区生态保护、品质提升，是当前沿海开发的主要难点。在此背景下，本文借助基于自然的解决方案，反映从自然的角度出发用自然做功，系统梳理自然资源要素，构建可持续的空间塑造路径，形成人与自然和谐共生的海岸带地区，提升沿海区域的整体特色。

一、相关研究综述

1.基于自然的解决方案

（1）概念辨析

基于自然的解决方案是所有以自然为基础、为环境和人类带来利益的各种相关做法的统称，主要研究成果集中在欧美发达国家，不同国际组织和研究者也在不断丰富对其的定义。

基于自然的解决方案，首次提出是在世界银行2008年的报告《生物多样性、气候变化和适应性：世界银行投资中基于自然的解决方案》中，被阐述为"更系统地理解人与自然的关系"，十余年间此概念被整合到斯里兰卡科伦坡湿地支持城市防洪、越南红树林恢复等约100个投资项目中。直到2016年，经过反复讨论，世界自然保护联盟（IUCN）的世界自然保护大会（World Conservation Congress）通过决议，将基于自然的解决方案进行了定义（表1）。2022年，联合国环境大会正式赋予基于自然的解决方案全球定义。

虽然不同组织机构对"基于自然的解决方案"的论述不同，但概念定义大同小异，强调发展要顺应与自然和谐共生的关系。首先是要遵循于自然规律，保

表1　基于自然的解决方案有关概念研究

机构/组织	时间	概念定义	核心要点
世界自然保护联盟（IUCN）	2016年	保护、可持续管理和恢复自然的和经改变的生态系统的行动，有效且适应性地应对社会挑战，同时提供人类福祉和生物多样性效益	1.应有效应对社会挑战 2.应根据尺度来设计 3.应带来生物多样性净增长和生态系统完整性 4.应具有经济可行性 5.应基于包容、透明和赋权的治理过程 6.应在首要目标和其他多种效益间公正地权衡 7.应基于证据进行适应性管理 8.应可持续性并在适当的辖区内主流化
欧洲联盟委员会（EU）	2015年	受自然启发、得到自然支持或从自然中复制的行动，既利用现有的解决方案应对挑战，也加强现有的解决方案，同时探索更新颖的解决方案，旨在帮助社会以可持续的方式应对各种环境、社会和经济挑战	1.城市再生 2.改善城市地区的福祉 3.自然海岸的恢复 4.多功能的流域与生态系统恢复 5.能源和物质的可持续利用 6.生态系统的保险价值 7.增加碳封存

障生境系统稳定的同时，减少对人类产生影响的自然灾害；其次是通过对自然现象的研究，借助于技术创新，采取适当的人工介入手段，找到可持续的解决方案，从而兼顾综合效益。

（2）设计理念

随着其理论的拓展，基于自然的解决方案从最初应用于减缓和适应气候变化、保护生物多样性逐步扩展到与可持续发展相关的多重领域。这些应用都旨在通过保护和恢复自然生态系统的方式来实现可持续发展目标，找到与生态系统合作的方法。为了更好地理解基于自然的解决方案，利用自然的方式解决规划设计中的问题，笔者结合IUCN、EU两大组织对其的定义，借鉴相关研究论述，提出五个方面的设计理念。

一是注重基于自然的现状调查与识别。传统的空间景观塑造强调对人类活动和偏好进行分析，国内外研究城市意象采用的"认知地图"方法，就是把人对城市单元的感知与空间设计相结合的应用，但过度关注人为活动的过程忽略了对自然单元的普查，随着数字技术的深入，可以通过数字遥感、航拍等方式，加强对自然景观要素的识别分析。

二是注重应对自然挑战的风险评估。基于自然的解决方案设计之初主要是帮助有效应对特定环境的挑战。新时期国土空间规划体系下，风险评估是其中的基础性内容，强调空间承载、适应和恢复能力的韧性应对。

三是注重生态保护与自然修复相结合。尽管基于自然的解决方案更多强调保护行动，随着对生态文明建设的实践不断深化，单纯的保护并不能完全对生境系统、生物多样性进行恢复，这种结果也引起人们思想的转变，实施保护、恢复相结合，将更有效解决生态系统的服务功能。

四是注重对应用场景进行可持续的自然设计。经过研究，生态、绿色设计的基本逻辑已经从技术取向逐渐发展到自然、人本取向的多元化系统，根据环境、经济、社会条件进行遴选，这些设计方案会更多地将人与自然共生共联，以此应对不同的发展问题。

五是注重完善适应自然的可行性管理。公共参与、共建共享在新时期的城市建设、规划管理中被明确，适当的管理与治理过程对于空间应用场景的成效至关重要。

2.海岸带地区

（1）基本特征

海岸带是指海洋和陆地相互作用的地带，即海洋和陆地的过渡地带。海岸带地区顾名思义是指海岸线的地区或城市，包括大陆岸线和岛屿岸线。目前，针对海岸线、海岸带、沿海地区等理论研究已经不少，海岸带地区的定义还没有具体明确，但结合相关论述，总结其基本特征包括以下几点：①作为沿海地区的门户，是贸易与交流的纽带；②具备临海宝贵的国土资源，发展环境较为优越；③拥有独特的风貌景观，是宜居生活的亲海空间。

（2）空间塑造的核心任务

空间塑造是指结合自然、人文和环境等要素，对空间格局、景观系统、服务体系等方面的营建，重点反映了人对所处空间的需求。在生态文明建设和高质量发展的新时期，突出人与自然的和谐共生成为空间塑造的核心任务，如何把握保护与开发的协调程度，成为实现国土空间现代化治理的关键。

1.基于自然解决方案定义框架图（IUCN基于自然的解决方案全球标准及使用指南）
2.价值识别——生态价值
3.价值识别——景观价值
4.价值识别——文化价值
5.现状问题研判示意图

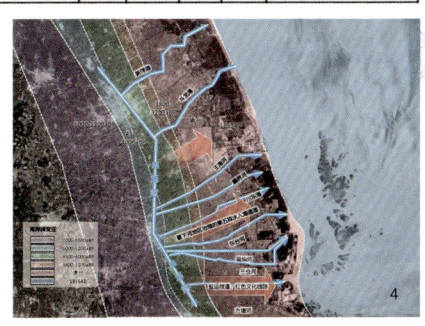

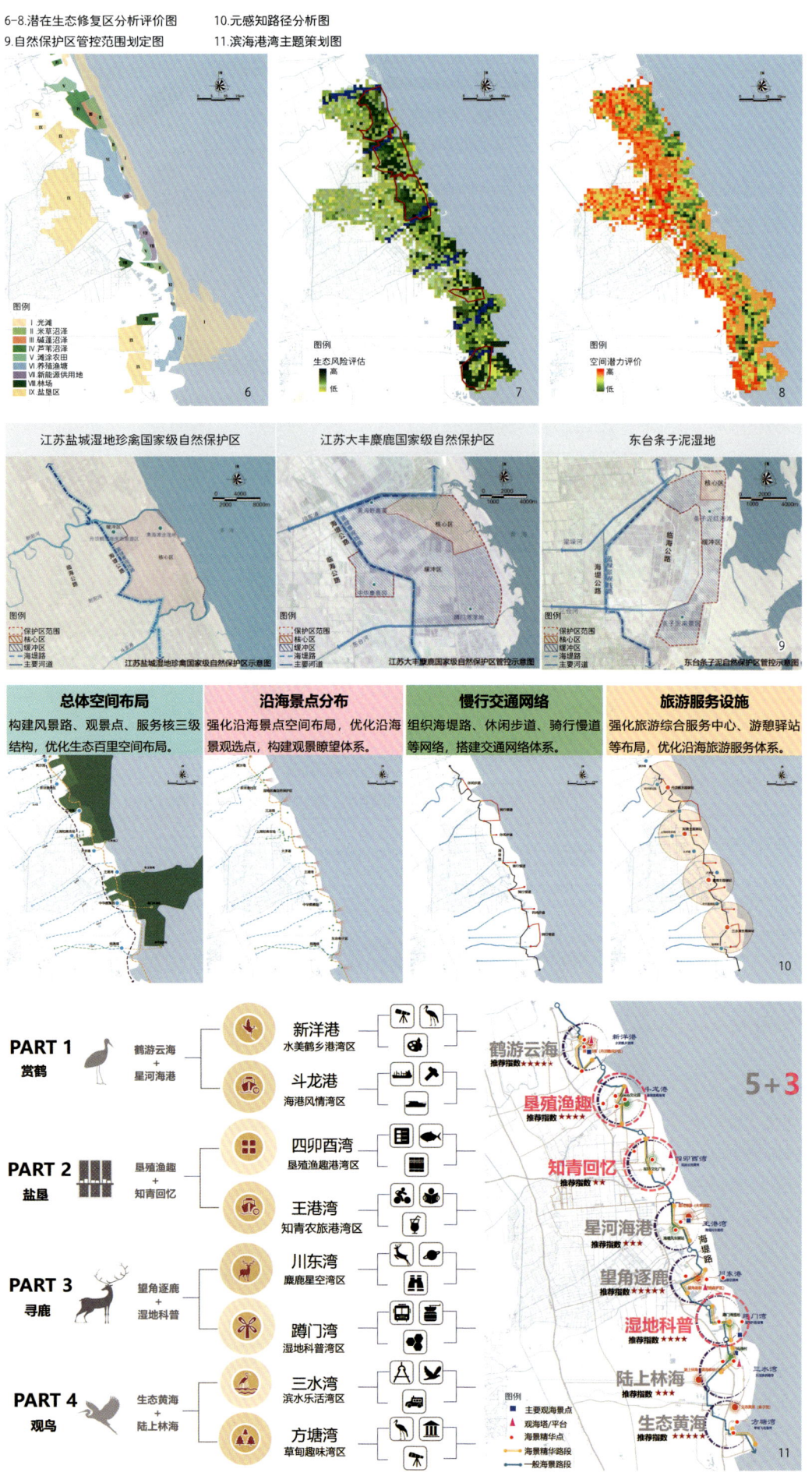

6-8.潜在生态修复区分析评价图
9.自然保护区管控范围划定图
10.元感知路径分析图
11.滨海港湾主题策划图

二、基于自然的海岸带地区空间塑造策略

结合国内外海岸带地区空间规划等相关案例的研究分析,其空间塑造策略包括整体风貌格局构建、分级分类分区引导、统筹海岸海湾空间营造、落实精细化管控保障等。

(1)空间格局体系构建

海岸带聚集山水林田湖草等重要生态系统要素,加强调查,系统梳理海岸带地区沿线资源,形成陆海统筹的空间格局,确立空间塑造的总体思路和目标,构建全局性的空间体系框架。

(2)分级分类分区引导

在管控措施方面,实行分级、分类、分区管控,坚守生态底线原则,推动海岸线的可持续开发利用。针对城、镇、村等进行空间规划,分类分级明确保护范围、保护对象,并充分考虑当地的历史文化、自然环境和社会需求,确立规划分区,进而提出相应的引导措施。

(3)统筹海岸海湾空间营造

首先,应加强海岸带地区"两区两线"的空间管控,即划定海洋功能分区、陆海一体化分区、严格保护岸线和海岸建筑退让线,并明确空间准入、利用方式和保护要求等管控要求。其次,在海岸海湾空间方面,在实施严格的管控措施基础上,通过空间品质的提升和改善,运用低影响的手段进行海岸海湾空间的营造,打造城市的靓丽风景线。

(4)落实精细化管控保障

在新的背景下,梳理国土、海洋、规划和环保等相关法律法规,坚持问题导向,以陆海统筹为本原则,依法规范海岸带地区规划编制及相关制度措施。同时,结合机构改革的特点,探索建立海岸带地区综合管理制度,明确海岸带地区空间管控的传导机制,结合不同阶段的发展实际,保障管控意图的落实。

三、江苏"生态百里"空间塑造实践

1.编制思路

(1)规划背景

2021年10月,在《生物多样性公约》缔约方大会上,盐城市被评选为100个国家生态文明建设示范区之一。2022年6月8日,盐城成功入选国际湿地城市,着力建设"国际湿地、沿海绿城"。同年6月,《中华人民共和国湿地保护法》正式实施,标志着湿地保护进入法治化发展新阶段,也对我国滨海湿地的保护与利用提出了新要求。

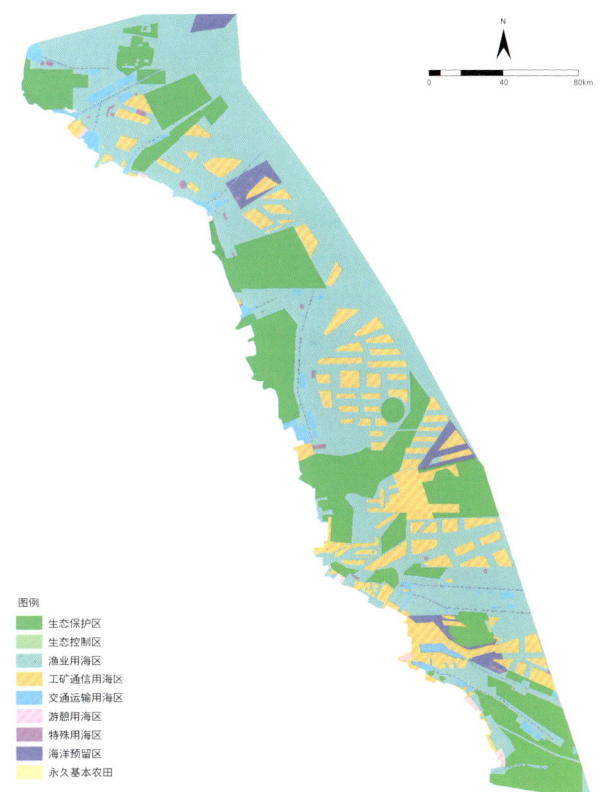

江苏省海洋功能区管控表

序号	海洋功能区类型	海洋功能区管控内容
1	生态保护区	自然保护地核心保护区，原则上禁止人为活动；核心保护区外，禁止开发性、生产性建设活动，在符合法律法规规定的前提下，除国家重大战略项目外，仅允许对生态功能不造成破坏的有限人为活动
2	生态控制区	以生态保护为主导功能，原则上不得开展有损生态功能保育的开发建设活动，未经批准不得占用和调整
3	渔业用海区	渔业基础设施建设应当符合海域使用管理法律法规规定；优化海水养殖布局；严格落实渔船双控和海洋伏季休渔政策，控制近海捕捞强度
4	交通运输用海区	合理控制港口建设规模和时序，推进港口基础设施集约高效利用，合理布局沿海LNG项目。禁止进行与港口作业和航运无关、有碍航行安全的活动，禁止建设其他永久性设施
5	工矿通信用海区	坚持节约集约利用，优先支持重大项目建设；遵循深水远岸原则规划布局海上风电，合理布局规划新增风电路由和登陆点。鼓励"风光渔"等立体化利用模式。科学布设并保护海底通信、电力、输油输气等专用管廊
6	游憩用海区	有序利用海岸线、海岛、湿地等重要旅游资源，严禁破坏性开发。鼓励旅游与保护地、海洋牧场、海上风电等融合发展
7	特殊用海区	优先保障军事用海，合理布局倾倒区及其他特殊用海区。加强特殊用海区监测与管理，最大程度减小对环境的影响及对邻近海洋功能区的干扰
8	海洋预留区	服务重大战略项目建设。项目建设确需改变海域自然属性的，应当进行科学论证，按照程序报批，调整用海功能区类型

12.江苏省海洋功能分区图（材料来源：江苏省海岸带及海洋空间规划2021—2035年征求意见稿）

针对江苏省沿海地区的空间特色，围绕江苏"十四五"规划纲要中关于沿海的定位要求，结合"向海而生""依海而荣""临海而盛"三大设想，江苏省总体谋划了沿海地区特色引领、蓝绿交织的空间格局。江苏省"生态百里"作为江苏省沿海地区重点打造的三大精华段之一，具备的生态资源最为独特，如何保护和利用好生态的名片成为海岸带地区空间塑造的核心议题。

（2）价值识别

江苏省"生态百里"北至丹顶鹤自然保护区，南至条子泥湿地自然保护区，全长约110km，主要呈现三大价值特色。一是生态资源富集，江苏省"生态百里"拥有我国独一无二的滨海滩涂型自然遗产，包含2处国家级湿地自然保护区，同时是世界上最大潮间带泥滩系统，生物资源丰富；二是多元文化遗存，这里留存了煮海为盐、范公捍海、废灶兴垦、铁军精神等多彩文化记忆；三是景观特色明显，其纵向跨度110km，坐拥世界级的滨海生态景观，穿越亭湖丹顶鹤、大丰麋鹿、东台条子泥湿地等国家级自然保护区，串联黄海海森林公园、荷兰花海、大丰野鹿荡、巴斗渔村、蹲门海角渔村等特色空间。

（3）问题诉求

江苏省"生态百里"作为价值较突出、特色较明显的海岸带地区，目前存在的问题也相对明显：一是交通缺串联，现状临海公路快速货运交通与野生麋鹿等的活动路线存在交叉，海堤公路与部分临海空间存在交通不可达、景观可视化低的问题；二是生态缺保护，目前沿海岸带地区各类生态空间保护的力度差距较大，南段保护条件较好，中段和北段的生态保护较差，其中北段多分布临海港口或者渔港小镇，人工建设程度高，生态保护状况有待加强；三是文化缺载体，生态百里地区文化资源丰富，但现状能够感知体验文化特色的空间载体较为缺乏，资源点的吸引力有待提升；四是服务缺体系，沿海资源点散布在超百公里的海岸带地区内，旅游模式单一和交通组织的不畅等对亲海空间的塑造具有较大影响，同时制约了服务配套设施的完善。

2.实施路径

方案以全球顶级生态湿地体验目的地为目标，通过"自然恢复""自然感知""自然适应"三大实施路径，将"生态百里"打造成江苏最美的海岸带地区。

（1）提出基于"自然恢复"的空间管控方式

中共中央办公厅、国务院办公厅印发了《关于建立以国家公园为主体的自然保护地体系的指导意见》，提出构建科学合理的自然保护地体系，实施自然保护地统一设置，分级管理、分区管控的机制。中国黄（渤）海候鸟栖息地(第一期)作为中国首个滨海湿地类自然遗产，包含江苏盐城湿地珍禽国家级自然保护区、江苏大丰麋鹿国家级自然保护区和东台条子泥湿地，这三片是江苏"生态百里"资源特色最明显的区域，彰显了生态百里最原真的生境，因此对于生态百里的管护需提高到新的高度。

依据《江苏省海岸带及海洋空间规划（2021—2035年）》（征求意见稿），方案对生态百里范围内的国家级自然保护区核心区、缓冲区和候鸟保护区、自然资源点进行空间落图，依托盐城国家级、省级自然保护区的功能区划和管控要求，结合基于自然的解决方案准则，对核心区和缓冲区提出分级管控策略。

在加强自然保护区的管护同时，针对生态百里的自然恢复提出相应的措施。运用栅格法对景观特征和生态风险进行评价，识别生态风险区。在以恢复重要性为主的调查基础上，结合恢复潜力来确定潜在恢

13.总体行动框架图
14.渔港小镇城市设计总平面图
15.渔港小镇设计效果图

复区域的优先级,最终确定了潜在恢复区和一般恢复区。其中潜在恢复区包括3个优先恢复区,分别为丹顶鹤湿地核心区、大丰麋鹿、梁垛河3个重点恢复区和2个次优先恢复区。通过退"渔"还"湿"、本地物种自然恢复等方法,修复区域的生态系统。

(2)优化基于"自然感知"的空间塑造路径

一是通过对全域全要素资源的挖掘与评估,明晰空间特色,强化系统布局,构建"三位一体"的多元感知路径。生态百里范围内资源类型丰富,大致分为生态自然资源、人文景观资源两大类。通过实地探勘、无人机航拍等现状调查,综合手机信令、STRAVA全球热度图等多源数据,运用矢量数据处理平台进行分析,采取层次分类法、加权分析法,生成现状资源要素的评价,识别现状活力热点较高的区域。通过定量与定性相结合的形式,形成生态百里空间潜力综合评价图,为确定总体空间格局提供支撑。

经过研究分析,生态百里范围内资源点的分布与河道、滨海旅游公路、海岸线的重合度较高,因此空间格局体系的构建将潮间带作为生态基质,以入海水网作为生态廊道,整体构建斑块(保护区)—廊道(水网)—基质(潮间带)蓝绿生态格局,织补蓝绿交融的生态本色。在此基础上,从空间风貌感知的视角,整合城、镇、村、景区等人文景观资源,依托现有路网体系,打造多元体验线路。实现生态共生、文化共感、城乡共融的多元感知路径。

二是立足生态主题,遵循基于自然的理念,围绕海湾空间进行系统策划,聚焦场景塑造,实施在地设计。海湾作为海岸带地区重要的节点空间,是向海发展的展示载体,依托"林、海、鹿、盐、鹤、垦"等特色资源,强化自然IP打造,策划赏鹤、盐垦、寻路、观鸟4大品牌,在入海的新洋港、斗龙港、四卯酉河、王港河、川东港、蹲门湾、梁垛河和方塘河8个河口,形成8个依海互生的特色主题港湾。通过生态百里360度全方位观景形式,提升观海游赏系统的多种体验。

同时对城镇乡村、道路节点、导览系统等场景进行在地化设计。城乡方面,通过梳理当地文化元素,对沿街建筑空间进行改造,塑造滨海城镇风貌,加强沿海港城、风情小镇、村落的培育,重现垦区历史风貌;道路方面,通过最美海堤路的遴选,强化堤坝地形的空间利用,在保障安全的前提下,打造可进入的野趣空间;配套方面,结合片区资源特色,实施就地取材,采用绿色材料进行导视系统设计,表达生态百里特色文脉。

(3)构建基于"自然适应"的总体行动框架

江苏"生态百里"空间塑造的实施在于行动。在完成对生态基底保护、总体格局构建和在地设计引导的基础上,强化市级统筹、区县作为实施主体,上下联动构建总体行动框架。结合十四五规划和落实沿海地区发展规划实施方案等相关要求，并经多轮书面征求意见，形成近三年"生态百里"项目库，提出美丽宜居、生态修复、绿道建设、活力提升四大行动，有效引导实施建设。

围绕建设世界级滨海生态旅游廊道和国际滨海旅游目的地，着力塑造"生态百里"滨海特色精华段。坚持生态优先原则，落实世界遗产和国家自然保护区保护准则和负面清单，实施生态修复和保护性开发。强化自然适应管理，参照三年行动计划项目库，以海堤公路为主线，亭湖、大丰和东台形成主题鲜明的分段落，在各个段落之间形成差异化的实施方案，围绕精华段构建圈层式高品质服务体系，持续深耕滨海地区空间塑造。

四、结语

在生态文明建设和海洋强国的战略交汇点上，江苏"生态百里"成为践行两大战略的载体，把握其保护与开发之间的协调关系是关键。基于自然的解决方案，正是通过认识和发掘自然的优势，对海岸带地区生态、生产、生活空间进行整体规划，引领人们重新认识海岸带的自然价值，重塑空间治理体系，实现人与自然和谐共生。

参考文献

[1]俞为妍，梁颖烨，高一凡.基于自然解决方案的堤防提升改造规划路径[J].规划师，2023，39（8）：132-139.

[2]沈春竹，胡海波，孙柏宁.海岸带地区空间品质提升的江苏探索[J].中国土地，2023（2）：42-44.

[3]王志芳，简钰清，黄志彬，等.基于自然解决方案的研究视角综述及中国应用启示[J].风景园林，2022，29（6）：12-19.

[4]陈玉飞，杨玉坤.基于陆海统筹的海岸带空间管控体系的探索[C]//中国城市规划学会.面向高质量发展的空间治理：2021中国城市规划年会论文集.北京：中国建筑工业出版社，2021.

[5]陈梦芸，林广思.基于自然的解决方案：利用自然应对可持续发展挑战的综合途径[J].中国园林，2019，35（3）：81-85.

作者简介

陈　波，江苏省规划设计集团江苏省城镇与乡村规划设计院有限公司城乡规划师；

徐　宁，江苏省规划设计集团江苏省城镇与乡村规划设计院有限公司设计二所副所长，高级城乡规划师，注册城乡规划师。

16.镇村改造效果图　　18.道路改造效果图
17.空间改造效果图　　19.通海大道意向图

城市设计与数智技术
Urban Design and Digital Technology

多尺度协同视角下第四代城市设计的中微观探索
——以沈阳王家湾滨水区为例

Medium and Micro Exploration of the Fourth Generation of Urban Design Under the Perspective of Multi-scale Synergy
—The Case of Shenyang Wangjiawan Waterfront District

孙昊成　杨俊宴
Sun Haocheng　Yang Junyan

[摘　要]　随着当代城市多源大数据的指数级增长，城市设计的工作领域从传统的单一空间逐步演变为复杂的多元空间，工作对象也从静态物质空间慢慢转向动态快节奏的城市复杂巨系统。在此过程中，城市设计的工作范式也悄然演替至基于人机互动的第四代数字化城市设计。数字技术的应用优势在过往研究与实践集中体现于宏观尺度的总体城市设计。然而，在中微观尺度下，由于数据样本量不足、精细度不够等问题，设计项目往往难以开展数字化方法的应用。对此，本文以沈阳王家湾滨水区城市设计项目为例，探讨中微观尺度下数字技术指导城市设计的方法路径，以期为第四代城市设计多尺度协同的特点提供实践支撑。

[关键词]　城市设计；数字化技术；城市多源大数据；多尺度协同；沈阳

[Abstract]　With the exponential growth of the sample size of contemporary multi-source data, the working field of urban design has gradually evolved from the traditional single space to the complex multi-space, and the working object has also slowly shifted from the static material space to the dynamic and fast-moving urban complex mega-system. In this process, the working paradigm of urban design has quietly evolved into the fourth generation of digital urban design based on human-computer interaction. The benefits of digital technology have been realised in macro-scale urban design in past research and practice. However, it is often difficult to apply digital methods at the micro and meso scales due to insufficient data samples and lack of refinement. In this regard, this paper takes the Shenyang Wangjiawan Waterfront District urban design project as an example to explore the methodological path of digital technology to guide urban design at the meso-micro scale, with the aim of providing practical support for the characteristics of fourth-generation urban design of multi-scale synergy.

[Keywords]　urban design; digital technology; multi-source urban big data; multi-scale synergy; Shenyang

[文章编号]　2025-98-P-058

1. 潜在径流分析图
2. 人群就业行为分析图
3. 生产业态格局分析图
4. 通勤廊道分析图

一、第四代城市设计概述

1.第四代城市设计的出现背景

城市设计是基于城市建构机理与运行规律营造城市三维形体与环境场所的实践行为。第一代范型为传统城市设计，以遵循价值取向和方法论系统为基础，以建筑学基本原理和古典美学为指导；第二代范型为现代主义城市设计，不再仅仅关注城市空间的艺术和美学效果，而是附加经济和技术的理性准则，以科技支撑、技术美学、功能区划、三维空间抽象组织为特征，建构城市物质环境的总体理论与方案；第三代范型为绿色城市设计，力图创造一个人工环境与自然环境和谐共存、面向可持续发展的理想城市环境[1]。

随着城市设计的价值导向由增量扩张向存量提升转变，设计师所需考虑与处理的信息随着城市的物质与非物质空间的变化瞬息万变。在这样的背景下，传统的经验主义设计方法难以应对复杂城市巨系统的各种不确定性。同时，伴随着中国城镇化的不断深化，以聚集人口、发展经济为核心的传统城市发展模式逐渐转型，以人的城镇化为核心的新型城镇化时代已经到来[2]。城市设计已悄然经历变革，转向基于人机互动的第四代数字化城市设计[3]，其主要特征在于以下四项：一是多尺度协同，依托完整

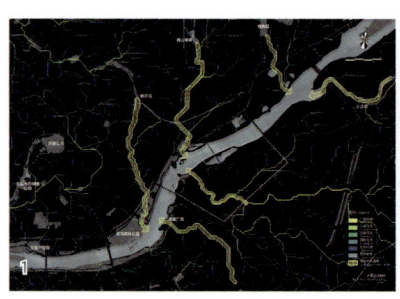

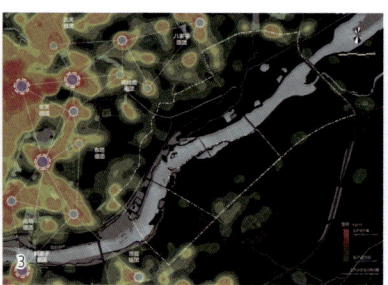

5.沈阳王家湾滨水地区城市设计图

的数据体系打破空间尺度的界限,对不同尺度的城市空间进行协同设计;二是精细化,以高精度和高颗粒度的数据支撑各级空间尺度范围的无损扩大,实现精细的数字化设计全流程;三是人本量化,城市设计聚焦个体,以人民为核心,从微观视角切入,以群体数据揭示城市复杂巨系统的演化规律与动态结构;四是经验量化,将城市设计中的经验判断转化为基于量化分析的判断[4]。

2.中微观尺度第四代城市设计的概念探索

由于数字化城市设计以微观个体行为或单体要素解构城市复杂巨系统的技术路径,已有大量实践证明数字化技术在总体城市设计与城市设计全覆盖等宏观规划设计项目中应用的可行性与优越性。然而在中微观尺度下,由于可用数据样本量不足、数据质量良莠不齐以及数据精细程度不够等问题,导致数字化方法应用经常陷入困境。

事实上,数字化城市设计的理论基石建立在挖掘城市复杂巨系统在表象下的运行规律,本质上并不受限于应用空间尺度的约束。不同在于,宏观尺度直接通过数字化技术观察总体空间格局的发展态势,中微观的数字化技术应用既需要提炼所在场地与周边城市环境的隐性联系,也需要整合场地内部资源信息要素,从而实现对设计场地认识的多尺度协同,以此指引后续城市设计实践。因此,本文以沈阳王家湾滨水区为例,通过数字化技术明确其在一河两岸区域尺度的角色定位,挖掘其在自身尺度的空间特征与场地特色,并在空间设计中集成数字化研判结论。

二、沈阳王家湾项目背景

流淌千年的浑河奔涌不息,为沈阳注入源源不绝的活力。王家湾地处浑河南岸东段,是沈阳总体城市设计划定的35个核心板块之一,是沈阳拥河而行、破局新生的先行地。

1.王家湾之于沈阳的城市诉求

近年来,沈阳正稳步筹划建设国家中心城市。相较于东部的上海、南部的广州、西部的成都等国内其他国家中心城市,沈阳缺乏以大事件为契机的城市名片展示机会。对此,王家湾滨水区着眼于国家冰雪体育赛事大事件为触媒,以求扩大城市影响力。

在国际层面,相较于东北亚国际中心城市,沈阳缺乏融入国际交流网络的新兴文化与产业媒介。因此,王家湾滨水区以国际新兴文化交流为载体,衔接东京、大阪、釜山、首尔等东北亚中心城市,彰显文化创意魅力的同时,助力沈阳跻身东北亚国际化大都市。

2.沈阳之于王家湾的设计指引

沈阳总体城市设计(以下简称"总设")指出沈阳的本源特色为:"规天矩地核方圆,屏山带水楔绿蓝,八门八关脉舒展,沃野淳物乐家园"。立足于此,规划凝练总设对王家湾核心板块的发展指引,可以分为:生态导向,传承自水绿体系,王家湾应保护浑河生态廊道,强化两岸生态本底的水体形态特征;活态导向,传承自活力营建体系,王家湾应以水为脉,通达浑河,连通四楔,聚集人气;业态导向,传承自城市中心体系,王家湾应与北侧东塔协同发展,共创东部新经济集聚区;形态导向,传承自三维控制体系,王家湾应设立浑河东段核心地标互眺的门户形态。

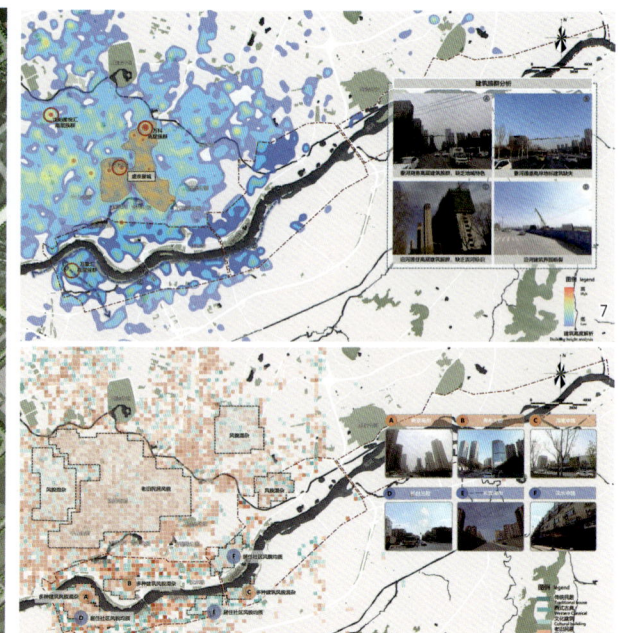

6.总平面图
7.建筑高度分析图
8.建筑风貌分析图

三、多源大数据背景下的数字化定位研判

规划以"四态"(生态、活态、业态、形态)多源大数据作为出发点,纵观沈阳一河两岸尺度梳理区域联系,聚焦王家湾滨水区尺度发掘场地特征,通过多尺度、多维度的数字化解析,凝练对后续设计实践的指引。

1.生态空间数字解析

以维系浑河两岸的本源生态格局为目标,我们运用数字化方法识别王家湾及其周边现有水绿空间联系格局,并在维持生态本底的基础上进行绿地空间的修补、串联、引导、提升,以形成层次分明、渗透成网的蓝绿格局。

(1)潜在径流分析

基于场地高程、坡度及坡向的基础数据,通过径流模拟与汇水线识别,依托周边及内部绿地和水系为基础,我们发现场地存在六条潜在径流连通浑河,其中一条穿过设计场地范围。考虑通过潜在径流与场地现有水绿空间串联,融入城市景观开放空间体系。

(2)植被覆盖格局评价

通过采集所在场地的卫星遥感影像数据,基于植被覆盖率分析,王家湾及周边地区现状绿地布局以浑河两岸绿廊为轴展开,沿线地形绿地特色保存良好,形成湾、洲、湖等多种地貌原型,而两岸绿地形态差异明显,北侧以植被斑块为主,南侧以线状廊道为主。

2.活态空间数字解析

基于手机LBS数据的24小时人群活动数据,对其进行时间切片并计算对应时段人群空间分布聚集程度。本次设计项目共提取有效样本个体71021人次,共计186571条有效数据。

(1)人群通勤廊道解析

通过人群驻留点识别,对用户单日数据记录,基于活动范围和停留时长进行行为提取,即同一用户在某个范围内停留了一段时间以上,就认为该用户在该地发生了活动。我们发现浑北主城通勤密度极高,人群通勤以单核集中为基础向外放射;浑南地区仅有少量通勤行为且受主城辐射严重。这意味着王家湾未来将主要承接由主城辐射出来的人流,在活力空间营造上,应优先考虑与主城产生活力关联。

(2)人群就业行为解析

通过人群就业行为解析,可以发现浑北主城向王家湾滨水区存在活力蔓延趋势,形成3条活力延伸轴与1条活力断裂带。活力断裂带的形成是由于东塔机场搬迁造成,浑北主城向王家湾方向的活力廊道被城市大型遗留空间所隔断,具体体现在南塔组团—新立堡组团连线处。

3.业态空间数字解析

基于24类POI业态数据,通过企业空间、生活服务、生产服务三类数字评价,沈阳一河两岸的业态空间格局表现为"城区为核、多心散布"。浑河以北的主城内已经形成明显的产业一级簇群核心,但伴随向外辐射而减弱。王家湾受原东塔机场影响,业态氛围呈现板结状,场地内业态短链相连、难以成核,仅在西南零星分布。

4.形态空间数字解析

本次城市形态解析采集10余万条建筑轮廓矢量数据与7182张街景图片数据,对城市的感知与空间形态展开量化分析与判断。

(1)建筑高度数字解析

一河两岸尺度下,建筑以低层与多层为主,高层簇群仅出现在浑南万象汇附近,整体浑河沿线并没有形成滨水标志体系。而王家湾现状建筑高度更是整条浑河的高度洼地。

(2)建筑风貌数字解析

将浑河沿线街景图片投入自主建构的建筑风貌分类器,对浑河两岸的现状城市空间风貌进行分析。我们发现浑河两侧建筑风貌混杂,新旧风貌交织。此外,沿河建筑与自然景观未能相融,大量高层建筑依水布置挤压开敞空间,景观未能渗透进城市。

9.冰雪湖湾效果图
10.文化方城效果图

四、四态数字指引下的王家湾城市设计

1.设计思考

基于上述数字解析,我们明确了王家湾在一河两岸尺度与本地尺度的生态、活态、业态、形态优势与不足,结合沈阳城市发展的现实需求,设计从"四态"特质出发,凝练为"冰雪湖湾·文化方城"的核心设计理念。冰雪湖湾,回应生态与活态的数字指引,顺应沈阳"屏山带水,峡湾洲岛"的本原生态意象,以湿地中央公园为芯,环í冰雪体育场馆群为瓣,以景隐馆,赋予湖湾场所活力;文化方城,回应业态与形态的数字指引,取自沈阳"八门八关,城塔形胜"的传统形态意象,采用中轴对称的方形建筑群布局形式,同时置入新兴文化业态,新旧辉映,激发方城内生动力。

2.冰雪湖湾:水陆共生的公共空间典范

冰雪湖湾的生态景观采用海绵城市的"渗、滞、蓄、净、用、排"理念,设置"滞留池—沉淀池—过滤池—植物池"四级生态塘,加强浑河滨水湿地的河滩生态修复,营造湿地滩涂、岛丘植物园、缓坡水岸和滨水森林四种不同的生境。

冰雪馆群、浑河湿地、景观公园与公共场所以6km的红飘带串接,提供跑动、漫步及溜冰的丰富活动体验,场馆群赛后改建为多功能冰上中心与演艺中心,打造以体育兴城的活态共享片区,赋予城市多元鲜活的冰雪运动体验。

3.文化方城:产城共融的滨水形象典范

文化方城借鉴沈阳故宫中轴线对称布局、方形建筑群布局、围合院落式三个特色要点,提取"轴""方""院"三个概念,生成文化方城的建筑形态空间方案。方城中轴公园向两侧地块庭院绿地的渗透的开敞空间,形成中央高四周低、近水低远水高的高度形态。

文化方城的产业功能配以媒体总部办公、融媒体创意大厦为核心,综合布局商务办公、会务酒店、人才公寓等功能。通过置入数媒创意单元、东北亚交流合作单元、文化版权交易单元等6种业态混合模式组织空间,打造宜居宜业、创新汇聚的业态集聚提升片区。

五、结语

第四代城市已有众多总体城市设计实践证明了其应用的优越性与合理性。然而在中微观尺度由于数据样本量的匮乏与数据精细度的问题,往往没有得到良好的运用证明。沈阳王家湾作为总体城市设计中划定的35个核心片区之一,数字化技术在其中的应用既梳理了中观尺度与整体空间格局的融入要点,也指导了微观尺度设计特色的凝练,印证了第四代城市设计多尺度协同的理论特点。

然而,当前时代背景下数据样本累积增长与技术模型迭代更新的速度前所未有,第四代城市设计并非是一个固定命题,其概念内涵中也存在着向下一个城市设计理论方法代际迈进的可能性。我们应不断回顾并反思城市设计四代范型理论内核与时代背景交替演进的适配性,时刻准备好适应与迎接下一代城市设计转型。

项目负责人:杨俊宴
主要参编人员:杨俊宴、王志刚、谭瑛、孙昊成、梅凯强等

参考文献

[1]王建国.基于人机互动的数字化城市设计:城市设计第四代范型刍议[J].国际城市规划,2018,33(1):1-6.
[2]杨俊宴.从数字设计到数字管控:第四代城市设计范型的威海探索[J].城市规划学刊,2020(2):109-118.
[3]王建国.从理性规划的视角看城市设计发展的四代范型[J].城市规划,2018,42(1):9-19+73.
[4]杨俊宴,袁奇峰,田宝江等.第四代城市设计的创新与实践[J].城市规划,2018,42(2):27-33.

作者简介

孙昊成,东南大学建筑学院博士研究生;

杨俊宴,博士,东南大学首席教授,东南大学智慧城市研究院副院长。

针对远程办公趋势的设计响应现状研究
Research on the Design Interventions to Remote Working

夏俊豪　龙瀛
Xia Junhao　Long Ying

[摘　要]　技术发展及个体变革对办公远程化产生了深刻影响。既有研究多关注远程办公的表征、机制与影响等方面，缺乏对于针对远程办公趋势的设计响应现状的研究梳理。本文通过文献梳理总结设计响应的不同类型，并系统整理回应远程办公趋势的设计案例或导则，归纳设计响应的现状特征。结果表明，在文献层面设计响应主要体现在城市、社区及建筑三个尺度，包含城市定位、城市功能分区、社区营造、社区土地利用、社区发展、建筑功能布局、建筑空间使用等类型，在案例层面设计实践呈现出社区功能混合化及多样化发展、建筑办公与多种功能混合、远程办公功能独立、联合办公空间模式创新、模块化设计家具等新特征，在导则层面已有指南主要从提供远程办公场所、新建远程办公基础设施、建立远程办公社区等角度响应远程办公的趋势。本文客观描述了针对远程办公趋势的设计响应现状，并为后续相关设计及研究提供参考与启发。

[关键词]　远程办公；设计响应；案例研究

[Abstract]　Technological developments and individual changes have had a profound impact on remote work. Most of the existing studies focus on the characterization, mechanism and impact of remote work, but there is a lack of research on the current status of design responses to the trend of remote work. This paper summarizes the different types of design responses through literature review, systematically sorts out design cases or guidelines that respond to the trend of remote work, and summarizes the current characteristics of design responses. The results show that the design response at the literature level is mainly reflected in the three scales of city, community and building, including urban positioning, urban functional zoning, community construction, community land use, community development, building function layout, architectural space use, etc., and the design practice at the case level presents new characteristics such as mixed and diversified development of community functions, mixed building office and multiple functions, independent remote office functions, innovative co-working space model, modular design furniture, etc., At the guideline level, there are guidelines to respond to the trend of remote work, mainly from the perspective of providing remote work places, building new remote work infrastructure, and building remote work communities. This study objectively describes the current status of design response to the trend of remote work, and provides reference and inspiration for subsequent design and research.

[Keywords]　remote work; design response; case studies

[文章编号]　2025-98-P-062

一、引言

在第四次工业革命的背景下，办公空间正在朝着远程化的方向发展，远程办公呈现井喷式发展态势[1]。2023年麦肯锡全球研究所的调查报告指出，疫情结束后仍有63%的上班族采用远程办公的工作方式，一项针对北京市联通用户第三场所办公渗透率的实证研究也表明约有11.27%的北京市从业者有过在第三办公空间办公的行为。在后疫情时代，许多国家和政府部门也出台了新政策措施以支持远程办公趋势，例如加拿大政府为核心公共行政部门的远程办公流程管理提供了详尽的框架，美国政府出版办公室为成员提供全居家的远程办公选项。一方面，技术进步为远程办公提供了支撑：诸如全息投影、增强现实、远程协作办公等技术的成熟使办公形态更加灵活，AI辅助办公、工业机器人等技术应用使办公效率得以提高；另一方面，个体变化又为远程办公提供了用户基础：如"数字游民"、自由职业者等的新职业不断出现，个体的办公空间及地点被重新定义，企业的组织形式也更加弹性灵活，转变为由全职员工与自由工作者共同组成的混合体。

目前国内外学者对远程办公的研究主要集中在以下几个方面：有学者对远程办公的人群画像进行了研究，主要通过教育程度、收入、家庭结构、通勤距离等进行刻画[2-3]，并在此基础上关注采用远程办公的具体原因，如从业者的职业类型、从业者经济社会因素、居住地及工作地的建成环境因素等[4-6]。另外一些学者关注远程办公员工出行与节能减排的影响[7-8]，并研究远程办公对城市办公空间变化的影响，例如居住地和其他空间都有可能成为潜在的办公空间，进而形成新的办公空间分布模式[9-10]，也出现了诸如咖啡厅、联合办公空间、茶馆等被称为"第三办公空间"的办公场所[11]。

既有研究对远程办公的表征、机制及影响进行了深入的探讨，但缺乏对于针对远程办公趋势的设计响应现状的梳理。本文通过文献梳理、案例搜集与导则摘录的方法，系统整理回应远程办公趋势的设计实践，以期洞察相关实践案例的总体特征，为远程办公背景下的实践响应及相关研究提供具体参照。

二、针对远程办公趋势的设计响应现状研究

1.文献梳理

新趋势与新活动的出现意味着新的生活习惯与需求，往往伴随着新的设计回应。笔者将远程办公的设计响应划分为城市、社区与建筑三个尺度，从文献中梳理设计响应的不同类型。

远程办公使城市区位结构发生变化，促进了办公空间从城市中心迁移至郊区，办公空间在城市中的分布趋向于扁平化、更加围绕居住地进行布置[12]，同时创新产业集群在城市中心区集聚，办公空间呈城市中心区和边缘区的分异化发展[13]。在此种背景下，城市尺度的设计响应主要可分为调整功能分区与重定位城市名片两类：一方面，远程办公的存在使得中央商务区白天的活动人口下降，商业活动率较低的居住区白天活动人口增加，因此在进行城市设计时对CBD的土地使用和功能分区进行调整以重新利用这些空间中的大量资产尤为重要[14]；另一方面，Zenkteler等人基于澳大利亚黄金海岸的调研，分析城市及住宅区应对日

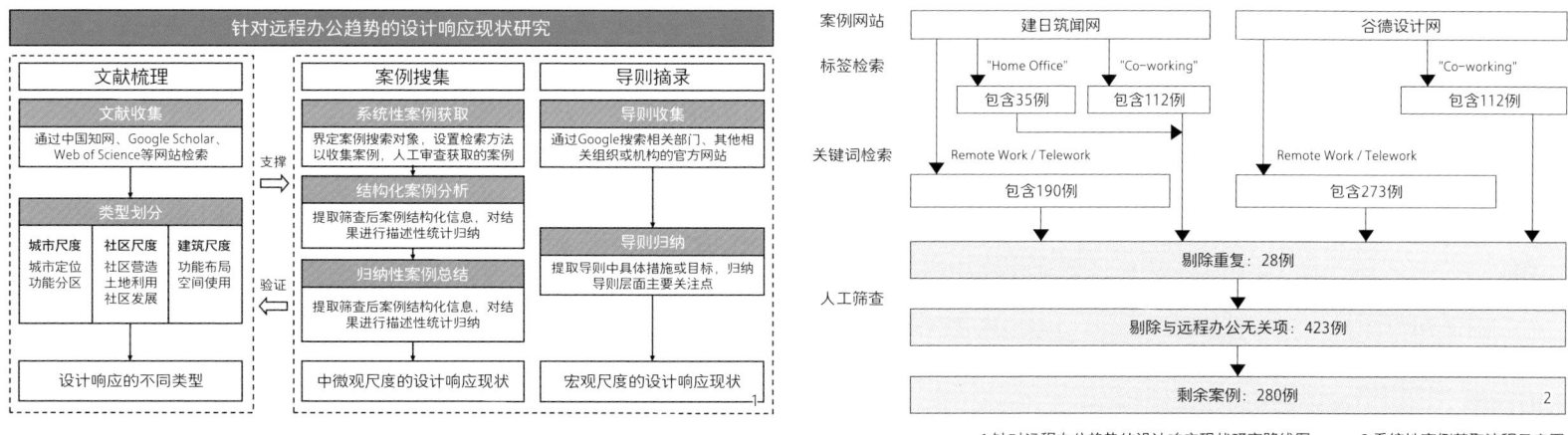

1.针对远程办公趋势的设计响应现状研究路线图　　2.系统性案例获取流程示意图

益流行的远程办公的规划与设计对策,认为城市可以结合旅游业将远程工作定义为自身的城市名片,并考虑在街道与城市范围出台相应政策,将城市自我推广与城市规划和设计举措相结合[15]。

社区尺度的设计分别从社区营造、社区土地利用及社区发展的层面响应了远程办公趋势。Alizadeh综述了远程办公和有线社区的深层关系,认为数字时代的社区营造更看重多样性而弱化前数字时代注重的可达性,以便为远程工作者提供更好的生活质量[16]。Glackin与Moglia则认为伴随办公空间向郊区迁移,规模较小的服务业为社区及其周边带来更大的商业活力,借助适当的城市规划可以促进社区的可步行性,共同减少社区的汽车依赖从而提高健康水平[14]。在土地利用方面,有研究指出战略性地针对居家办公密集的社区进行小型场所干预将有助于促进混合用途社区的发展,并能突破许多规划方案中对办公用地使用的严格限制[17-18]。除了社区营造和土地利用,Kawai通过案例研究得出可以把远程办公作为当地社区可持续发展的潜在设计工具,在为社区带来物质、经济和社会的可持续性的结论[19],为社区发展提供了新思路。

从更微观的视角来看,针对远程办公趋势的设计响应还有改变建筑功能布局及空间使用两种类型。在远程办公的趋势下,"互联"和"共享"成为建筑空间使用的关键词,办公建筑功能和空间模糊的趋势愈加显著[20],建筑的功能布局发生着变化,建筑物中出现的共享空间模式既满足了远程办公的需求,又适应了科技公司难以预测人员配置和变化、签订短期租约以控制成本等的灵活要求[21]。除此之外,诸如咖啡厅、图书馆等的"第三办公空间"正在逐渐"办公化"[22],此类建筑的空间使用正发生变化。

2.案例搜集

系统性案例研究兼具大规模案例收集与量化分析的优势,可以洞察相关领域内案例的规律,为方案的设计优化提供科学依据[23]。在文献梳理的基础上,本文借鉴已有系统性案例研究框架,构建响应远程办公趋势的案例搜集框架,具体分为三个步骤:第一,系统性案例获取,在明确概念的基础上,通过设置相应检索方法广泛收集案例,对所获取案例进行人工审查;第二,结构化案例分析,提取筛查后各案例的结构化信息,包括基本要素、设计响应要素等,并对结果进行描述性统计归纳;第三,归纳性案例总结,选取具有代表性的特例,深入分析案例中针对远程办公趋势的具体空间回应方式,总结基于案例搜集的设计响应趋势。

(1)系统性案例获取

本文的研究问题是针对远程办公趋势的设计响应现状研究,因此将案例对象界定为在规划设计或空间设计层面体现远程办公理念的设计实践。

考虑到案例描述难以准确对应文献梳理得到的设计响应类型,笔者采取更为宽泛的分类标准,将设计案例分为城市规划、社区与园区规划、建筑功能布局、室内设计四种类型,再结合远程办公的三个主要类别——居家办公(或在家办公)、基于小组的远程办公(包括卫星办公室和邻里办公中心)以及游牧式的远程办公[24],剔除与规划或空间设计案例关系较弱的"游牧式远程办公"类型,将室内设计扩为第三空间办公室内设计与居家办公室内设计,最终得到五种设计响应类型进行案例搜集。

笔者主要针对国内外主流案例网站——建日筑闻网(Archdaily)与谷德设计网(Gooood)进行了系统性的搜索。为了保证收录案例的全面性,采用"标签检索"与"关键词检索"相结合的方式,先基于案例网站预分类的标签(如"Co-working""Homeoffice"等)搜集,再根据检索式("Remote Work" OR "Telework") AND ("Space Design" OR "Urban Design")进行关键词查询,最终得到731例待筛查案例。

为确保案例搜集的准确度与质量,需进一步对待筛查案例进行人工查验。其中与研究对象定义相吻合的案例将被保留,而重复的案例(不同检索网站可能包含相同案例)、与远程办公无关的案例(例如办公楼中的共享办公空间)将被逐步剔除,筛查后最终得到280例针对远程办公趋势的设计响应案例用于结构化案例分析。

(2)结构化案例分析

考虑到系统性案例研究中各类信息要素的可获取性与研究核心关注点,笔者选取案例的基本要素(包括名称、设计主体、设计时间、项目地点、设计说明等)以及设计响应要素(响应类型、具体措施)作为结构化案例的具体分析维度(表1),并收集建立各案例的图片库,共计六千四百余张,为后续归纳性案例总结提供图像参考与具体设计依照。

从时空布局上看,响应远程办公趋势的实践案例散布世界各地,且近年总体呈现先波动式上升后回落的趋势。在空间分布上,搜集的280例设计响应案例覆盖全世界43个国家和地区以及165个城市,其中中国包含案例数量最多达57例,西班牙与日本数量分别达34例与24例位居第二第三;在时间维度上,针对远程办公趋势的设计响应案例自2009年开始出现,数量呈现波动式增加的态势,于2020年左右迎来数量的高峰期,随后总体数量有所回落。

从响应类型上看,设计响应类型以第三空间办公居公和居家办公较多,建筑功能布局次之,社区与园区规划最少。从设计类型与具体措施上看,新建案例(56%)较改造案例稍多,前者中有较多结合居住功能设计远程办公空间,如英国伦敦的High Street House共享生活空间、中国成都天府社区青年公寓等,而后者多从工厂、仓库等原始功能演变而来,如韩国城东区的"你好星期一"联合办公空间、西班牙巴塞罗那由APPAREIL事务所设计的联合办公室等。

(3)归纳性案例总结

在描述性统计的基础上,笔者对不同响应类型的案例进行了深入分析,结合案例总结各类型的具体设

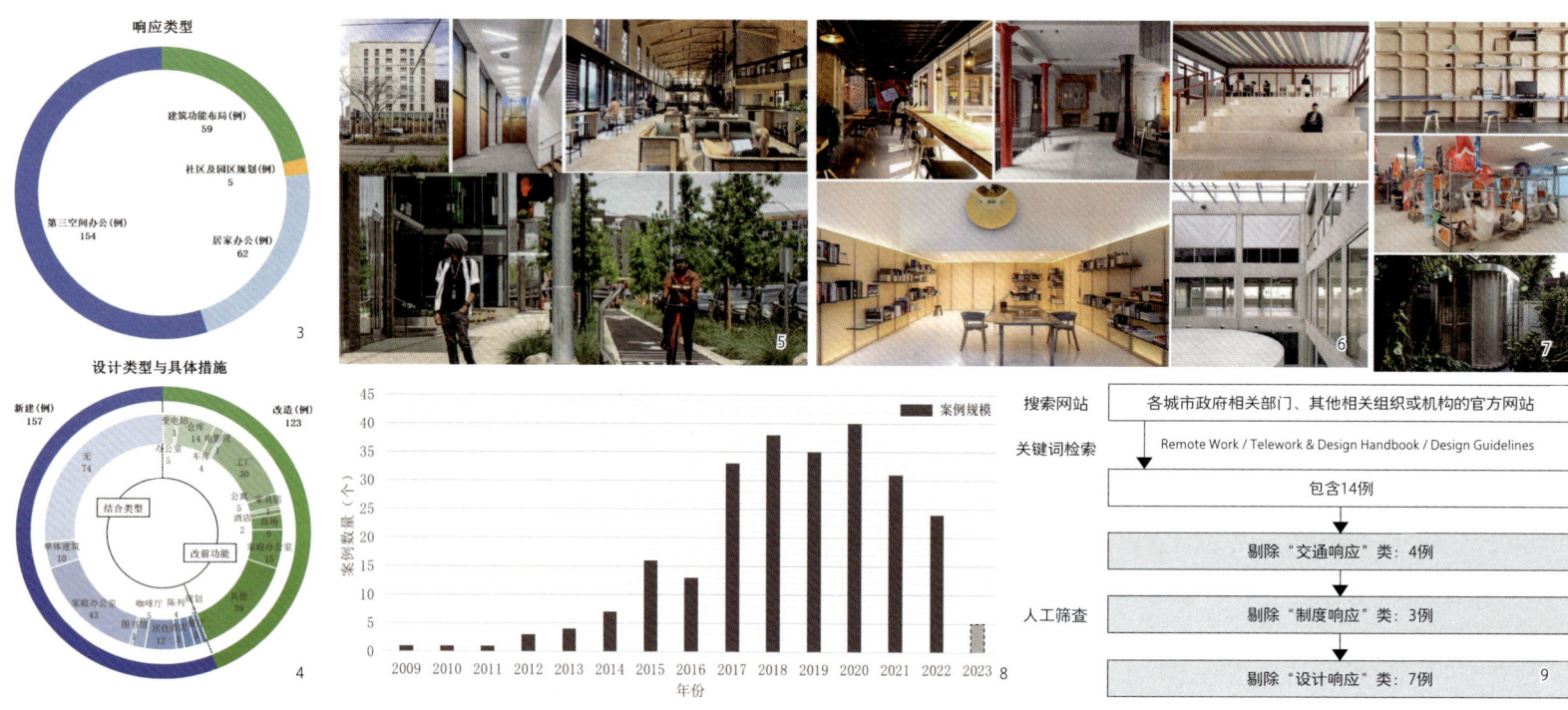

3-4.设计案例描述性统计图
5.社区及园区规划的设计实践案例
6.建筑功能布局的设计实践案例
7.第三空间办公和居家办公的设计实践案例
8.不同年份建成的设计案例统计图
9.导则摘录流程示意图

计响应手法并归纳趋势。

社区及园区规划类的设计响应中涵盖了推动社区功能混合、社区可步行性、社区可持续发展及多样化发展的设计手法。具体而言,位于法国里昂的涵盖138套住宅的社区规划在年轻工人住宅的底层创建联合办公空间,以推动居住与工作的功能混合;美国西雅图Denny Regrade园区设计适应不断变化的未来工作模式,优化自行车道、无障碍铺地和交会口等道路设施,推动社区的步行适宜性;位于东非卢旺达基加利的诺尔斯肯基加利社区设计将远程办公作为推动社区可持续发展的动力源,将远程办公融入社区设计概念以促进社区多样性发展。这些多样化的设计手法印证了文献中社区营造、社区土地利用、社区发展等设计响应类型。

建筑功能布局类的设计响应呈现出传统功能复合化与远程办公功能独立化的趋势。传统功能的复合化体现为办公空间多与餐厅、陈列馆、咖啡厅、图书馆等场所功能相结合,例如中国北京的燕京里社区改造、英国克勒肯韦尔的市政大楼展厅改造、巴西圣保罗由Pascali Semerdjian Architects设计的书屋等案例,也有案例以远程办公作为建筑单体的独立功能,诸如法国蒙彼利埃新建的用于远程办公的单体创新中心建筑、在日本南相马市的小高先锋村废旧工厂的功能被重定义为联合办公空间等,都是远程办公功能独立化的体现。

从更精细的设计层面来看,第三空间办公类的设计响应除了为远程办公者提供专属办公区域、独立办公交流环境等支持外,还会提供充足的辅助设备与极具设计感的家具,例如在西班牙巴塞罗那由APPAREIL事务所设计的联合办公室中,设计师就为建筑师、艺术家等职业群体提供了手动操作和数控加工的设备,西班牙马德里的"乌托邦"联合办公室为远程办公者设计了便携式多功能一体家具,可以实现床与桌子的切换。居家办公类的设计响应大多以家庭办公室作为远程办公的载体,在办公室的使用中预留远程办公的可能性,另一种模块化的预装配办公舱也出现在居家远程办公的案例中,如放置于房屋后花园中以期解决英国伦敦等地人们对低成本远程工作空间的需求。

3.导则摘录

搜集整理成库的案例多关注社区或建筑等中微观尺度的设计响应,尚未涉及宏观尺度的实践现状,因此笔者进一步对响应远程办公趋势的设计导则及指南进行了系统性的检索摘录。通过谷歌搜索引擎以("Remote Work" OR "Telework") AND ("Design Handbook" OR "Design Guidelines")为检索式搜索各城市政府相关部门、其他相关组织或机构的官方网站,下载设计导则或报告,摘录其中响应远程办公趋势的具体措施,剔除非设计响应的导则条目,以此总结城市层面对远程办公趋势的响应路径。

经检索、筛选与分类共获得7条导则内容(表2)。国外城市设计导则在"交通响应"(如2010年美国科罗拉多州的"Transit Village Area Plan"计划)与"制度响应"(如2017年加拿大皮克林的中心区城市设计导则)层面的回应起步较早,而在空间响应层面的措施则相对较晚,2019年新加坡的CBD复兴计划中提出提高容积率以创造混合用途社区,适应远程办公人群需求的措施,2020年后苏格兰格拉斯哥市、爱尔兰、意大利特伦托市等国家和城市的设计导则中陆续出现为远程办公者提供场所支持的政策,例如大力投资远程办公基础设施、建立远程办公实践社区等,但尚未出现在城市定位或城市功能分区方面的响应实践。国内的设计响应实践较国外更晚,数量更少,仅在2020年中国广州的《广州市共有产权住房规划建设导则(试行)》中提到"周边缺乏办公场所或邻近创业创新区域的居住区,可适当考虑设置一定面积的共享办公场所"。

三、结论与展望

1.针对远程办公趋势的设计响应现状特征

随着后疫情时代远程办公逐渐成为新趋势,针对远程办公的设计响应也不断浮现。本文通过文献梳理、案例搜集与导则摘录的方法,系统整理了响应远程办公的实践发展现状。结果表明,在文献层面针对远程办公趋势的设计响应可被划分为城市、社区及建筑三个尺度,具体包含调整城市定位及城市功能分区,推动社区营造多样性与可步行性、社区土地利用混合化、社区发展可持续化,促使建筑办公空间共享化、第三空间办公化等类型;在案例层面已有响应实践涵盖社区功能混合及多样发展、建筑办公与多种

表1　　结构化案例提取要素

基本信息	ID	案例库中的序号
	案例名称	设计案例名称
	设计主体	设计主体名称
	设计时间	设计建成时间
	项目地点	设计案例具体地点
	设计说明	对方案简要陈述
	设计类型	新建或改造
	设计来源	案例网址
设计响应	响应类型	城市规划、社区及园区规划、建筑功能布局、居家办公或第三空间办公
	具体措施	体现远程办公理念的核心设计措施

表2　　响应远程办公趋势的导则摘录

时间	国家/城市	政策/计划	具体措施及目标
2019	新加坡	Central Business District（CBD）Incentive Scheme	在远程办公背景下为房地产开发商提供了更高的容积率以创造混合用途社区
2020	苏格兰格拉斯哥	City Centre Living Strategy	重新利用商业建筑空置楼层来适应灵活办公与远程办公的需求
2020	英国伦敦	Affordable Workspace for Shoreditch	改造车库和市政建筑并减少租金来为自由职业者等提供工作空间
2020	中国广东广州	《广州市共有产权住房规划建设导则(试行)》	为周边缺乏办公场所或邻近创业创新区域的居住区考虑设置一定面积的共享办公场所以满足网上远程办公需求
2020	美国加利福尼亚州	Enso Village Transportation Demand Management Plan	提供远程工作基础设施，如互联网连接的工作空间、会议室和视频会议功能
2021	爱尔兰	Our Rural Future	投资远程办公基础设施、将空置建筑用作远程办公中心、在一些地区城镇试点设立联合办公和轮用办公桌中心
2021	意大利特伦托	Teleworking strategy	为远程办公人员提供培训、建立远程办公实践社区、促进办公数据共享和协作虚拟环境等

功能混合、远程办公功能独立、联合办公空间模式创新、模块化家具设计等实例，这在中微观尺度上呼应文献中涉及的响应类型；在导则层面已有指南主要从提供共享办公场所、新建远程办公基础设施、建立远程办公社区等更微观的角度响应远程办公趋势，尚未出现以"远程办公"作为城市定位或调整城市功能分区的实践响应。

2.针对远程办公趋势的设计响应应用展望

面向未来，针对远程办公趋势的设计响应现状梳理为理论研究工作者提供了充分的现状基础。例如，学者可以选取案例库中的特定项目评估某类空间的使用状态及用户反馈，以此为例调研远程办公群体行为模式，或针对具体城市设计导则探究政策落实情况、制度影响范围等问题。针对远程办公趋势的设计响应现状研究为学者及城市居住者们认识并了解新城市现象的发展现状提供了客观图景，并为后续开展相关实证研究提供了更多可探索的空间。

参考文献

[1]刘松博，程进凯，王曦. 远程办公的双刃剑效应：研究评述及展望[J]. 当代经济管理，2023，45（4）：61-68.

[2]AGUILERA A, LETHIAIS V, RALLET A, et al. Home-based telework in france: characteristics, barriers and perspectives[J]. Transportation Research Part A：Policy and Practice, 2016, 92：1-11.

[3]SALON D, MIRTICH L, BHAGAT-CONWAY M W, et al. The COVID-19 pandemic and the future of telecommuting in the united states[J]. Transportation Research Part D: Transport and Environment, 2022, 112: 103473.

[4]PALETI R. Generalized extreme value models for count data: application to worker telecommuting frequency choices[J]. Transportation Research Part B: Methodological, 2016, 83：104-120.

[5]LOO B P Y, WANG B. Factors associated with home-based e-working and e-shopping in nanjing, china[J]. Transportation, 2018, 45(2)：365-384.

[6]KIM J, HENLY J R, GOLDEN L M, et al. Workplace flexibility and worker well-being by gender[J]. Journal of Marriage and Family, 2020, 82(3): 892-910.

[7]O'BRIEN W, ALIABADI F Y. Does telecommuting save energy? A critical review of quantitative studies and their research methods[J]. Energy and Buildings, 2020, 225: 110298.

[8]VADDADI B, RINGENSON T, SJÖMAN M, et al. Do they work? Exploring possible potentials of neighbourhood telecommuting centres in supporting sustainable travel[J]. Travel Behaviour and Society, 2022, 29: 34-41.

[9]ELLDÉR E. Telework and daily travel: New evidence from Sweden[J]. Journal of Transport Geography, 2020, 86: 102777.

[10]BURCHELL B, REUSCHKE D, ZHANG M. Spatial and temporal segmenting of urban workplaces: the gendering of multi-locational working[J]. Urban Studies, 2021, 58(11): 2207-2232.

[11]冯静，甄峰，王晶. 西方城市第三空间研究及其规划思考[J]. 国际城市规划，2015，30（5）：16-21.

[12]HELMINEN V, RISTIMÄKI M. Relationships between commuting distance, frequency and telework in Finland[J]. Journal of Transport Geography, 2007, 15(5): 331-342.

[13]杨德进. 大都市新产业空间发展及其城市空间结构响应[D]. 天津：天津大学，2012.

[14]GLACKIN S, MOGLIA M. Working from home in Australian cities as a catalyst for place-making?[J]. Journal of Urbanism: International Research on Placemaking and Urban Sustainability, 2022: 1-26.

[15]ZENKTELER M, FOTH M, HEARN G. Lifestyle cities, remote work and implications for urban planning[J]. Australian Planner, 2022, 58(1-2): 25-35.

[16]ALIZADEH T. Urban design in the digital age：a literature review of telework and wired communities[J]. Journal of Urbanism: International Research on Placemaking and Urban Sustainability, 2009, 2(3): 195-213.

[17]HOUGHTON K, FOTH M, MILLER E. Urban acupuncture: hybrid social and technological practices for hyperlocal placemaking[J]. Journal of Urban Technology, 2015, 22(5): 3-19.

[18]ZENKTELER M, FOTH M, HEARN G. The role of residential suburbs in the knowledge economy: insights from a design charrette into nomadic and remote work practices[J]. Journal of Urban Design, 2021, 26(4): 422-440.

[19]KAWAI Y. Work/Life community by telework—possibilities and issues in the case of loma linda[J]. Journal of Green Building, 2008, 3(2): 128-139.

[20]唐康硕，张淼，王翊加. Office3.0，另一种方式的共享办公[J]. 城市建筑，2016（4）：35-37.

[21]李垚，夏杰长. 共享办公空间：动因、趋势与建议[J]. 学习与探索，2019（3）：124-131+176.

[22]项振海，黄哲，李志刚. 众创空间的内涵、功能搭建与机制：对广佛智城的实证[J]. 规划师，2016, 32（9）：18-23.

[23]李伟健，吴其正，黄超逸，等. 智慧化公共空间设计的系统性案例研究[J]. 城市与区域规划研究，2023, 15（1）：31-46.

[24]ATHANASIADOU C, THERIOU G. Telework: systematic literature review and future research agenda[J]. Heliyon, 2021, 7(10): e08165.

作者简介

夏俊豪，清华大学硕士研究生；

龙　瀛，清华大学教授。

城市设计与城市更新
Urban Design and Urban Renewal

基于公园城市理念的有机更新规划探索
——以成都武侯华西坝更新单元城市设计为例

Exploration of Organic Renewal Planning Based on Park City Concept
—Taking Chengdu Wuhou Huaxiba Renewal Unit as an Example

张运新　陈晶莹　路　静
Zhang Yunxin Chen Jingying Lu Jing

[摘　要]　我国已进入增存并举有机更新的新阶段，对城市更新提出新的要求，在成都践行新发展理念的公园城市示范区背景下，如何将城市更新与公园城市理念相结合，解决老城区发展现实问题成为重中之重。本文从有机更新特征出发，构建基于公园城市理念的有机更新五元规划策略，探讨以更新单元作为成都老城区整体关联性管控手段，并应用于成都华西坝更新单元的城市设计中，通过更新单元五元策略实现规划传导，以期为新时代下老城区有机更新提供借鉴。

[关键词]　公园城市；有机更新；更新单元；五元策略；华西坝

[Abstract]　China has entered a new stage of organic renewal with both increase and storage, which puts forward new requirements for urban renewal. It has become a top priority to solve the development issues of old urban areas in Chengdu, and figure out how to combine urban renewal with the park city concept in the demonstration area. This paper starts from the characteristics of organic renewal, constructs the five-element planning strategy based on the park city concept, explores the use of regeneration units as a means of overall relevance control in Chengdu's old urban areas, and applies it to the urban design of Chengdu's Huaxiba renewal unit. With the five-dimensional strategy realizing planning transmission, it is expected to provide a reference for the old city organic renewal in the new era.

[Keywords]　park city; organic renewal; renewal unit; five-element strategy; Huaxiba

[文章编号]　2025-98-P-066

一、引言

国内城市发展进入由增量推动到增存并举转型的新时代，城市更新作为城市发展过程中必须经历的关键环节，在规划过程中面临公共资源短缺、历史文化湮灭、产权关系复杂及规划实施脱节等现实问题，迫切需要寻求一套解决更新多元需求的系统性规划方法。2020年1月，习近平总书记在中央财经委第六次会议再次明确，大力推动成渝地区双城经济圈建设，支持成都建设践行新发展理念的公园城市示范区。成都老城区以提升空间治理效能，推动城市有机更新为抓手，建设公园城市示范城区，实现人、城、境、业高度和谐统一的公园城市有机更新目标。2021年8月《成都市公园城市有机更新导则》发布，以高质量发展、高品质生活和高效能治理为导向，形成成都有机更新规划共识。本文以华西坝更新单元为例，通过对更新问题的诊断，从整体、连续和动态三个视角切入，以城市设计为手段建构有机更新整体性方法，探索实践公园城市理念的老城区有机更新规划路径。

二、老城区有机更新规划策略研究

1.国内有机更新导向

如今国内城市发展已进入以人民为中心和高质量发展的转型期，更加强调城市综合治理能力和生活品质的提升，呈现出多维价值、多元模式、多学科探索和多层级治理的新局面。总体呈现三大导向：首先，强调多元主体参与更新，充分发挥政府、私营企业、等多方力量，推动多元主体参与更新；其次，突出绿色发展理念，增强城市的安全性、韧性和可持续性；最后，强调TOD模式驱动更新，以轨道站点引导片区再开发。

2.成都老城区有机更新特征

目前成都正在践行新发展理念的公园城市示范区建设，老城区更新面临更新利益平衡分配、实施主体产权、人文环境价值转化几大主要问题。作为回应之一，公园城市理念的有机更新，主要关注城市中人的感受、城市空间、环境品质、经济繁荣、社会民生五个方面，进而引领城市更新关注重点向高质量产业业态、高品质美好生活、有韧性城市空间方向转变。

3.基于公园城市理念的有机更新规划策略

结合国内及成都城市更新现状及价值导向，以公园城市理念贯穿整体规划设计，围绕人、城、境、业四大指标体系，确立体现公园城市理念的四大更新目标，包括产业生态培育升级、强化文脉保护与传承、高品质公共空间供给和多元主体共建共治。从强调整体关联性的视角切入，科学分析评价城市更新中的产业、文化、环境、配套、社会"五元"价值，提出成都公园城市老城区由升级业态、传承人文、改善环境、完善配套及加强治理组成的整体性五元规划策略，推动老城区高质量发展、高品质提升及高效能治理。

4.基于更新单元作为老城区更新规划关联性传导

依据更新单元划定基本管控单元，突破宗地开发局限，通过统筹平衡片区内空间资源，建构基于有机更新价值体系的关联性引导方法。

通过以更新单元为工具强化关联性四大联动策略。一是通过容积率转移平衡手段实现空间要素整合优化，规划在轨道交通站点周边有开发条件的地块实现容积率的上浮。二是在周边开发潜力地块进行容积率转移，力求释放城市核心节点开发规模，平衡调控开发建筑总量，实现资源配置最优化。三是在更新单元空间内，面对复杂权属关系，在既有更新法律法规体系下，明确利益分配机制，以"更新单元"为平台，规划全面地建立多专业协作工作组织模式，以"控制规划设底线，产业策划给路径，公众参与求认同"的工作体系，将城市设计作为整合多种技术资源、鼓励公众参与和协调多方意图的综合平台，实现空间资源的合理分配。四是保障公共服务设施的供给，以解决严重影响居民安全和居住功能的问题为重点，补齐公共服务设施短板。

三、华西坝更新单元有机更新规划实践

华西坝更新单元项目北起锦江，南至一环路，东起新南路，西至浆洗街，规划总用地约2.71km²。华西坝更新单元位于成都中轴线人民南路和锦江绿廊交会之处，是成都天府锦城"八街九坊十景"中的一坊，传承近代百年华西历史文化，同时也是成都武侯区"三个做优做强"重点片区的环华西国际智慧医谷片区的核心组成部分。

1.基于时空感知大数据的问题导向分析系统

本次规划应用网络舆情语义分析、分时交通场景模拟、像素语义分割、POI数据分析和Wi-Fi探针等多元大数据信息，精准分析城市动态时空行为特征。规划通过五元大

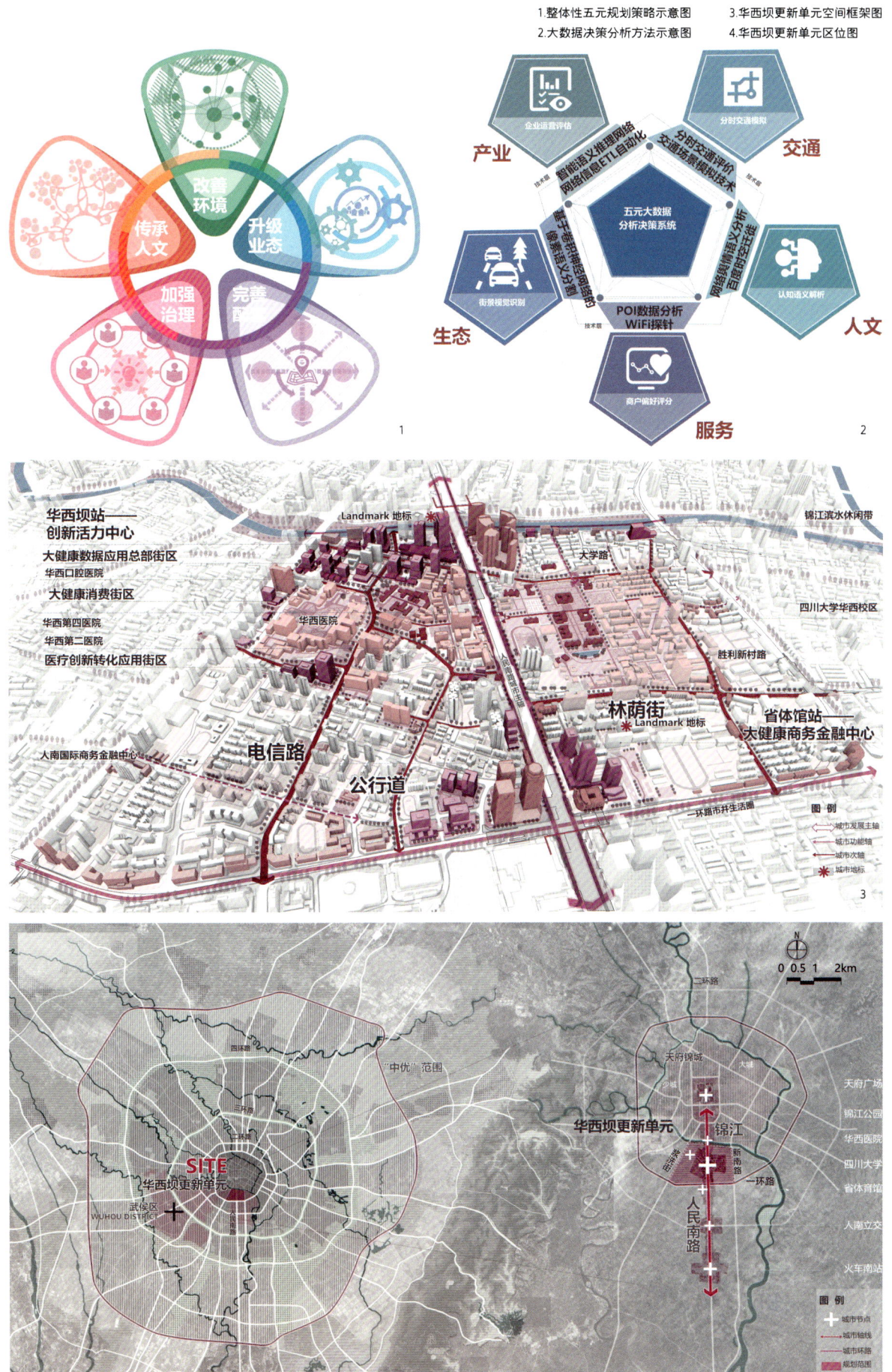

1.整体性五元规划策略示意图　3.华西坝更新单元空间框架图
2.大数据决策分析方法示意图　4.华西坝更新单元区位图

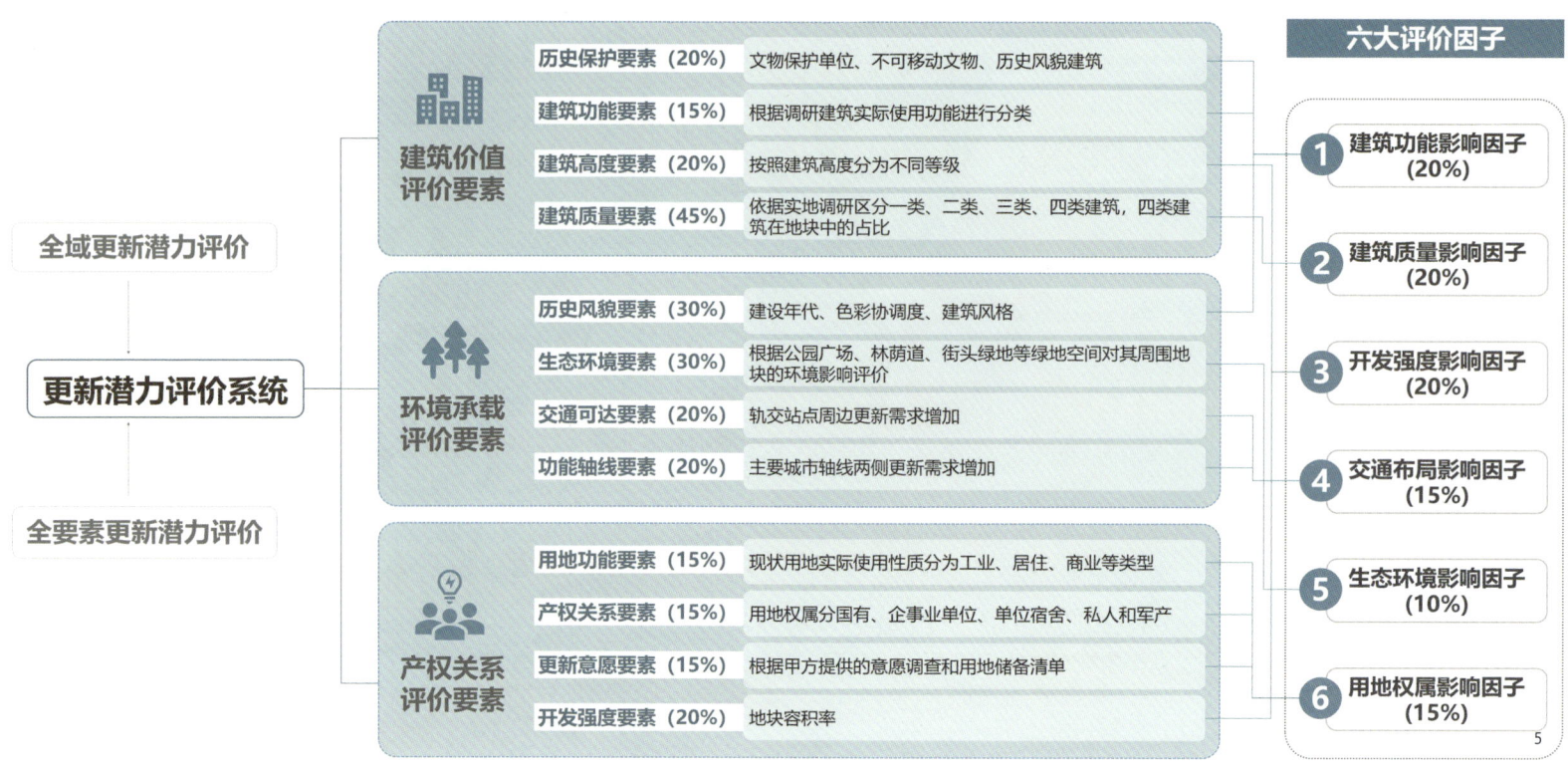

5.更新潜力评价因子分析图
6.华西坝更新单元总平面图
7.华西坝更新单元鸟瞰效果

数据分析决策系统,针对企业经营评估、分时交通模拟、街景感知识别、认知语义解析及商户偏好评分等内容对华西坝单元核心要素问题进行时空分析。通过全时段多要素数据分析,高效识别在地人群及企业商家驻留偏好和行为活动方式,进而分析城市产业、道路交通和街道绿化空间的分布特征及使用问题,以及对在地主体在既有建成环境特定的使用需求和更新诉求,为更新规划提供更精准化的决策支持。

2.升级业态——评估更新方式激活产业发展空间

本次规划提出"百年华西坝、医疗健康城"的规划目标,形成"健康服务创新中心、百年华西人文园区、幸福美好公园社区"三大功能定位。

规划提出以核强产、以轴串心、以带筑景、以环营区的整体性规划结构。以核强产强调围绕华西医院推动医美健康创新要素集聚,实现医美创新发展;以轴串心强化人民南路城市中轴南北两个轨交站点节点塑造和沿线华西人文特色营造;以带筑景强调提升锦江滨水生态价值,打造华西坝人文步行街;以环营区强调以华西院校打造健康活力环,实现健康社区共享共治。四项措施有机结合,以期将片区打造成为体现地域特色、时代精神和人文活力的城市空间。

基于老城区存量空间和增量空间并存的特点。本次城市设计首先以有机更新方式进行引导。以问题为导向明确更新目标,实现从大拆大建开发模式到"留改拆"并举的城市更新模式转变。根据现状建筑信息进行全要素资源整理和识别、评价和确认。

现状梳理采用多维决策矩阵方法,建立基于全域资源识别与全要素评价的更新潜力评价系统,识别保护要素并判断更新潜力。综合平衡各利益主体诉求,并通过GIS技术,对建筑质量、公共空间、用地权属、交通布局、功能属性、历史保护和容积率七大类影响因子对既有建筑状况进行分析评价,对建筑进行理性研判评价,确定现状保留、优化改建、拆旧建新三类建筑,并提出留改建三类建筑提出相应的更新方式。现状保留建筑通过原真保留和功能优化实现提升,优化改建建筑通过功能置换、宜居改建、修缮翻新三种方式得以实现,以进一步优化重大机遇产业和公共资源布局。两个产业中心通过单元总量平衡,实现容积率转移,最大化发挥空间价值,提升产业业态,强化两个TOD产业中心及三大产业街区,实现高端医疗健康产业链联动布局。

3.传承人文——关联历史空间构建整体展示体系

华西坝作为"八街九坊十景"中一坊,传承百年华西历史文化,以华西坝历史文化风貌区为核心,构建"丰"字形整体性文化全景感知体系,连接散点历史资源,突出"保护利用+场景展现"展示手段,建构关联性历史文化空间体系,实现历史性城市景观的系统性保护。强调对历史文化建筑与周边共生环境的融合,在面向华西校区"医学城堡"形成梯度布局,营造环大学友好而具有层次的界面。打造人民南路人文景观轴,通过三个节点展现百年华西文化,实现历史建筑和未来空间的对话,展现古今呼应文化场景。

4.改善环境——增加绿地空间完善蓝绿生态网络

单元内绿地空间紧张,现状规划范围内人均绿地面积仅0.2m²,主要由用地空间紧张、政府财政短缺及规划实施割裂三大因素导致,规划通过构建蓝绿生态网络,设计六类绿地提高公园服务半径覆盖率,通过增加街头游园、口袋公园,有效提高公园绿地服务半径覆盖率至85%。同时结合新建地块创新性提出配建公共绿地,即在公共开放空间服务未能覆盖、法定图

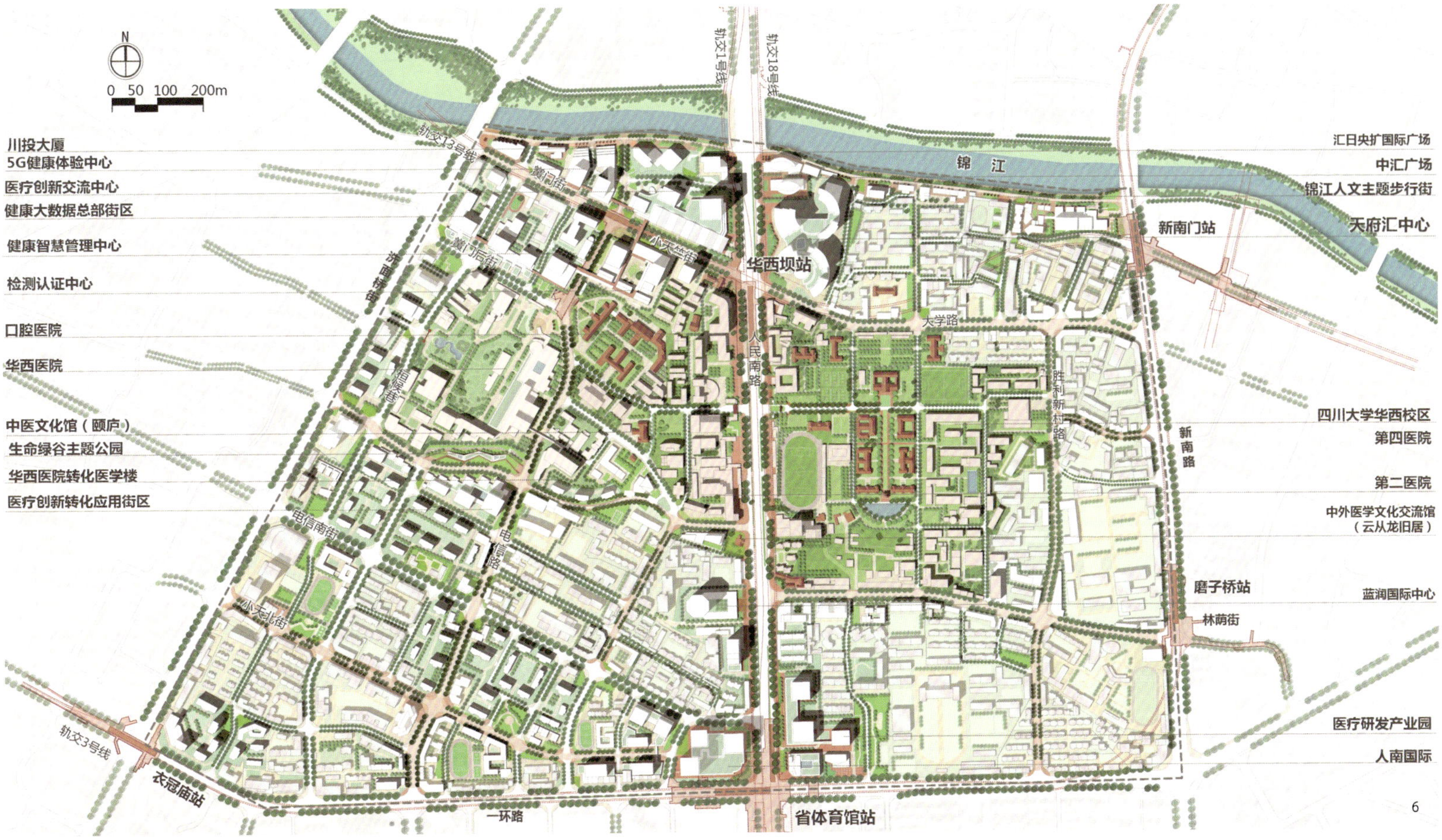
N
0 50 100 200m
川投大厦
5G健康体验中心
医疗创新交流中心
健康大数据总部街区
健康智慧管理中心
检测认证中心
口腔医院
华西医院
中医文化馆（颐庐）
生命绿谷主题公园
华西医院转化医学楼
医疗创新转化应用街区
汇日央扩国际广场
中汇广场
锦江人文主题步行街
天府汇中心
四川大学华西校区
第四医院
第二医院
中外医学文化交流馆
（云从龙旧居）
蓝润国际中心
医疗研发产业园
人南国际
锦江
轨交1号线
轨交18号线
轨交13号线
轨交3号线
新南门站
华西坝站
磨子桥站
林荫街
衣冠庙站
省体育馆站
一环路
人民南路
新南路
大学路
胜利新村路
电信南街
6

7

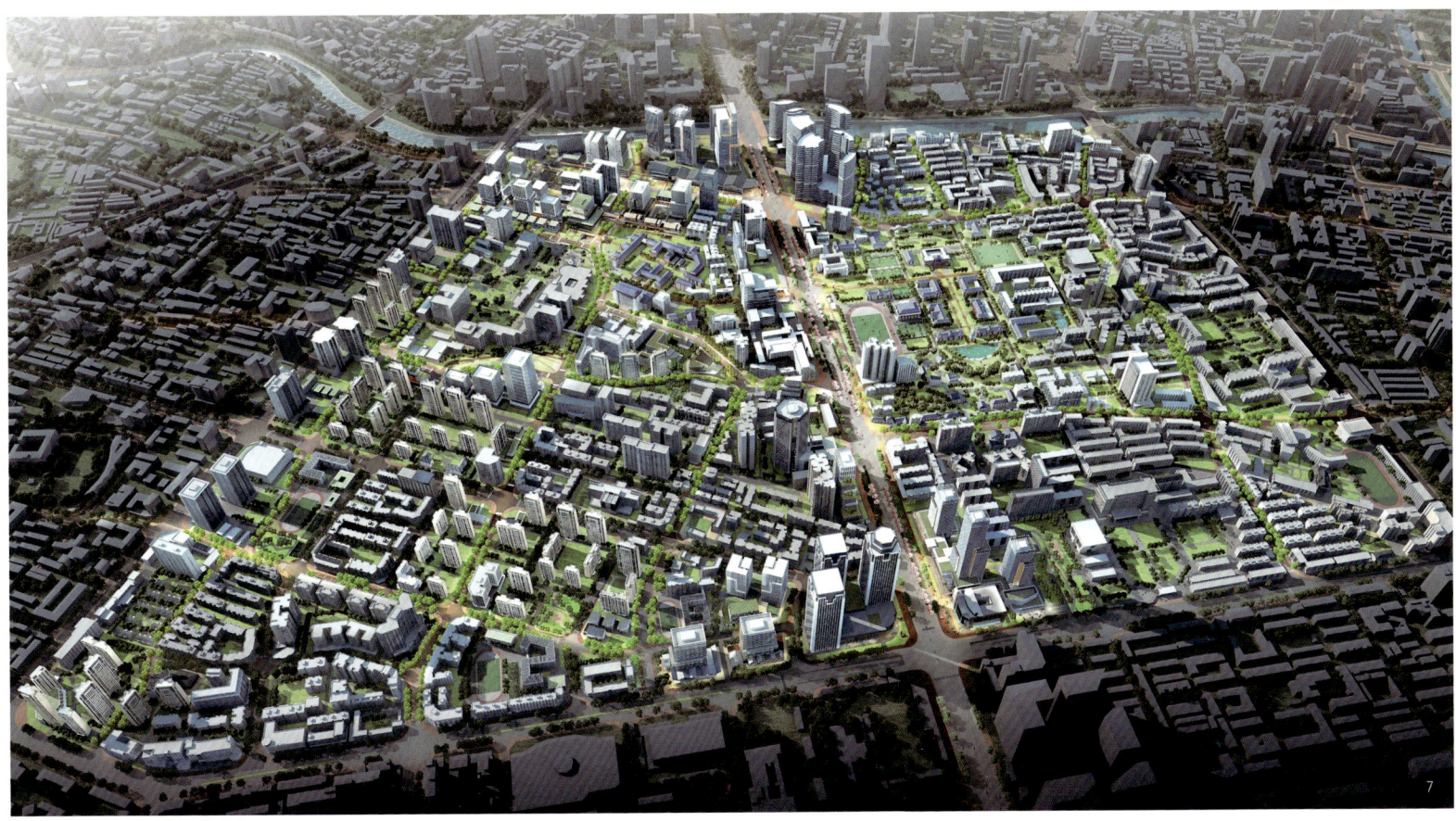

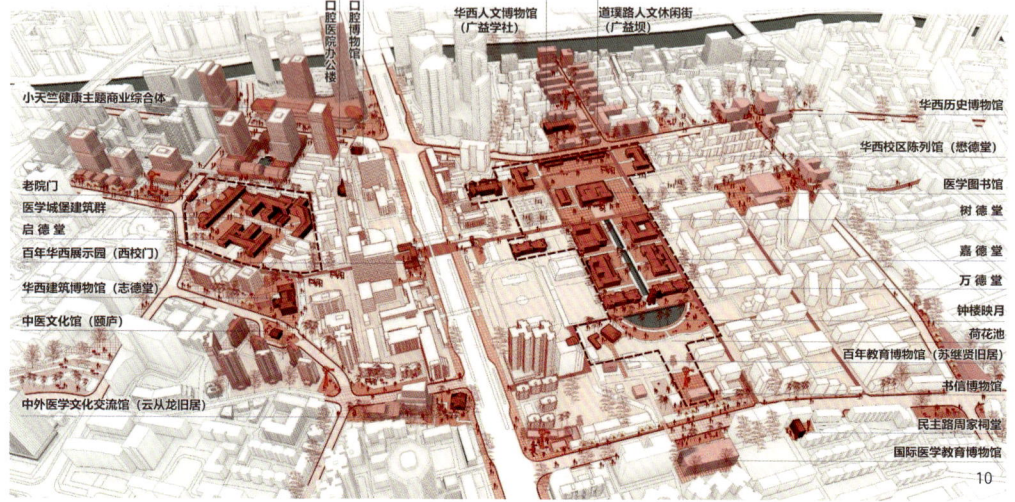

则也没有规划公共开放空间用地的区域，设置非独立占地共享绿地。全区共增加绿地46块，进一步提高公园覆盖率至95%，挖潜城市空间活力，并提出配建公共绿地布局导引，对面积、进深、边界提出了指引要求，保证绿地好用、实用，在近期建设地块控制性详细规划中进行落实，全过程动态修正控制性详细规划用地方案，并指导建筑实施方案，保障公共空间落实。

5.完善配套——针对主要人群补短板、提品质

规划以人作为场景营造的主语，通过营造集价值导向、地域文化、美学体验和精神归属等于一体的城市空间场景，满足人民对美好生活的向往，分析华西坝单元内的人群画像，营造多样场景空间。

针对原住人群，以公园城市基本公共服务圈要求补齐生活配套短板，公共服务配套设施分为社区管理、医疗养老、文化体育和商业服务四大类，在社区综合体进行集中设置。针对就医人群，提升就医环境，优化组织生命通道流线，构建轨交站点与医院的地下复合通道。此外充分考虑医患人群的心理因素，尽最大可能提供外部优美的景观环境，在华西医院南端，通过对城市生态空间和活力空间的营造突出对住院人群的人文关怀。

6.加强治理——实践公众参与实现社区共同缔造

针对单元内原住人群，践行幸福生活共同缔造理念，营造充满烟火气的社区活力场景，通过五条社区活力街道更新，以及公众参与方式来实现宜居社区的共同缔造，近期实施小天北街、公行道街道两条街道，探索参与式规划路径，设计中采用"菜单式选择"的方式，让在地居民、商户参与个性化方案设计，形成共建共治共享的新范式。

四、传导与实施

规划通过城市设计与控制性详细规划进行衔接，结合老城区增存并举特点，构建精准有效的建设管控传导机制，结合更新单元划分，增加特定意图区附加图则。

目前规划实施正有序推进，大学路城市微更新项目已基本完工，礼仪职中产业楼宇、东华机械厂居民回迁安置房、社区综合体、电信路公服配套等有机更新项目也已集中开工。

五、结语

中国城市发展正从粗放式增量扩张向精细化内涵提升转型，城市更新模式也从"大拆大建"走向"有机更新"转型，成都市华西坝更新单元城市设计项目实践，以高质量发展、高品质生活和高效能治理为导向，以人民幸福美好生活为中心，从有机更新实际问题出发，以更新单元为整体关联性传导，构建基于有机更新的五元整体性规划策略，保护历史文化，注入城市活力，充分注重人文关怀和美好生活营造，以期为成都践行公园城市新理念提供借鉴。

参考文献

[1]程慧，赖亚妮.深圳市存量发展背景下的城市更新决策机制研究：基于空间治理的视角[J].城市规划学刊，2021（6）：61-69.

[2]于洋.面向存量规划的我国城市公共物品生产模式变革[J].城市规划，2016，40（3）：15-24.

[3]迟英楠.上海旧区更新改造的规划策略与机制研究[J].上海城市规划，2021（4）：66-71.

[4]邓艳，吴克捷，孟令君.轨道车站一体化建设带动城市更新的实施路径探索[J].城市发展研究，2021，28（6）：8-12.

作者简介

张运新，上海同济城市规划设计研究院有限公司城市设计研究院副总规划师，城新所所长，高级工程师，注册城乡规划师；

陈晶莹，上海同济城市规划设计研究院有限公司城市设计研究院城新所，副主任规划师，高级工程师；

路　静，上海同济城市规划设计研究院有限公司城市设计研究院城新所，主创规划师。

8.留改拆三类更新建筑分布图
9.TOD引导的产业空间优化图
10.关联性历史文化空间体系图
11.环华西医学城堡效果图
12.锦江步行街效果图
13.华西医院南侧景观场景营造效果图

面向实施的城市设计探索
——以长沙三一科学城城市设计为例

Implementation-Oriented Urban Design Exploration
—Take the Urban Design of Changsha Sanyi Science City as an Example

陈蕾蕾 朱郁郁
Chen Leilei Zhu Yuyu

[摘　要] 在高质量发展的新阶段，城市设计成为新时期城市工作的重要议题，走向实施导向是近年来的重要趋势。因此，本文以长沙三一科学城为例，提出了实施导向城市设计的探索。坚持价值目标导向、问题导向与实施导向结合的设计思路，重点探索了为人的设计、价值的设计、接地的设计、管用的设计四大工作路径，实现从概念性设计走向实施性设计的范式转变。聚焦目标人群特征和生活就业需求，塑造与其相适应的功能与场景。通过城市设计的方法重塑场地价值，形成片区更新与开发的底层逻辑。巧妙利用现状高差，实现城市设计与工程设计的精巧结合。通过城市设计与控规编制联动，以导则为连接点，实现了设计意图、实施管控以及开发运营的贯通。

[关键词] 实施导向；城市设计；控规联动；长沙三一科学城

[Abstract] In the new stage of high-quality development, urban design has become an important issue of urban work in the new era, and it is an important trend to move towards implementation orientation in recent years. Therefore, this paper takes Changsha Sanyi Science City as an example to put forward the exploration of implementation-oriented urban design. Adhering to the design idea of combining value goal orientation, problem orientation and implementation orientation, it focuses on exploring four working paths: human-oriented design, value design, grounding design and effective design, and realizes the paradigm change from conceptual design to implementation design. The paper also focuses on the characteristics of the target population and the needs of life and employment, and shape the corresponding functions and scenes. Through the method of urban design, the value of the site is reconstructed, and the underlying logic of the renewal and development of the area is formed. Ingenious use of the current height difference to achieve the exquisite combination of urban design and engineering design. Through the linkage of urban design and control planning, with the guidelines as the connection point, the design intention, implementation control and development operation are realized.

[Keywords] implementation orientation; urban design; control and regulation linkage; Changsha Sanyi Science City

[文章编号] 2025-98-P-072

一、引言

在城市由高速增长变为高质量发展的转型背景下，城市设计的关注度日益提高。2015年底，中央城市工作会议明确指出要"全面开展城市设计"。2017年颁布的《城市设计管理办法》中指出，城市设计是落实城市规划、指导建筑设计、塑造城市特色风貌的有效手段，贯穿于城市规划建设管理全过程[1]。城市设计在引导城市发展、塑造城市风貌和指导建筑实施方面发挥着不可替代的作用。

但是由于城市发展的不可控，城市设计类型多样，没有明确的规范和标准[2]，城市面临着管理不当、风貌缺失等问题[3]，希望通过以实施为导向的城市设计，进行动态调节，积极主动地引导城市发展[4]，实现城市设计与控制性详细规划一体化联动，弥补控规层面的技术缺项[5]。实施导向的城市设计成为近年关注的热点，全过程陪伴式成为城市设计的新趋势，总师制也成为现在片区开发的新动向。本文希望通过长沙三一科学城城市设计实践探索实施层面的城市设计，并与控规修改协同联动编制，最大限度地保障整体项目实施与推进。

二、三一科学城项目背景与现状问题

根据《中共长沙市委 长沙市人民政府关于全力建设全球研发中心城市奋力打造具有核心竞争力的科技创新高地的实施意见》，长沙将加快建设湘江科学城和自贸区长沙片区两大创新集聚区。长沙三一科学城位于湖南自贸试验区集聚区的核心区位，既是三一集团发源地和湖南工程机械产业地标，也是长沙实践"三高四新"战略、建设湖南自贸试验区的先行区，更将成为长沙建设全球研发中心城市的战略支点。

面对已基本建成的旧工业区，如何实现更高的发展目标、承载更高端的功能成为规划的主要问题。因此，规划提出要实现三个转变：第一，从生产主导转向创新主导，三一科学城现状以生产功能为主，未来结合工业更新向创新转变，承载高端功能，实现功能升级；第二，从工业厂区转向综合城区，范围内现状是一个典型的工业厂区，呈现大街区、大工业、旧厂房的特征，未来空间场景营造将由"为产"向"为人"转变，实现空间升级；第三，从服务工人转向服务工程师，范围内现状人群以生产工人为主，结合创新转型，未来目标人群聚焦于制造业工程师。

三、三一科学城城市设计核心内容

1.形成了一个可感知、在地化的设计理念

城市设计以"一树烟火三重境"为总体空间愿景。"三一之树"，营造"一树烟火，一城繁华"的未来图景。一是打造传承三一精神的历史根基和引领未来发展的创新种子。二是展现"长沙烟火"，既能让人们体味到长沙熟悉的市井烟火，也能使城市迸发出如烟火璀璨的创新活力。

构建见自然、见生活、见未来三重意境。一境见自然，塑造立体渗透的无边风景，以中央绿轴为核心，打造"公园溶解"的全维度无边风景。一境见生活，营造无处不在的活力场景，以多层次的中央活力街区，打造24小时"不夜街区"。一境见未来，实现

1. 三一科学城鸟瞰效果图　　3. 三一科学城卫星像片图
2. 三一科学城城市设计平面图　　4. 三一科学城空间愿景分析图

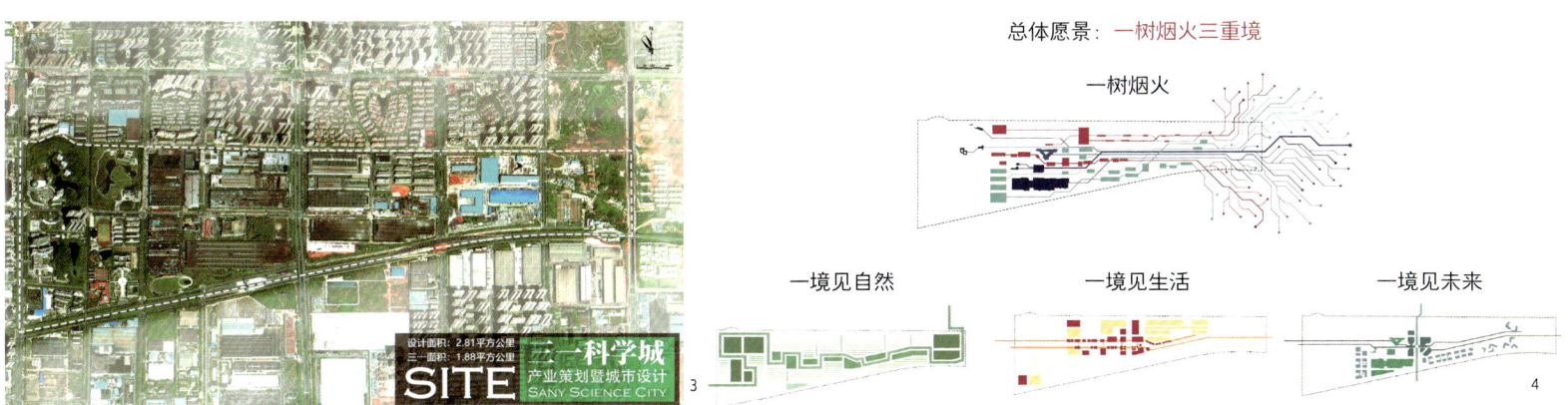

总体愿景：一树烟火三重境

一树烟火

一境见自然　　一境见生活　　一境见未来

5.十字公园效果图　　7.超级平台效果图　　9.时光秀场效果图
6.三一科学城中央森林效果图　　8.三一科学城中央森林效果图

引领世界的成长愿景，塑造实践未来硬核技术试验场和引领未来生活方式示范区。

2.创造了一条有惊喜感、可落地的核心轴带

规划打破板块各自封闭的场地特征，联动长沙创新发展的东西轴线。创新性地提出通过三一大道局部下穿，构建一条连续贯通、承载综合功能的公共轴带。以湖湘苑囿、中央森林、能量绿丘等特色鲜明的公园体系，结合三一路局部下穿，将地面还给自然，构建一条亲近自然的无边生态带。以多层慢行连廊串联交往、运动、休闲、创意等高密度服务的"烟火盒子"，形成多层次的活力街区，构建一条全时活力的长沙生活带。连接三一管理总部、超级平台、科学群岛等新老功能设施，构建一条跨越时空的未来创新带。

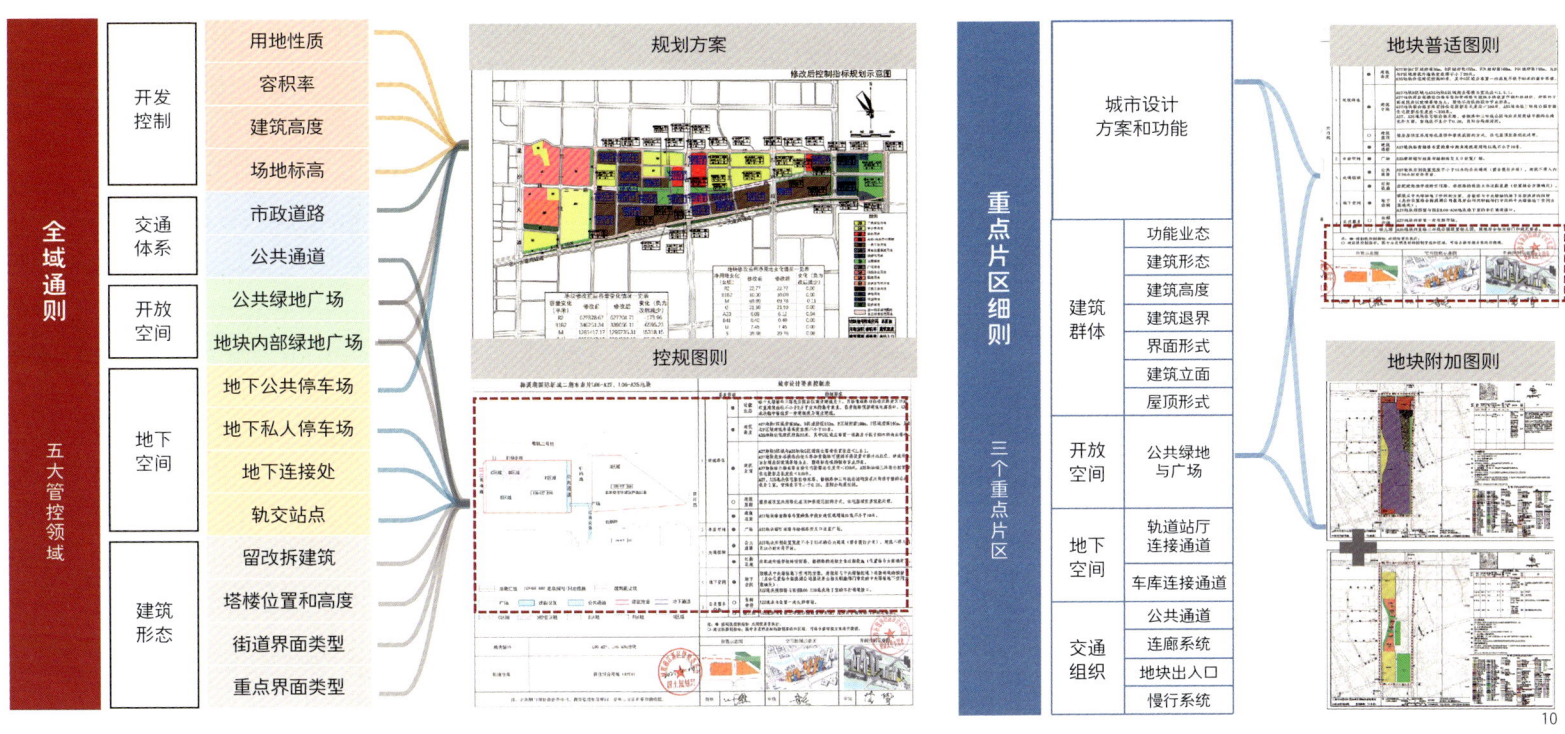

10.三一科学城传导框架示意图

3.构建了一系列标志性、高品质的重要节点

存续三一记忆，构建新老对话的"时光秀场"。改造原档案馆、食堂等，植入全球工程博物馆等开放性城市公共功能，保留灯塔工厂部分生产中试功能，并植入新品展示中心、三一T台等创新展示空间，提升企业和城市界面的展示性。

引领未来形象，打造立体精美的"超级平台"。顺应城市中心区、创新区高混合、强开放的趋势，以立体连廊体系串联"一大厦两中心"及周边地区，整体打造中部地区领先的科创企业集群。

彰显中国韵味，营造隐于闹市的"十字公园"。以两条街道断面优化整合现有四片分散的微丘绿地和水体，形成"四海"相连的无界城市山水。

4.探索了一套城市设计与控规调整联动的编制方法

面对建设推进的紧迫性，构建刚弹结合、主体分类、近远分期的管控框架，并联动控规实现城市设计方案的有效传导。通过城市设计的全域通则，传导至控规方案和普适图则，并通过重点片区细则，传导至控规地块普适图则和附加图则。

以内部绿地、公共通道等多种管控形式，最大程度保障城市设计核心公共空间的实现，以附加图则形式实现城市设计核心要素的法定化传导，并在调整过程中互相反馈优化，有效指导后续建设实施。

四、面向实施的城市设计关键路径

基于长沙三一科学城城市设计的实践，探索了面向实施的城市设计的关键路径。主要聚焦为人的设计、价值的设计、接地的设计和管用的设计四个方面。

1.为人的设计

聚焦湖南自贸试验区和长沙建设全球研发中心城市的新使命，围绕目标人群特征和生活就业需求，聚焦制造业工程师，结合其接地气、烟火气的特质，塑造与其相适应的功能与场景，探索规划助力城市高质量发展的新思路。

2.价值的设计

通过"战略、策划、设计、运营"一体化思维重塑场地价值，实现了功能、空间与机制的充分协同，探索了旧工业区城市更新的新模式，形成片区更新与开发的底层逻辑。通过本次规划有效推动了新型产业用地（M0）的政策试点，使三一科学城成为长沙第二个获批新型产业用地（M0）的地块。

3.接地的设计

设计变不利条件为有利条件，巧妙利用东四路两侧6.5m高差，提出立体分层、快慢有序的空间组织方式。形成三个标高层，66.5m标高层局部上盖，保证人行友好；59.5m标高层，衔接东四路，承担中心地区的到发功能；52.5m标高层疏解东西过境交通。通过三个标高层实现人行、到发、过境交通的分层组织，并节约了工程投资，实现城市设计与工程设计的巧妙结合。

4.管用的设计

通过"城市设计—市政设计—控规修改"联动编制，探索规划设计快速实施的新路径[6]。以城市设计为引领，协同控规修改工作和市政设计工作，构成并存支撑关系的规划体系。以城市设计导则为连接点，向上回溯，根据不同阶段的目标共识、空间结构、支撑系统、管控传导等内容，统一共识与目标，实现了设计意图、实施管控以及开发运营的贯通。以城市设计为核心搭建不同规划层次的相互校核平台，对城市空间、道路交通、基础设施、竖向等多个技术系统进行整合，最终以控规法定化落实。

五、结语

总体而言，城市设计有效引领了三一科学城的转型升级，并通过与控规编制的联动实现了有效实施，也为其他类似地区的规划建设提供了经验借鉴。

面向城市高质量发展的新时期，党的二十大报告提出："坚持人民城市人民建、人民城市为人民，提高城市规划、建设、治理水平"，城市设计应有新作

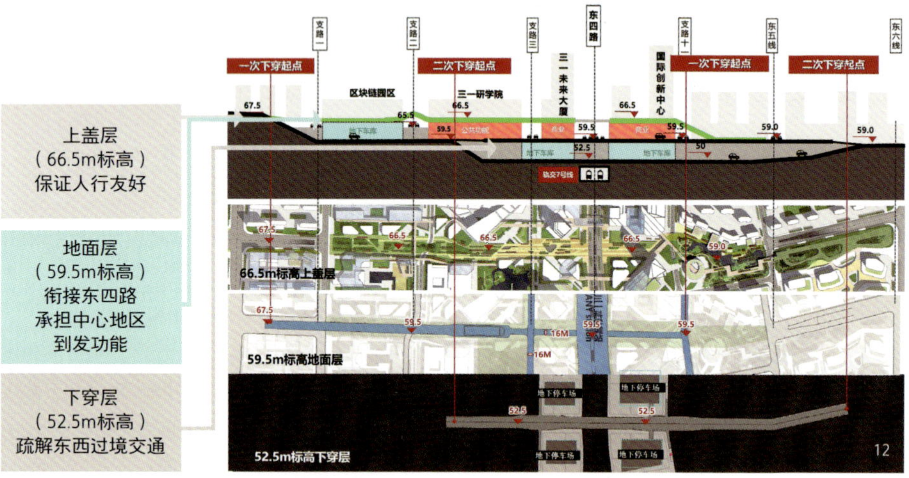

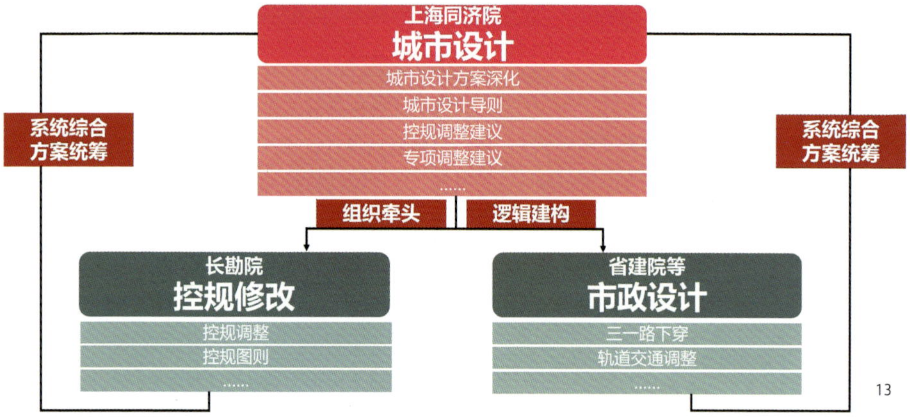

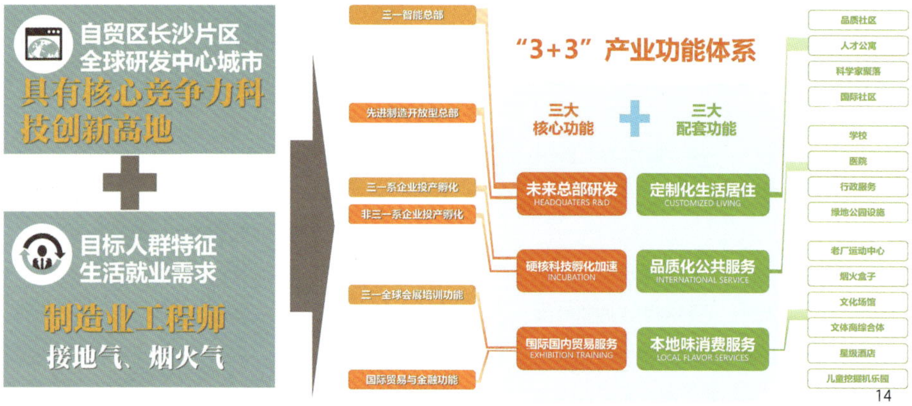

为，必须把握瞬息万变的城市发展机遇、妥善处理各种利益选择、提高管控干预效率。第一，以城市设计为先导，对建设成本、技术专项等进行预研和校核，主动将城市设计的空间形象愿景与法定规划和专项规划的技术理性相结合[7]，有助于更好地树立独具特色的空间形象。第二，指导实施，管控建设，发挥城市设计的管控干预优势，建立城市设计制度，全面协调统筹[8]。第三，从成果整合到过程融合。城市形态在本质上反映的是规划的运作过程，应当突破"成果整合"的范式，迈向设计与控规编制的"过程融合"范式[9]，从成果转译走向全程沟通，充分发挥城市设计对城乡规划的促进作用。

参考文献

[1]中华人民共和国住房和城乡建设部. 城市设计管理办法[J]. 中华人民共和国国务院公报，2017（28）：40-41.

[2]蔡震. 关于实施型城市设计的几点思考[J]. 城市规划学刊，2012（Z1）：117-123.

[3]卫建彬，黄志亮，林伊鸿，等. 精细化城市设计管控模式的比较研究[J]. 城乡规划，2022（1）：95-101.

[4]袁海琴，朱子瑜，叶芊. 行动导向的总体城市设计方法探索：以义乌为例[J]. 城市设计，2021（5）：26-33.

[5]朱子瑜，文爱平. 朱子瑜：让城市设计更好用、更管用[J]. 北京规划建设，2020（1）：184-188.

[6]刘勇，刘燕. 面向实施导向的一体化城市设计策略：以兰州市安宁中央商务区为例[J]. 规划师，2020，36（21）：78-83.

[7]邵典，杨俊宴，史北祥，等. 从设计蓝图到管控谱系：一种街坊尺度城市设计的精细转译方法研究[J]. 城市规划，2022，46（10）：56-70.

[8]柳应飞，亢德芝，洪孟佳. 规划评估视角下的实施性城市设计运行机制研究：以武昌滨江商务核心区为例[J]. 城乡规划，2022（1）：86-94.

[9]徐伟，崔益健. 实施为导向的城市设计一体化编制思路研究：以石家庄中央商务区城市设计为例[J]. 华中建筑，2020（5）：71-76.

作者简介

陈蕾蕾，上海同济城市规划设计研究院有限公司空间规划研究院院长助理，创新二所所长；

朱郁郁，上海同济城市规划设计研究院有限公司空间规划研究院院长，正高级工程师。

11.三一科学城现状竖向标高分析图
12.三一科学城立体分层空间组织分析图
13.三一科学城规划体系框图
14.三一科学城产业功能分析图

面向城市重点地区高质量综合开发的城市设计全流程方法创新与技术创新
——以深圳留仙洞总部基地为例

Whole Process Methodology Innovation and Technological Advances of Urban Design for High-Quality Comprehensive Development in Key Urban Areas
—A Case Study of the Liuxiandong Headquarters Base in Shenzhen

黄卫东　李连财
Huang Weidong　Li Liancai

[摘　要]　城市设计是贯穿城市重点地区高质量综合开发全过程的重要理念与方法。深圳留仙洞总部基地11年来的高质量规划建设是以城市设计为平台，采用"综合性城市设计+实施性城市设计+专项城市设计+隐性总设计师服务"全流程方式，贯穿片区总体规划设计—街坊开发规划—专项研究—规划实施管理全过程，创新规建管全过程城市设计工作方法和技术方法，并运用多元化新技术辅助城市设计，推动了留仙洞总部基地高质量的开发建设。

[关键词]　城市设计；全流程；重点地区；综合开发；深圳留仙洞总部基地

[Abstract]　Urban design is a crucial concept and methodology throughout the entire process of high-quality comprehensive development in key urban areas. The high-quality planning and construction of the Liuxiandong Headquarters Base in Shenzhen over the past 11 years is based on urban design platform. This approach involves a full-process methodology encompassing comprehensive urban design, implementation-oriented urban design, specialized urban design, and implicit overall designer services. It spans the entire process from district master planning to neighborhood development planning, specialized studies, and planning implementation management. This innovative approach to urban design methodology and technological methods has applied throughout the entire process of planning, construction, and management, and utilized diverse new technologies to assist in urban design, driving the high-quality development and construction of the Liuxiandong Headquarters Base.

[Keywords]　urban design; whole process; key urban areas; comprehensive development; Liuxiandong Headquarters Base in Shenzhen

[文章编号]　2025-98-P-077

一、城市设计全流程是保障城市重点地区高质量综合开发的重要方法

城市设计是贯穿国土空间总体规划、详细规划、专项规划、用途管制和规划许可等规划管理全过程的重要理念和方法[1]。当前，在城市中心区、交通枢纽区、商务中心区、产业园等城市重点地区规划中普遍运用城市设计方法。然而，目前重点地区城市设计实践多集中在规划设计阶段，未能全过程参与并串联从规划到实施的全过程，高质量设计无法有效传导到实施，城市设计价值未能显现，城市空间品质无法有效保障。因此，如何将城市设计作为精细化设计与治理手段[2]，实践"品控"导向下的"总设计师制"[3]，实现规划的战略引领、刚性管控和弹性实施[4]，应该深度探索城市设计参与规建管全过程的工作方法，保障重点地区高质量、高品质综合开发。本文以留仙洞总部基地城市设计的全流程实践为例，深度探讨全流程城市设计技术与方法。

二、留仙洞总部基地城市设计全流程实践

1.留仙洞城市设计全流程概况

（1）留仙洞总部基地发展要求

留仙洞总部基地总用地面积1.35km², 位于深圳大学城与高新区中间，紧邻西丽中心区和西丽枢纽，是深圳城市转型期重要的功能平台，承担了深圳城市品质提升、高新区优化升级、产业转型升级、科技创新驱动、园区开发建设创新、土地集约节约利用等多重使命，是深圳十二五规划确定的五大总部基地之一和23个新兴产业基地/集聚区之一，是2014年确定的深圳13个重点区域之一，集中代表了深圳城市宏观意志在空间上的微观投射反馈。这样一个在城市转型期承担众多发展使命的产业型地区，需要用创新的规划理念、方法和技术[5]，探索高质量规划实施的方法与路径，引领留仙洞的高质量高品质开发建设。

（2）留仙洞城市设计全流程作用机制

回顾自2012年启动留仙洞总部基地城市设计的11年工作历程，规划遵循城市发展规律，坚持城市精品打造，按照高起点规划、高水平设计和精细化管理要求。在规划设计工作三个阶段，采用"综合性城市设计+实施性城市设计+专项城市设计+隐性总设计师服务"的城市设计全流程方式，贯穿总体规划设计—街坊开发规划—专项规划—规划实施统筹的全过程，为打造国际一流的产业园区提供规划技术保障。

2.城市设计三个阶段工作方法

（1）规划设计阶段采用"综合性城市设计"方法

规划设计阶段借助留仙洞专项工作小组统领、市区两级联动、多部门协同的组织优势，以综合性城市设计为工作平台，促进城市设计处、土地利用处、地区规划处、市政交通处等多处室协作，以规划为引领，统筹并促进产业、市政、交通等多专业协同，快速将综合性城市设计成果实现法定化转译，建立了面向未来不确定性的弹性管控模式，为深圳产业基地和产业集聚区综合规划做出了示范。

（2）街坊开发采用"实施性城市设计"方法

以留仙洞基地中的南山智城街坊开发为例，在开发阶段采用以项目指挥部统领，建设单位总体工作统筹，规划单位规划统筹的集群式统一作战工作模式，

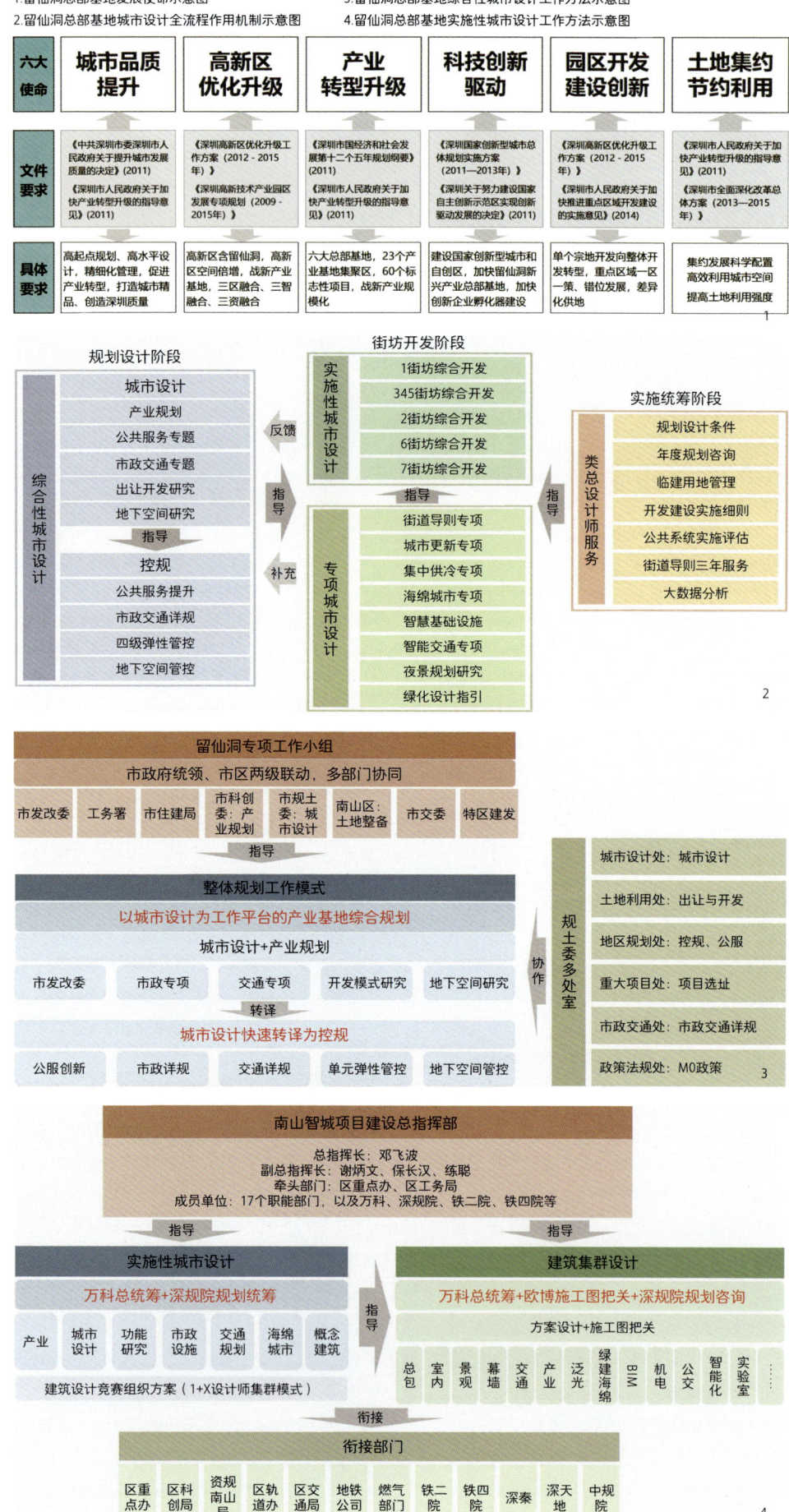

1. 留仙洞总部基地发展使命示意图
2. 留仙洞总部基地城市设计全流程作用机制示意图
3. 留仙洞总部基地综合性城市设计工作方法示意图
4. 留仙洞总部基地实施性城市设计工作方法示意图

采用实施性城市设计工作方法，促进规自局、科创局、工务署、轨道办、交通局、住建局等多部门联动以及规划、产业、市政、交通、海绵、建筑等多专业协同，统筹地下、地面和空中等立体空间资源，建立综合实施方案，指导建筑集群设计，提升规划设计质量，促进片区高效率的设计协作，推动高质量的街坊综合开发。

（3）实施统筹阶段用"隐性总设计师"方法

实施统筹阶段通过年度技术服务咨询、开发建设实施细则、立体公共空间实施评估和城市设计专项研究等"隐性总设计师"伴随式服务方式，对重点地块、街道空间、城市更新和多个专项规划进行详细城市设计研究，对建设项目规划条件和设计方案进行审查，针对街道、地下通道和空中连廊等公共系统进行实施统筹。

3.全过程技术创新，推动高质量的片区开发

（1）城市设计与产业规划融合，建立产业空间总体框架

规划起初就推动城市设计与产业规划的"两规合一"，总结提炼了战略性新兴产业"集聚效应+特色差异""多元科技+低碳生态"和"专享平台+便利生活"三大特点，开展战略性新兴产业中的相关企业与人才的需求调研[6]，摸清了战略性新兴产业、中小企业和创新人才对空间的需求，进而构建了小密路网、开放式街区、多元功能、立体交互网络的创新型产业社区形态，形成了大疏大密的"街坊+绿廊"的产业空间结构，包括7个高强度产业街坊和4条低强度复合绿廊，并确定了每个街坊的产业发展方向。

通过产业经济发展需要，结合市政、交通等支撑分析，确定500万~600万㎡的弹性发展容量。再次，充分考虑"大交叉，小嵌入"的不同产业链条空间需求，制定生活性服务与生产性服务相结合的服务体系，形成了多样化服务的新型产业社区。

在建设实施方面，规划提出整体开发模式，以大街坊与小街坊融合的单元开发为主。同时，针对公共绿廊开发就近捆绑、责任均分，保障高品质城市建设。

（2）开发意图与管控结合，四级弹性管控应对未来开发不确定性

在城市设计法定化转译阶段，结合片区高质量开发意图，建立了片区、单元、子单元、地块四级弹性容量管控模式，充分回应时间、市场、产业、企业等多维度的"不确定性"，留给开发主体更多决策空间，留给设计师更多创意可能，留给空间产品更多灵活可变性，实现了规划引领下的城市设计赋能。

（3）多种形式的单元出让，推动街坊高质量单元开发

土地出让方式很大程度上决定了开发建设品质。规划摒弃了缺乏统筹的出让和开发方式，秉持街坊整体出让与街坊整体开发为主的建设方式，采用单元整体出让、子单元整体出让和子单元同步出让推动单元整体开发、子单元整体开发和子单元联合开发等方式，探索了土地作价出资、产业地

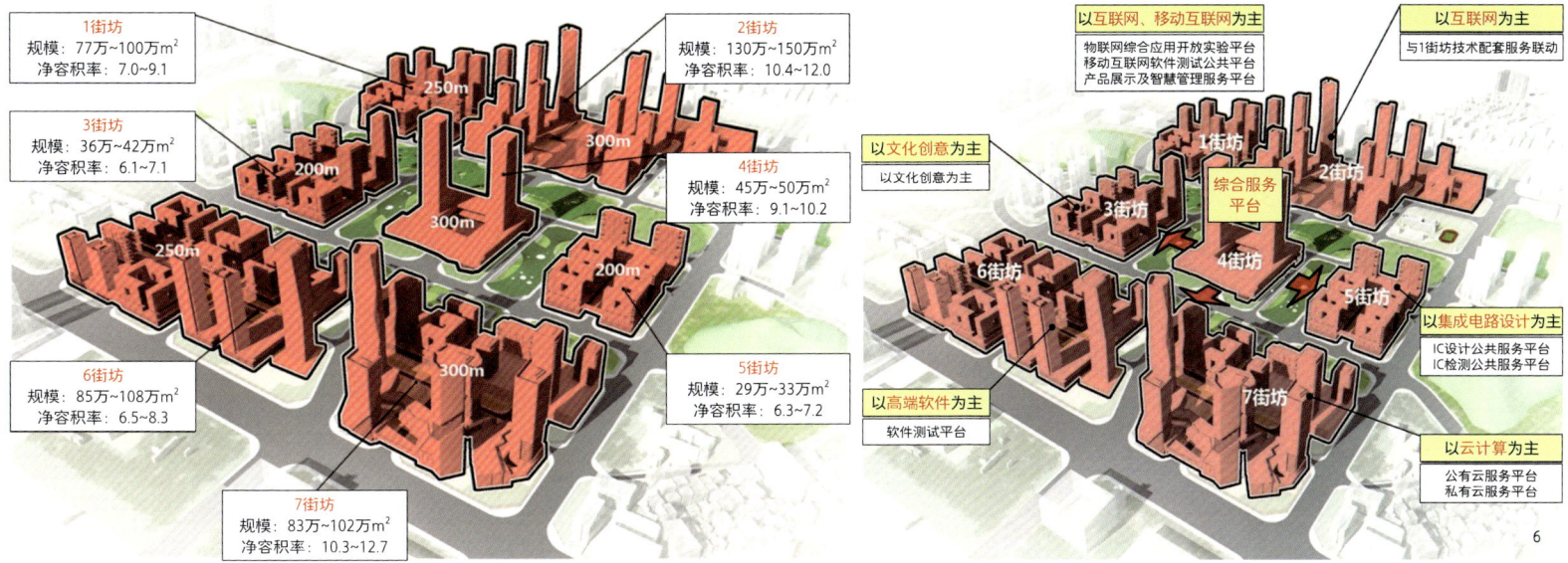

5.总体效果图　6.产业空间总体布局图

产、带产业项目出让、协议出让、联合总部大厦出让、城市更新等多种土地出让与开发模式，推动了创智云城、科技企业总部坊、万科云城、南山智城等项目的高质量开发建设。

（4）规划统筹下的街坊建筑集群设计，推动多元创意的融合

弹性的规划管控与单元出让方式，为街坊高质量规划设计留足了空间，也要求街坊开发必须采用创新的规划设计方式。以留仙洞1街坊为例，以规划为统领，协同产业、市政、交通、海绵、建筑、策划、测算等多专业团队，编制投融资视角的综合实施方案，统筹街坊内地下空间、人防、市政管线、建筑退线、街道空间、消防扑救面、机动车出入口、空中连廊、建筑形象等全要素，建立资源共享、投资节约、运行效率最大化的空间框架。在城市设计及概念建筑设计竞赛后，团队开展城市设计整合工作，并采用专家咨询、设计工作坊等形式，形成面向实施的城市设计布局方案和系统全面的管控要求。在单元开发规划设计过程中，开展多团队合作

理想空间

7.四级弹性管控图
8.前期开发模式到后期土地出让方式对比图
9.立体公共空间实施统筹示意图

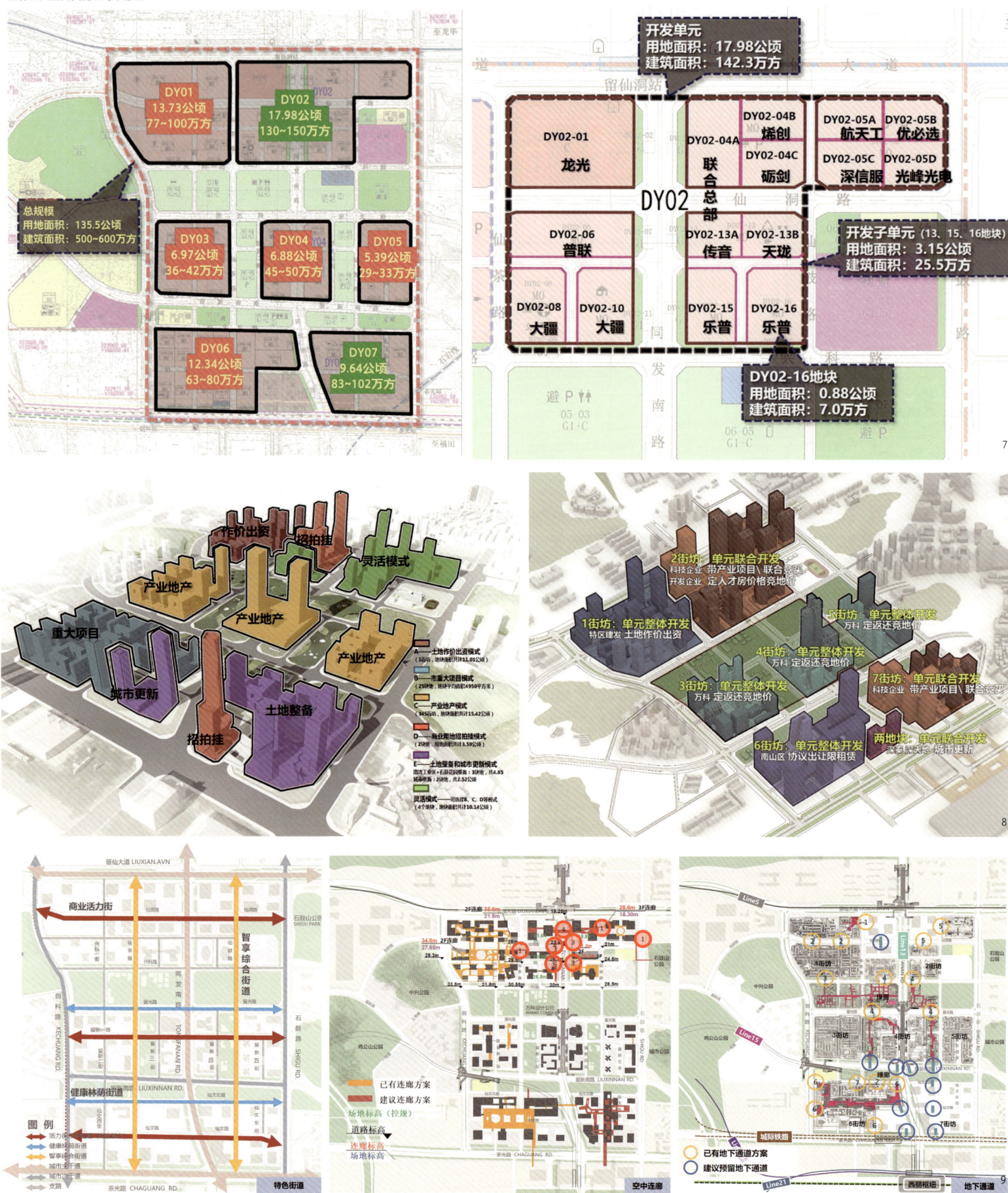

10-11.留仙洞总部基地实景照片

下的建筑集群设计，集合多专业、众多设计师的智慧，相互借鉴、融合与修正，探索最优解，发现意外惊喜，追求产业、企业需求与空间产品的耦合、立体全要素的统筹布局，实现多元空间创意的融合，推动又好又快又省的高质量开发建设。

（5）以立体公共空间实施评估为抓手，推动高效率实施统筹

地下通道、街道、空中连廊是留仙洞需要重点规划统筹的公共空间。实施统筹阶段以地下通道、街道、空中连廊三大系统规划实施评估为抓手，发现存在的问题，提出解决方案，开展隐性总设计师伴随式服务，推动高效率、高质量的建设实施。

4. 多元化新技术运用，辅助城市设计方案优化

（1）绿色低碳技术

城市设计采用绿色低碳规划方法，通过风廊、天井等微气候空间布局方法，以及物理环境模拟技术，优化总体空间布局，增加了南北向通风廊道，提高了绿色生态空间比例，并通过立体式绿化布局，构建碳汇网络。其次，通过编制多项专项规划，确定海绵城市、绿色建筑、超低能耗建筑、装配式建筑、集中供冷等建设与管控要求。

（2）人行交通仿真模拟技术

人行交通仿真模拟技术主要运用在地铁站点、轨道枢纽等人流高密集地区，也部分运用在人流量较大的商业街区。留仙洞因为开发强度高、就业人口多，因此运用AnyLogic和Legion等软件预测功能模拟留仙洞街坊行人交通，探索行人与基础设施之间的交互方式，量化评估不同设计对行人交通的影响，预测行人拥堵热点及瓶颈路段空间分布，并根据输出的人群密度、空间利用率、社会成本和首选路径信息等数据图表，提出立体公共空间优化建议，比如建立完善的空中连廊系统，拓宽人行空间，打造立体街道空间等。

（3）三维仿真模拟现实技术

深圳较早地将三维仿真模拟现实技术应用到城市规划中，通过将留仙洞模型纳入全市三维仿真系统，并运用仿真系统进行街坊开发和地块开发的多方案比选，综合评价建筑形体体量、建筑高度、周边空间关系，并将其作为规划方案审查和行政许可审批的重要参考。

三、留仙洞片区开发综合效益

1. 环境效益

留仙洞片区建设环境效益显著。海绵城市管控年径流总量指标为70%，绿色建筑二星级或者深圳市银级及以上标准建设的建筑面积比达到90%以上，装配式建筑达40%，建设了3万m^2超低能耗建筑，部分采用集中供冷，全域建设智慧灯杆，留仙洞成为深圳低碳智慧园区重要实践地之一。

2. 社会效益

片区开发形成了最广泛的协同与认同。通过充分调动多方资源，集合政府力量、规划设计力量、市场力量和社会力量，形成合力共同塑造了深圳质量的园区精品。规划设计方面就有2500多名设计师参与，留仙洞已经成为城市设计全流程推动片区高质量综合开发的实验场、高质量规划建设管理考察交流的网红地。

3. 经济效益

片区开发经济效益显著。开发总投资预计超过900亿元，目前已完成投资超过550亿元；未来能容纳中小企业为超过1500家，目前已入驻超过600家；未来能容纳超过20万科技创新人群，目前已超过6万人在此工作和生活；留仙洞建成后预期总产值将超过3000亿元。

参考文献

[1] 中华人民共和国自然资源部. 国土空间规划城市设计指南: TD/T 1065-2021[S]. 2021.

[2] 唐燕, 刘畅, 刘泓显. 存量时代城市设计对接详细规划的路径转型与制度创新[J]. 规划师, 2023（6）: 11-19.

[3] 司马晓, 单樑. 显隐之间: 深规院城市设计总设计师工作的深度实践[J]. 当代建筑, 2022（5）: 30-35.

[4] 段进, 赵民, 赵燕菁, 等. "国土空间规划体系战略引领与刚性管控的关系"学术笔谈[J]. 城市规划学刊, 2021（2）: 6-14.

[5] 黄卫东, 李连财, 窦飞宇. 城市转型视角下的产业基地规划设计: 以深圳市留仙洞产业基地为例[J]. 规划师, 2013（9）: 129-133.

[6] 刘欢, 李连财. 基于企业需求的深圳留仙洞总部基地规划设计[C]// 中国城市规划学会. 城乡治理与规划改革: 2014中国城市规划年会论文集. 北京: 中国建筑工业出版社, 2014: 693-703.

作者简介

黄卫东，深圳市城市规划设计研究院常务副院长、技术总监，教授级高级工程师；

李连财，深圳市城市规划设计研究院副总规划师、所长，高级工程师。

面向实施的传统历史城区城市更新规划策略
——以腾冲老城区为例

Implementable Renewal Planning Strategies for Historical District
—A Case Study of the Old Town of Tengchong

陈 艳 江浩波
Chen Yan Jiang Haobo

[摘 要] 传统历史城区的城市更新是当前城市更新的重点和难点区域，涉及历史文化传承、人居环境改善、功能活力焕活、经济利益平衡等多元价值诉求，亟需探索具有适应性、可实施的更新方法与路径。本文以云南省历史文化名城——腾冲的老城区更新规划为例，探讨了传统历史城区城市更新规划体系建构思路以及面向实施的更新规划策略，提出要厘清更新底图底数及价值诉求、建立共识性底线管控方案、加强精细化设计引导以及建立长效化管控体系四个方面重点策略，并强调在规划编制与实施过程中，要发挥规划统筹协调的平台作用，推动多方参与，促进城市更新的有效实施。

[关键词] 传统历史城区；城市更新规划；规划实施

[Abstract] The renewal of historical district is a difficult but important field of current urban renewal work, involving multiple value demands such as inheritance of history and culture, improvement of living environment, revitalization of functional vitality and balance of economic interests. It is urgent to explore adaptive and implementable renewal methods and paths. This paper takes the renewal planning of Tengchong old town as an example to explore the construction ideas of the historical urban renewal planning system and the implementation-oriented renewal planning strategies. This paper proposes four key strategies, including clarifying the existing conditions and the local demands, determining consensus space bottom line, strengthening refined design guidance and establishing a long-term control system. This paper emphasizes that in the process of planning formulation, it is necessary to play a platform role in planning coordination, promote multiple participation and encourage the effective implementation of urban renewal.

[Keywords] historical district; urban renewal planning; implementable planning

[文章编号] 2025-98-P-082

一、规划背景

我国城市发展重点从增量地区转向存量地区，城市更新成为新时期众多城市高质量发展的关键议题[1-3]。传统历史城区在快速城镇化进程中，不仅面临着历史环境完整性破坏、社会结构断裂、地域特色淡化等问题，还面临着过去遗留的物质性老化、基础设施短缺、结构性和功能性衰退等问题，更新的矛盾更加复杂，亟需探索适应性的更新方法与路径[4]。

本文以云南省历史文化名城——腾冲的老城区更新规划为例，结合多年在地的更新规划实施经验，探讨了传统历史城区城市更新规划体系建构思路以及面向实施的更新规划策略，以期为该类地区城市更新规划提供启示与借鉴。

腾冲，地处西南滇缅边境，是西南丝绸古道之要冲，历史上被誉为"极边第一城"。作为云南省首批历史文化名城之一，具有深厚的文化积淀和鲜明的城市特色。经历战后重建的老城区，历史建筑数量不多，但整体格局、街巷肌理基本留存。但长期以来的自发性建设，导致腾冲老城区空间杂乱、高度失控、人居品质低下等。2015年腾冲启动棚户区改造工作，希望借力棚改政策与资金推动老城区更新，但各棚改设计方案各自为政、难以统筹，公共利益与开发利益难以协调，实际更新工作难以推进。

1.价值导向缺失，公共利益保障与多元利益诉求平衡存在矛盾

以局部棚改推进的城市更新受单一经济价值观影响，忽视对历史尊重、对民意的尊重，忽视城市品质、功能与内涵提升，地块开发陷入很大的盲目性。

2.格局底线缺失，老城格局保护、文化延续与城市开发存在矛盾

腾冲作为云南省级历史文化名城，城市更新不仅需要保护历史建筑遗存，更要注重城市文脉延续，留住城市传统营造的肌理、风貌特色与城市气质。

3.系统性调控缺失，整体功能空间协调与局部方案存在矛盾

面对碎片化的棚改地区，缺乏整体层面的系统性管控与引导，各建设方案各自为政、缺乏统筹，破坏了城市更新的整体协调和综合开发。

4.实施路径缺失，宏观管控与实施操作之间存在矛盾

由于腾冲地方建设管理相对滞后，城市更新缺乏科学有效的管控体系与推进机制，难以实现规划决策的贯彻落实。

在这样的背景下，团队于2016年启动编制《腾冲市老城区城市更新规划》（以下简称"规划"），以期建立系统性的城市更新规划体系，达成共识性更新方案，推进棚改项目实施。

二、更新规划的体系建构

规划针对腾冲老城区特点及问题，基于公共价值导向，按照"传承历史格局、彰显风貌特色、改善民生福祉、焕发城市活力"的理念宗旨，建立"老城区（宏观）—重点片区（中观）—实施地块（微观）"体系性更新规划完整框架，以系统评估、底线控制、精细设计、长效治理为特点，形成从理念到行动、指导推进老城区城市更新的整体思路，并与法定规划充分衔接，保障更新规划有效实施。

三、面向实施的更新策略

1.全面了解民生诉求，厘清城市更新底图底数

团队对老城区近200个地块的土地使用、建筑质量、历史资源等展开全覆盖现场调研，并对城市历史

脉络、历史建筑展开深入研究。通过问卷、现场座谈等方式，问需于民，总计发放4430份调查问卷，充分了解居民的生活方式与意愿诉求。通过综合分析得出腾冲老城区具有历史资源丰富、街巷尺度宜人、传统风貌存续等特色，同时也存在着居住品质不高、公共设施及公共空间不足、历史特色彰显不足等突出问题。

从历史保护、民生需求、经济社会发展等多维度建立更新评估框架。规划选取街巷肌理、风貌特色、建筑质量、拆迁意愿等18项重要指标，建立城市更新评估框架。综合确定亟待改造区、一般整治区、现状保留区三类更新分区，明确不同地区重点问题，作为开展更新规划的工作基础。

2.针对历史保护与民生诉求，建立共识性底线管控体系

（1）延城脉、定底线，保护与传承老城空间格局

规划运用总体城市设计的方法，把握老城区在城市整体空间格局中的作用。对接腾冲历史文化名城规划，落实老城格局保护要求，通过对历史脉络、空间肌理、景观视廊、城市风貌等核心特色要素的综合分析，确定"一山一带、十字方城、一环三区、街巷网络"的特色空间格局。

规划基于视线控制法，以标志性古建文星楼为第一参照，以主要街道为第二参照，以西侧山体为基准，建立高度指标体系。基于历史要素分布，确定历史风貌核心控制区、传统风貌协调区、现代风貌发展区三类风貌分区。延续历史街巷格局，确定基本街坊尺度。由此形成以高度、风貌、街巷肌理为主导的空间底线，为老城区整体秩序的维育奠定了坚实基础。

（2）补短板、优功能，改善与提升老城功能品质

规划坚持以人为本，改善民生为重，聚焦老百姓关心的公共服务配套不足、绿化环境差、活动空间缺乏、人车冲突等重点问题，提出"旅居两全，完善城市服务""文景共塑，提升公共活力""慢行友好，改善出行体验"三大优化策略，完善老城功能空间体系。

旅居两全，完善城市服务。即挖掘历史文化元素，结合腾冲旅游名城特色属性，植入文旅两全、居游共享的多元化业态体系，丰富老城文旅体验。完善城市与社区两级公共服务设施配套，全面提升居民宜居幸福指数。

文景共塑，提升公共活力。即结合老城区空间格局，梳理重要城景通廊，通过增加公园绿地、打开文化节点等措施，塑造"见山、显文、透绿"的腾冲特色公共空间体系，提升城市品位及公共生活品质。

慢行友好，改善出行体验。即整治疏通街巷网络，构建窄路密网、通达有序的交通网络。结合开放空间、公共建筑等合理增补公共停车空间。依托次干路与支路，加宽非机动车道，利用建筑退界补充步行通行区，设置交往与休憩空间，提升居民慢行体验。

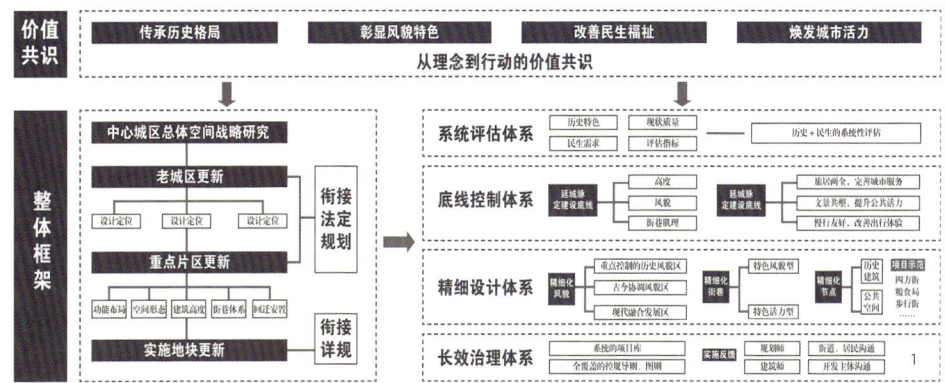

1.腾冲老城区更新规划体系框架图
2.腾冲老城区整体鸟瞰图
3.腾冲老城区总平面图

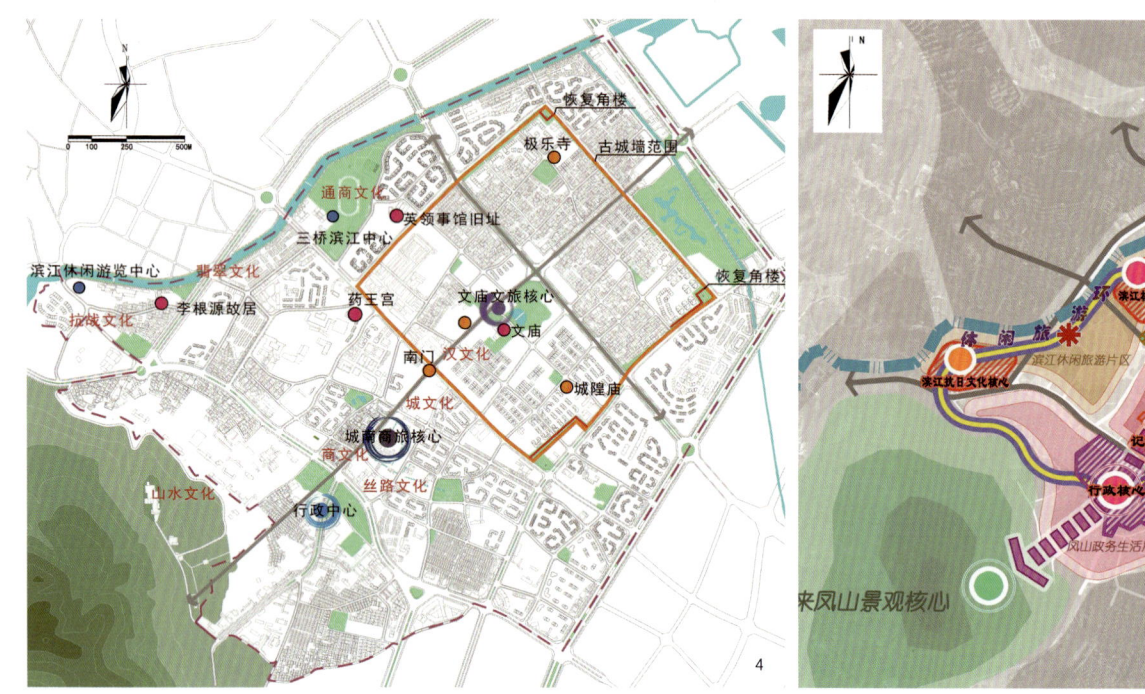

3. 聚焦老城魅力彰显与活力塑造，建立精细化设计引导体系

规划梳理提炼腾冲老城区空间特色的关键要素，重点深化风貌、街巷、节点三大要素引导内容，通过典型地块详细设计方案，为建设管理提供示范与参考。

（1）精细化风貌街区设计引导，焕发城市活力

腾冲老城区除了文庙片区、大山脚两大历史文化街区之外，还有一些传统特色商业街区，如全仁古街区、南门外的四方块街区等，均位于凤山路城市中轴线沿线，也是近期即将启动的棚户区改造地块之一。规划重点深化了对该类特色风貌街区的设计引导，以期为建设管理提供示范与参考，并以城市设计图则形式落实在法定控制性规划成果之中。

以全仁古街作为典型历史风貌街区，强调对高度及风貌管控要求的严格贯彻落实，采取有机织补更新理念，保护历史文化遗迹，恢复打造21个古院落，完善历史性标识以及古城和老街意象特征，构建融合腾冲传统商贸市井与现代文旅休闲于一体的特色活力街区，完整再现腾越古城商贸胜景。以四方块街区作为典型商业街区，规划严格落实沿中轴线控高要求，协调古城格局、延续街巷肌理，采用融合传统风貌的新中式建筑风格，塑造现代化商业街区，展现时代新风。

（2）精细化街道设计引导，重塑街巷烟火

规划基于腾冲老城区原有街巷格局，重点打造特色风貌型、特色商业型两类特色街道空间，细化空间尺度、界面轮廓线、公共空间节点等设计引导内容。

特色风貌型街道，如中轴线凤山路，是集中展现历史文化魅力与现代活力的核心载体，规划重点强化界面连续性，延续历史特色与人文氛围，于重要节点位置组织开敞绿地与广场。特色商业型街道，如白果街、盈江东路等，规划增强商业、休闲等功能，保持人性化街道尺度，注重与生活街坊便捷联通。

（3）精细化节点设计引导，点亮人文灯火

规划以历史建筑为核心，强化历史保护、功能焕活与空间开放，提供文化感受与公共交往的特色平台。如文庙片区，规划增加文化商业、公园绿地等功能，塑造文庙文化公园，并改善文庙与周边街坊的连通性，提升该区域人文活力。又如英国领事馆区域，加强历史建筑及其环境的整体性保护，将旁边的粮库也保护下来，打造休闲广场，打通历史建筑与体育中心、大盈江的空间联系，形成滨江特色的文化休闲活力中心。

4. 面向实施与管理，建立近远期结合的长效化管控体系

（1）围绕近期棚改及民生重点，建立更新实施行动方案

规划将精细化设计策略转化为行动方案，围绕"修生态""优交通""补设施""促旧改""提风貌"等方面，从项目实施角度，建立近期项目清单，为城市更新工作提供具体操作指南。

（2）面向管理需要，同步编制《腾冲市老城区控制性详细规划》

规划基于更新规划体系，同步编制《腾冲市老城区控制性详细规划》，形成全覆盖通则+单元图则+街坊图则的设计引导体系，推动更新规划法定化。

四、更新实施的工作机制

规划针对腾冲地方建设管理相对滞后的现实情况，依托责任规划师团队持续性、驻地化工作，保障更新规划有效实施。在整体更新方案编制阶段，发挥建筑师、景观师、管理者、开发者、老百姓多方力量，对老城区空间格局、高度底线、风貌特色等形成共识。在地块实施建设阶段，发挥规划引领与管控作用，保障核心轴线、核心街巷及历史建筑周边高度、风貌、肌理等管控内容得到有效传导与贯彻，保障老城区整体空间格局与品质。

五、结语

传统历史城区是当前城市更新的重点和难点区域，既要传承特色风貌，又要改善人居环境；既要解决回迁安置，又要平衡拆建利益；既要关注整体效益，又要推进落地实施，是涉及多元问题、多元价值诉求的系统工程[5]。

本文以腾冲老城区为例，针对其空间、功能问题以及棚改实施任务，建立整体性与系统性的更新框架；运用总体城市设计手法，构建基于历史文化及生态格局的共识性空间底线；聚焦民生痛点，提出公共功能完善与公共空间提质的具体策略；以精细化的设

计方式，通过典型风貌街区、街道、文化节点等的更新改造，形成复兴老城活力与魅力的特色触媒，并为棚改地块实施提供决策支持和技术保障。在规划编制与实施过程中，发挥规划作为多元利益主体进行互动和博弈的平台作用[6-7]，有力推动了政府、开发商、居民多方参与，在保障老城区整体空间格局的底线基础上，推进了棚改实施与城市更新，促进了老城区人居环境品质的提升。

参考文献

[1]阳建强，陈月. 1949—2019年中国城市更新的发展与回顾[J]. 城市规划, 2020, 44（2）：9-19+31.

[2]王世福，易智康. 以制度创新引领城市更新[J]. 城市规划, 2021, 45（4）：41-47.

[3]阳建强，杜雁. 城市更新要同时体现市场规律和公共政策属性[J]. 城市规划, 2016, 40（1）：72-74.

[4]何依. 走向"后名城时代"：历史城区的建构性探索[J]. 建筑遗产, 2017（3）：24-33.

[5]阳建强. 走向持续的城市更新：基于价值取向与复杂系统的理性思考[J]. 城市规划, 2018, 42（6）：68-78.

[6]冯高尚，张尚武. 公共价值导向的城市重点地区整体更新规划策略：以昆明翠湖周边地区整治与提升规划为例[J]. 城市规划学刊, 2019（Z1）：150-157.

[7]王世福，沈爽婷，莫浙娟. 城市更新中的城市设计策略思考[J]. 上海城市规划, 2017（5）：7-11.

作者简介

陈　艳，上海同济城市规划设计研究院有限公司城域所副所长，注册城乡规划师；

江浩波，上海同济城市规划设计研究院有限公司副院长，教授级高级工程师。

4.历史文化要素分析图
5.空间结构图
6.城南凤山路两侧鸟瞰效果图
7.全仁街区鸟瞰效果图
8.四方块街区鸟瞰效果图

传统山体公园健身步道精准化提升的设计研究
——以鞍山市"云上钢道"项目试点段为例

Research on the Design of the Precision Improvement of Mountaineering and Fitness Trails
——Take the Pilot Section of the "Cloud Steel Road" Project in Anshan City as an Example

袁天远
Yuan Tianyuan

[摘　要]　传统登山健身步道作为户外健身活动的重要场所,在城市化进程中扮演着愈发重要的角色。本文探讨了传统登山健身步道的发展现状,并展望其未来发展趋势,以鞍山市"云上钢道"项目试点段为案例,通过精准化提升改造,实现登山健身步道的多元化发展,为传统登山健身步道的微更新提供了新思路和实践探索,具有一定的理论和实践价值。

[关键词]　登山健身步道；精准化提升；微更新

[Abstract]　As an important place for outdoor fitness activities, traditional mountaineering and fitness trails are playing an increasingly important role in the process of urbanization. This paper discusses the development status of traditional mountaineering and fitness trails, and looks forward to its future development trend, taking the pilot section of the "Cloud Steel Road" project in Anshan City as a case study to realize the diversified development of mountaineering and fitness trails through precise upgrading and transformation, which provides new ideas and practical explorations for the micro-renewal of traditional mountaineering and fitness trails, and has certain theoretical and practical value.

[Keywords]　mountaineering and fitness trail; precise improvement; micro updates

[文章编号]　2025-98-P-086

1.云上钢道启动区总图
2.云上钢道总平面图

　　随着人们生活水平的提高和健康意识的增强,户外运动日趋流行化,登山健身步道作为一种重要的户外健身场所,承载着人们追求健康生活的期待,在城市化进程中发挥着重要的作用。然而,传统登山健身步道在发展过程中的一些不足也日益凸显,尤其是在形式和功能上的单一性,限制了其在彰显城市文化及提升游憩体验方面的作用。本文以鞍山市的云上钢道项目为案例,通过现场调研和走访,发现传统登山步道往往局限于老年人走路健身,功能单一,与城市文化和自然景观脱节。因此,本文旨在通过场地设计,精准化提升传统登山健康步道,以促进其活力与功能的更新。研究通过初步探索,重塑步道形态,拓展其使用功能,从而使其更好地融入城市环境,与自然景观形成良好的互动关系,为城市居民提供更多元化的户外健身选择。

一、传统登山健身步道的现状及不足

　　登山健身步道是指以登山为基本方式,在山地上修建的以健身为目的的步道。相较于传统的公园或城市步道,登山健身步道的特点在于其修建地点常位于山林之间,并通过生态工法来尽可能地保持或恢复周围自然环境,创造出原生态的行走氛围。同时,这类步道也着重考虑健身需求,根据运动科学的原理,控制路线的坡度和难度,以确保步道提供合理且安全的健身活动。

　　我国登山健身步道的建设目前正处于快速增长阶段,截至2022年底,全国共建成国家登山健身步道(示范工程)30个,总里程3130km；在建项目8个,总里程约540km。国家登山健身步道将健身与旅游、文化、自然等融为一体,内涵丰富,既满足了当下老百姓的健康需求,又打造了全民健身的空间新格局。

　　登山健身步道在促进人们健康生活、增强体魄方

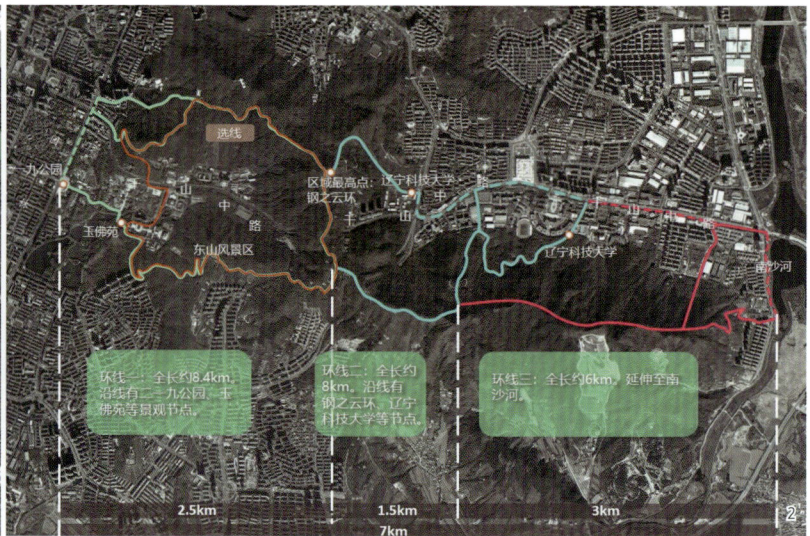

面发挥着重要作用,然而,其发展过程中不可避免地暴露出一系列不足之处,这些不足不仅限制了步道的使用效率和安全性,也制约了其在社会发展中的贡献。

首先,资源浪费与生态破坏是传统登山健身步道的一大难题。部分步道的建设未充分考虑地方资源的利用和生态环境的保护,可能导致资源的浪费和生态的破坏。因此,在步道规划和建设中应加强生态环境评估,采用环保材料和生态工法,减少对自然环境的破坏。

其次,传统登山健身步道在与城市文化的融合方面存在欠缺。部分步道在设计和建设过程中,未能充分考虑城市文化的特点和需求,导致步道与城市环境缺乏融合度和互动性。与此同时,一些步道的文化元素单一,缺乏对当地文化的挖掘和展示,限制了步道的吸引力和影响力。

再次,传统登山健身步道在与周边环境的呼应关系方面还有待加强,缺乏科学指导。部分步道的建设忽视了周边自然环境的保护和景观的塑造,路线设置不合理、坡度过大等,导致步道与周边环境脱节,也增加了游客的体力负担和安全风险。与此同时,一些步道周边缺乏相配套设施和服务,无法满足游客的基本需求,影响了步道的使用体验。因此,在步道规划和设计阶段应充分考虑地形地貌和气候条件,科学合理地设置路线和设施。

最后,传统登山健身步道的管理和服务往往依赖于人工,缺乏信息化和智能化等创新手段。例如,缺乏在线预约系统、实时监控系统等,无法提供更便捷、高效的服务体验。为了提升步道的吸引力和竞争力,应注重创新设计,加入更多的文化、科技和体验元素,提高步道的娱乐性和互动性。

二、未来登山健身步道的发展趋势

随着全民健身与全民健康深度融合,户外运动逐渐成为人民群众喜闻乐见的运动方式,户外运动产业快速发展。尽管传统登山健身步道在发展中存在一些不足,但其发展前景依然充满希望。随着城市化进程的不断推进和人们对健康生活的追求,步道的需求和潜力将不断增长。未来,登山健身步道的发展将更加注重多样性和个性化、智能化和生态化。

1.未来登山健身步道将趋向多样化

随着城市化进程的加快,登山健身步道不仅仅需要满足游客走路健身的需求,更是户外观景交流和城市文化展示的平台,将登山健身步道与旅游业相结合,是"步道经济"中至关重要的一项发展模式。因此,登山健身步道的设计应该结合场地空间以及自然和城市历史文化资源,从不同人群的使用需求和体验感受出发,进行多样化的设计,如设置不同难度的路线、增加丰富的文化元素等,形成户外运动产业带和综合体。

2.未来登山健身步道将趋向智能化

随着科技的发展,智能化设施将逐渐应用于步道管理和服务

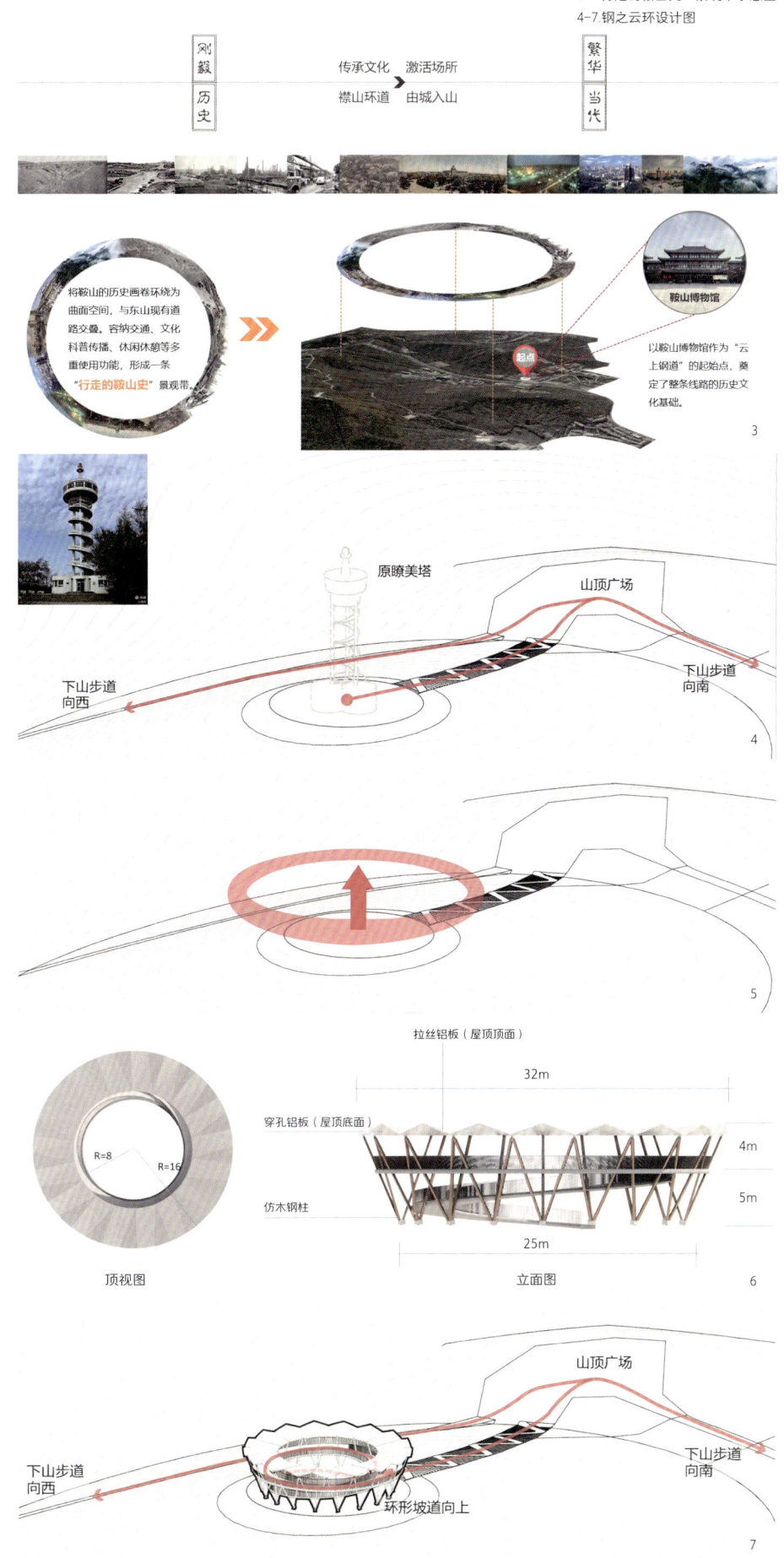

3. "行走的鞍山史"景观带示意图
4-7 钢之云环设计图

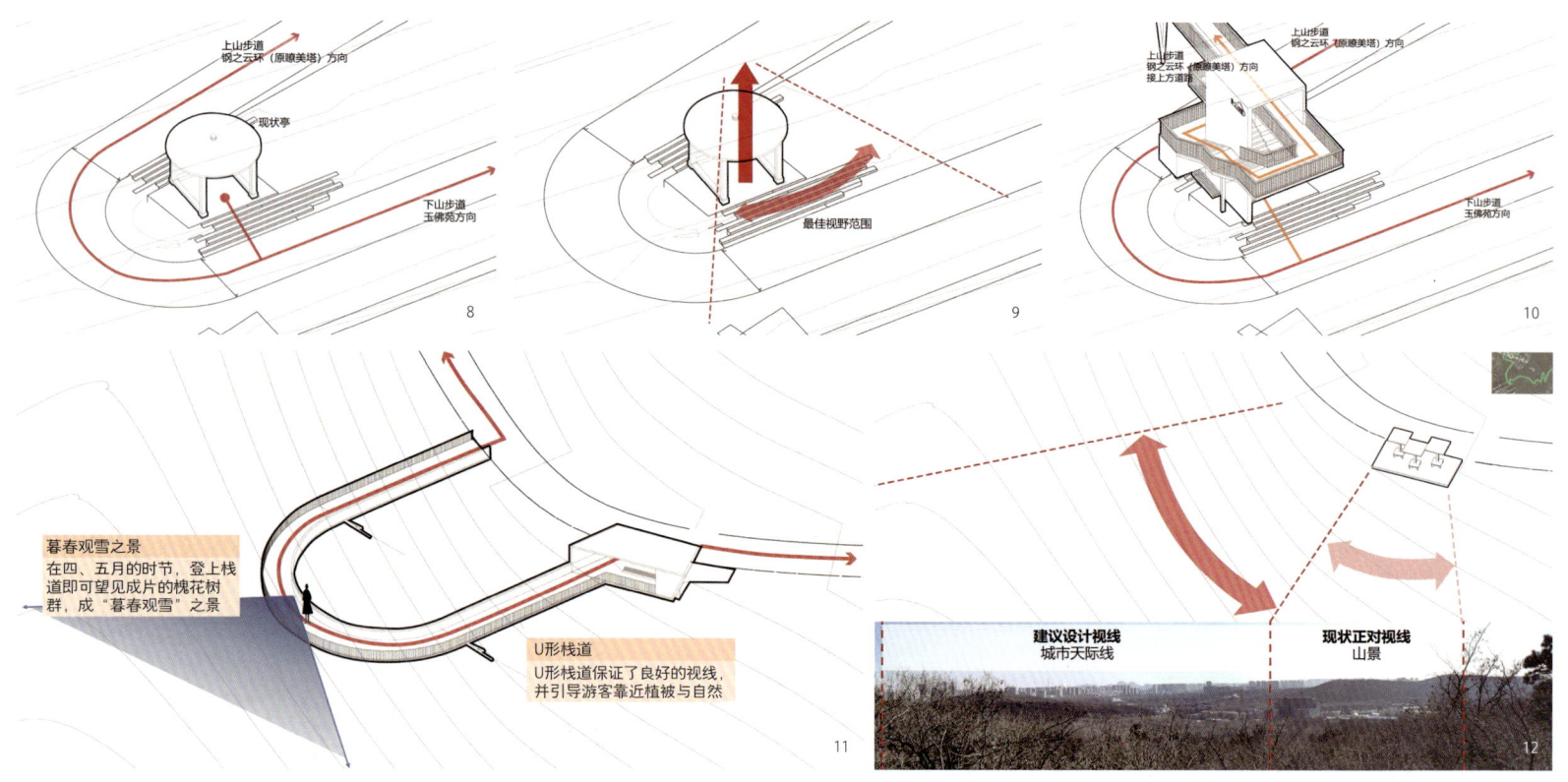

8-10.钢之云梯设计图
11-12.钢之云亭设计图
13-14.钢之云环效果图
15.钢之云梯效果图
16.钢之云亭效果图

中，如在线预约系统、实时监控系统、智能导航系统等，提升步道的管理效率和用户体验。

3.未来登山健身步道将趋向生态化

未来登山健身步道的发展将更注重生态环境的保护以及与周边环境的和谐共生，通过生态景观设计和配套设施建设，采用环保材料和生态工法，减少对自然环境的破坏，打造宜人的健身环境，营造原生态的行走氛围。

4.未来登山健身步道将趋向个性化

未来登山健身步道的发展应更加注重与城市文化的深度融合，充分挖掘地方文化和历史的内涵，融入当地的文化元素和体育活动，增强步道的文化展示功能和教育娱乐功能，打造具有独特城市特色的步道体系。

综上所述，未来登山健身步道的建设，应结合城市发展规划和健康政策，打造多功能、智能化、生态化、个性化的步道空间，更好地满足人们对健康生活和自然体验的需求。同时，步道与城市文化和周边环境的呼应关系也应进一步加强，为城市和社会的可持续发展提供新的动力和支持，使其成为城市健康生活的重要载体和文化地标。

三、项目实践案例

1.项目背景

鞍山，一座依山傍水的百年钢都。地处中国东北地区、辽宁省中部、辽东半岛中部、环渤海经济区腹地，位于沈大黄金经济带的重要支点，是沈阳经济区副中心城市、辽宁中部城市群与辽东半岛开放区的重要连接带，也是东北地区最大的钢铁工业城市、中国第一钢铁工业城市，有着"共和国钢都""中国钢铁工业摇篮"的美誉，在区位交通、工业制造、山水环境等方面具有一定优势。

项目位于鞍山市铁东区中心区域玉佛山，西接二一九公园，东连南沙河，是坐落在城市之中的自然山体，同时也是鞍山两个城市片区的绿色纽带，串联了城市与自然之间的联系，周边旅游资源也较为丰富。

场地原本自然基底良好，有利用森林防火通道建立的游赏路径，现状几个景观亭和服务设施由于是不同时期建设，老旧程度和设计风格都存在较大差异。设计拟在有限的投资下，结合现有的资源，打造一条具有鞍山特色的登山游览步道"云上钢道"，通过钢道展示鞍山的特色文化脉络，由城入山，阅读钢城，从传承文化、激活场所、襟山环道、由城入山将鞍山的历史画卷环绕为曲面空间，容纳交通、文化、科普传播、休闲休憩等多重使用功能，打造一条"行走的鞍山史"景观带：

一条连接城市与自然的景观步道；
一条联系历史与未来的文化步道；
一条串联传统与创新的现代步道。

2.具体设计

基于对自然的尊重，经历数遍现场踏勘之后确立整条云上钢道的路径，全长8.5km，基本依托于现有的森林防火通道，构建一环线九节点格局。

一环线：起点为鞍山市铁东区玉佛山风景区千山中路，沿途经铁甲山、瞭美塔，终点为二一九公园。

九节点：沿环线设置多个特色节点，满足儿童、学生、青年、壮年、老年的多元步道景观需求，共形成3处一级景观节点、3处二级A类景观节点、3处二级B类景观节点（其中一处为入口雕塑，另四处为景观提升）。

（1）钢之云亭

钢之云亭基于现状的安然亭进行改造，安然亭背靠东山杂岩地质景观，占地3.5m×8m，其结构已经出现破损，急需改造和修复。钢之云亭，半山之亭，既可供休息之用，也有"渐入佳境"之意。改造的景观构筑与自然交融，便于介绍鞍山丰富的自然资源，如东山的暮春观雪之景与东山杂岩地质景观、千山风景区等。钢之云亭能同时欣赏城市天际线和自然景观，是云上钢道极佳的观景点。

（2）钢之云环

钢之云环，有"一览山城"之意。钢之云环位于原瞭美塔处，瞭美塔遗址处视野极佳，向上爬升可360°环视鞍山城区，在塔的遗址之上新建"钢之云环"，相比于塔而言，环状的造型与自然更易与自然融合，且相对恰当的高度（抬高5m，环总高9m）利于游客登高远眺。在良好的视野景观驱使下，结合鞍山市丰富的城市天际线，并在此处设立科普展示牌介绍鞍山城市的历史与鞍钢的发展史，使得游客可以与城市产生深层的情感链接。

（3）钢之云梯

场地位于玉佛苑玉佛阁视线背后，登山步道呈"之"字弯状，夹角处有一现状亭，考虑到年代久远与结构的安全隐患，设计中予以重建。钢之云梯，取其"蒸蒸日上"之意。设计采用螺旋梯道和架空栈道组合的方式，梯道抬高了行人的视野，结合挑出的栈道使游客可以在该处眺望玉佛阁；栈道沿山体而上连接上方的上山步道，为游客提供漫步林端的体验。在游客观赏玉佛苑建筑群时，可以了解鞍山城市丰富的人文旅游资源。

四、结语

通过对鞍山市云上钢道项目设计的探讨，我们可以清晰地观察到，随着城市化进程的不断推进，政府和市民对生活环境的要求也不断提高。传统的公园设施和活动体验已经不能满足人们日益多样化的需求，人们的需求向着更加复合化的方向发展。换言之，原本简单的满足走路健身需求的传统设施需要演变成为贯穿城市与自然、历史与未来、传承与创新的旅游目的地。因此，设计师们也面临着更高的挑战。他们需要深入了解场地最有价值的资源，并将这些资源巧妙地融入到设计之中。了解每一个节点的优势，并以此为基础，巧妙地设计出吸引游客的打卡地。这不仅是对设计师们的要求，也是我们城市发展的一个必然趋势。只有在充分挖掘和利用城市资源的基础上，我们才能打造出更具魅力和吸引力的城市景观，为市民和游客提供更加丰富多彩的生活体验。

作者简介

袁天远，同济大学建筑设计研究院（集团）有限公司桥梁设计院景观所所长。

城市设计与历史保护
Urban Design and Historic Preservation

层积性历史城区的整体关联性城市设计方法
——以成都天府锦城城市设计为例

The Integrated and Interconnected Urban Design Method of Stratified Historical Urban Areas
—Take the Urban Design of Chengdu Tianfu Jincheng as an Example

匡晓明　夏　雯　吕圣东
Kuang Xiaoming　Xia Wen　Lü Shengdong

[摘　要]　从整体关联性视角分析层积性历史城区的城市设计方法，运用时序关联、街巷关联和环境关联三种原则建立城市设计方法的过程步骤。以成都天府锦城城市设计为例，梳理天府锦城2300多年来层叠积淀的人文资源要素、历史空间格局、街巷组织脉络和水系蓝绿网络等内容，厘清时间维度下城市演进的物理空间脉络，通过层积性时空原则全代挖掘历史文化资源要素和文化标识空间，应保尽保强化历史资源时序关联；通过结构性整体原则全域梳理街巷空间脉络体系，强化碎片化人文节点与网络人文脉络整体关联；通过系统性互生原则依托水系和绿心，以互生关系鉴别自然环境与城市文脉的系统关联，形成层积性历史城区时间、空间、系统关联性三维度城市设计方法。

[关键词]　历史城区；层积性；整体关联性；城市设计方法；天府锦城

[Abstract]　This research analyzes the urban design methods of layered historical urban areas from the overall correlation perspective. It establishes the process steps of urban design methods using the principles of temporal correlation, street correlation, and environmental correlation. Taking the urban design of Tianfu Jincheng as an example, this research sorts out the elements of human resources, historical spatial patterns, streets and water system distributions accumulated over the past 2300 years in Tianfu Jincheng, and finds out the urban spatial context under evolution of this city. The time series correlation analys and strengthens the relationship between historical resources and time series by excavating historical and cultural resources. The street spatial association studies and strengthens the relationship between fragmented space and the overall interaction. The natural environment correlation interprets the relationship between natural environment and urban context. These three methods can help explore the urban design method of stratified historical urban areas.

[Keywords]　historical urban area; accumulation; overall correlation; urban design methods; Tianfu Jincheng

[文章编号]　2025-98-P-090

一、引言

历史城区是承载城市自然环境、历史文脉与精神风貌时空层积的集中区域，是城市核心更新发展与人文显化保护双叠加的矛盾地区。历史城区是城市动态发展变化随时间动态变化在地理空间上层层积淀的特殊人文区域，是文化在不同时间维度叠加下的"多元反应"[1]。时空厚度成为历史城区重要的本底特征和发展基因。从强调整体关联性的视角切入，以成都天府锦城为例，通过对城市遗产层积性时空价值的确认，运用层积性时空原则、结构性整体原则、系统性互生原则，从时序关联、整体关联和系统关联三维度建构历史城区城市设计方法的理性范式，探讨层积性历史城区城市设计方法的原则、抓手与路径。

二、历史城区的城市设计方法概述

我国针对历史城区的保护与发展探索始于20世纪80年代，经历了历史文化名城保护制度确立和旧城更新实践推动两个阶段。现阶段历史城区保护与发展重点探讨如何"在现代城市空间中以整体概念重构名城价值，实现新旧共生"[2]。历史城区的城市设计实践也逐步增多，基本形成从"原真性"向"整体性"的过渡，并呈现出多维分异。

第一类观点从功能激活入手，侧重"激活与更新"，运用点状更新、功能植入等方法来激活区域，促进历史城区发展。卢济威等[3]在连云港海州古城城市设计实践中提出，应扩大保护的范畴，梳理并恢复古城肌理色彩、自然环境、空间结构、历史建筑等多重意象，使其具有历史文化传统意象且符合现代化生活发展。田涛等[4]以西安古城复兴规划为例，从"宏观文化格局引导、中观文化脉络控制和微观文化场景塑造"三个层面处理文化保护传承与经济发展之间的关系。刘奇志等[5]认为"以保护风貌、延续文脉为基础，因地制宜，动态更新，通过新旧元素的重组与弥合，为历史文化风貌街区注入新的活力，赋予新的功能，使之适应当前城市发展功能的需求"。

第二类观点从整治提升入手，侧重"建立管控框架和动态管控机制"。如周俭[6]认为，"对任何既有的建成环境进行改变都需要进行管控，只是在历史文化环境中发生的变化需要以历史文化遗产作为主体谨慎地对待，以保证每次新的变化都是增强遗产在空间中主体地位的一项有效措施"。邵甬等[7]研究皖南地区，针对历史文化资源与行政边界不重合的情况，提出"建立区域性历史文化资源保护框架，明确管控措施。针对文化线路、文化单元、文化板块建立整体保护规划、管理和检测机制"。吴晨等[8]以北京东城区为例，以街区为单位，探索编制风貌保护管控导则、街巷设计导则和绿化、照明、标牌、城市家具等多个专项导则，针对公共空间、建筑风貌、附属设施等几个方面进行整治提升。

第三类观点从整体保护入手，针对历史城区文化遗存破碎化的现象，寻找整合的结构性方法，从个体保护走向整体性保护。如张兵[9]通过皖南城乡文化历史聚落案例研究，提出应该"围绕'系统性'和'关联性'的认识，重新注解国际保护文件中反复强调的'整体性'原则"。何依[10]认为当前应对历史城区

1.少城鸟瞰效果图

的价值观进行重构，强调结构关联和形态控制，"历史城区保护迫切需要跳出个体和局部保护的思维，研究其内在的整体逻辑，建立结构关联的保护方法"，并以宁波历史城区为例，分析其历史文本，着眼于历史城区的关联整合与形态重构，强化中心—边界两大结构性空间要素。肖竞等[11]认为，应重点关注"城镇遗产资源'空间—文化'的关联机制"，以及时间维度下"不同历史时期中遗产对象的演进过程与层积关系"。匡晓明等[12]主张保护型城市设计，将保护规划与城市设计相结合，并在城市设计导则中纳入保护与空间管控双重要素。

延续整体关联性保护原则，对成都两江环抱"天府锦城"地区展开研究，挖掘"层积"时空关联内涵，以城市整体方法为原则，探索历史城区整体保护与发展的系统方法。

三、层积性历史城区的整体关联性城市设计方法

1.关注人文资源与历史迭代时序关联

城市物质空间形态随时间演进不断生长、叠构，其包含了风土民情、传统习俗、地方文化等非物质的文化要素信息并与之相互关联。运用史地学方法，从方志、诗歌、文章和地图等历史文献中分析挖掘城市的历史空间信息，梳理城市历史地理格局及演进脉络，进而研究城市"层积性"历史空间的发展进程、地域文化表征、社会人文情感与城市空间格局承续演进建立时序关联；运用城市设计方法，显化历史资源要素在时间与空间双重维度下的内在逻辑关联，为历史城区的城市设计挖掘提供人文资源的时序性维度。

2.关注碎片要素与人文脉络整体关联

关注碎片化空间与整体互生的关联即关注城市空间的结构性关联。通过空间关联性的方法去拓展整体性保护与发展的内涵。将关注的内容从建筑、遗址扩展到街道、公共空间、市井生活等城市元素，形成了从关注保护和更新建筑、遗址等单一的方式演进至关注建筑、遗址所在的街巷、周边社区乃至居民生活场景和生活习俗，形成碎片化空间之间的整体关联，为历史城区的城市设计拓展空间的整体性维度。

3.关注自然环境与城市文脉系统关联

历史城区包含城市的山水地貌特征、历史遗迹、建筑环境、公共空间等空间要素，以及社会文化、风俗民情等无形要素。历史城区的层积性不仅包括了历史文化资源要素随时间发展的层层积淀，也包括了自然地理环境对城市空间格局形成的影响，以及与人类活动方式的重要互动。这亦是城市文化的表征。历史城区的城市设计应将自然环境、山水地貌、风俗人情等纳入历史文化资源的关联对象，分析自然与人文的关联，为历史城区城市设计拓展空间的系统性维度。

四、天府锦城历史传承与发展的困境

成都别称"锦城"，天府锦城即府河、南河两水环抱的成都老城区，是成都"两江环抱、三城相重"的传统历史空间格局的最核心承载地，是成都人历史记忆之所在和天府文化的精神家园，以12km²的面积汇集了成都中心城区近80%的历史文化资源。但近年来过度重视旅游开发却淡化了历史文化街区的系统保护，导致老城重商业轻保护，历史文化空间片段化和破碎化。

运用史地学方法梳理成都两江环抱地区的空间格局、水系分布、街巷道路、地标场所、建筑特色等内

2.天府锦城历史文化遗存破碎化现状图
3.天府锦城历史格局分析图
4.天府锦城人文活力网络图

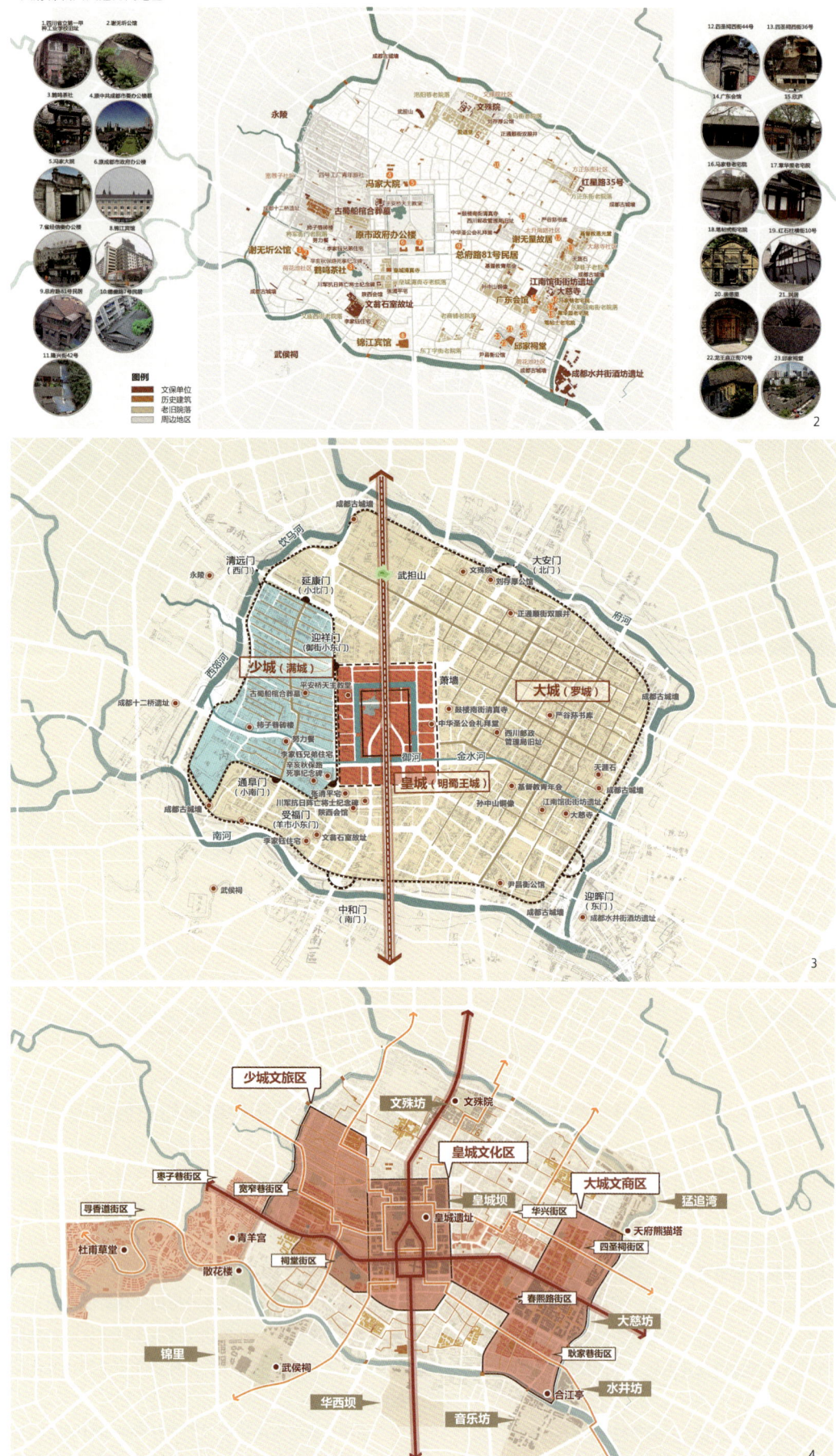

容,研究其中的历史根脉,寻找老城与新城协同发展的线索。

1.时空格局表征不显

成都历代城址层层叠加形成的大城、满城、皇城"三城相重"时空层积性特征是城市空间结构和场所精神的传承与体验。清代在少城城址上为八旗兵重修满城。《少城形势图》[13]清晰呈现少城以将军衙门为核心,以长顺街为轴,以官街和兵丁胡同为骨架的鱼骨格局。

随着城市的发展,历史城区旧时的自然文化要素上层层沉淀了富有不同时代内涵的时空资源要素,构成了层积性时空格局。但这一特征逐渐湮没在快速城镇化的发展进程之中。一方面,将军帅府、贡院、摩诃池等人文胜景大多湮灭,自然文化要素之间的关联性也随着城市更新迭代而逐渐消失。另一方面,城市的高速发展侵蚀部分历史区域,彰显城市空间格局的骨架脉络逐渐湮灭。

2.人文资源破碎失联

天府锦城仅存的自然人文要素大多散落在城区各处,分布破碎孤立,缺少文化廊道和文化路径的串联,游览体验感较差;且普遍存在房屋破旧、公共度低、周边风貌破坏严重等问题。

3.自然人文关联失序

天府锦城发展脉络因水而起,锦江是其最核心的自然资源,也是成都历史文化层积演进的重要承载。锦江因诗而兴、因人而名,文人墨客关于锦江的诗篇文章是天府锦城重要的历史人文线索。考据《乾隆年间成都府全貌》发现,清代城内文化地标围绕锦江呈集聚分布。但在城市发展过程中,水岸公共空间慢慢向腹地转移,笮桥等四十余处古桥已湮灭,以水系为依托的自然人文关联性脉络逐渐弱化。

五、层积性历史城区的整体关联性城市设计方法

天府锦城的人文地理格局整体呈现出"自然—文化—时间—空间"的相互耦合作用关系。针对其呈现的时空格局表征不显、人文资源破碎失联和自然人文关联失序三个问题,从"关联性"出发,结合天府锦城的历史脉络和空间特征,运用整体关联性城市设计方法,寻找"时间—空间""碎片—整体"和"自然—人文"三种要素关联机制。通过强化时间序列关联、强化街巷空间关联和强化自然人文关联,最终建

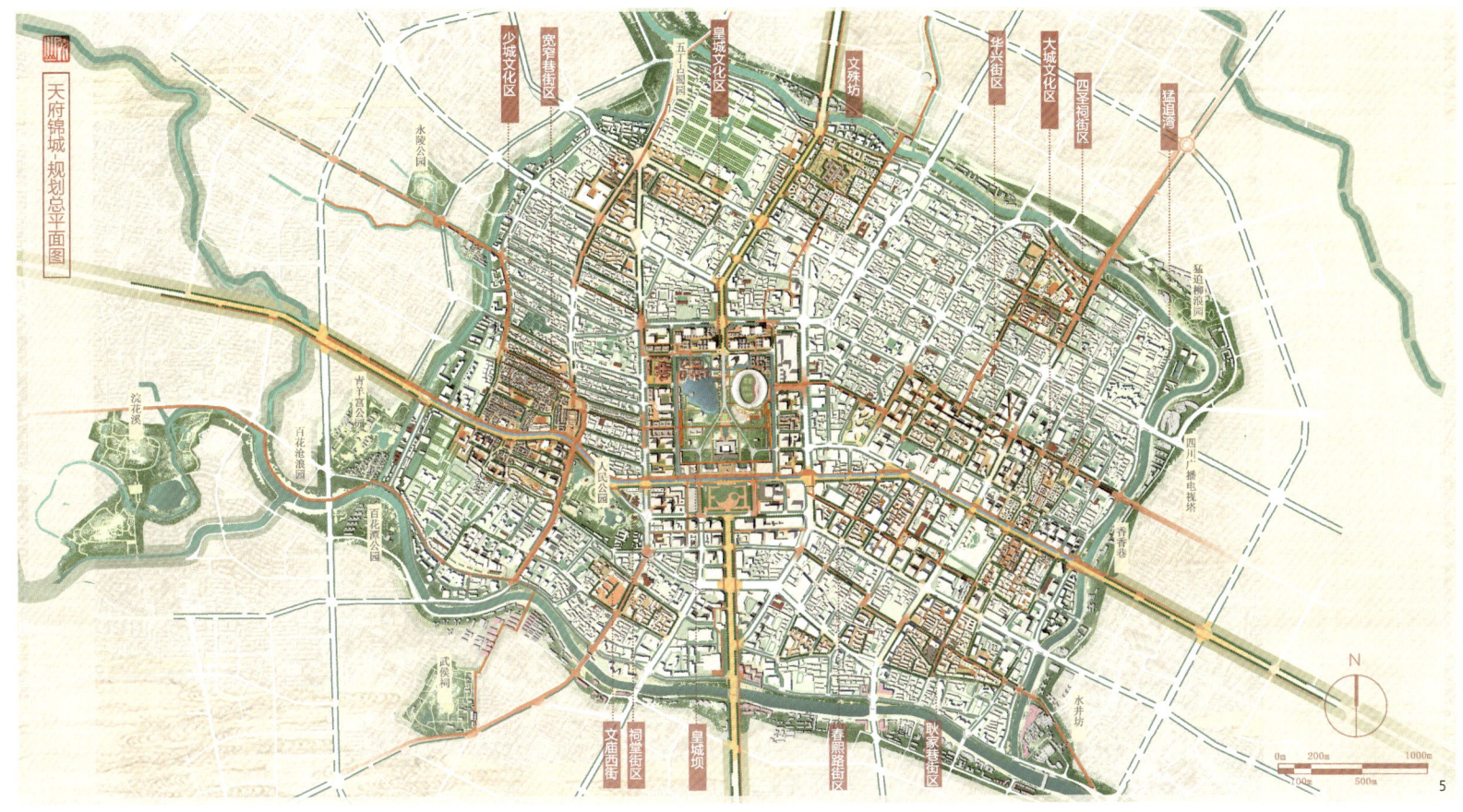

5.天府锦城规划总平面图

构富有活力的整体关联性生态人文空间。

1.时序关联：强化人文资源与时空演变的关联

以时间脉络为线索，全面梳理天府锦城内历史文化资源要素，厘清单一历史文化资源点空间演变的时间线索，确定未来其文化空间发展可依凭的关联逻辑。

（1）挖掘通史性历史文化资源要素

寻找天府锦城历史维度与城市空间的关联，首先从古今时间脉络线索中挖掘底线性文化资源要素，分析历史文化资源在城市历史演进中的空间关联逻辑。通过现场调研、文献收集整理、部门走访和市民访谈等方式，整理迭代并存、时间跨度三千余年的百余处历史文化资源要素，并在此基础上进一步挖掘45处包括爱道堂、皇城清真寺和基督教恩光堂在内的具有保护价值的历史建筑，以及摩诃池和将军帅府等59处已湮灭的历史遗存实证。

（2）强化"三城相重"的时空格局

以历史文化资源要素和文化标识空间为基底，强化天府锦城"三城相重"格局，突出时空关联特征。其中，少城重点承续清朝兵丁胡同鱼骨街巷骨架特征，大城重点承续唐代里坊格局特征，皇城则重点承续明蜀王府的楼阁苑囿特征。

少城强化清朝满城格局中以将军衙门为核、以长顺街为轴、以兵丁胡同为骨架的鱼骨街巷体系，作为串联宽窄巷、祠堂街等文化标识空间的重要空间网络和重现历史生活的场景载体。

大城承续正科甲巷遗址、江南馆街遗址中整理的唐代里坊格局，提取江南馆街、新华大道、东大街、锦兴路等作为坊巷划分的重要街巷骨架，划分大坊、中坊和小坊三级网街巷网络，恢复大城唐宋时期四市十八坊的里坊格局。

皇城是天府锦城中最能呈现迭代层积的区域。明蜀王府遗址、明御河遗址等展现了皇城明代楼阁苑囿格局。人民路、成都体育中心等近现代文化要素则见证城市发展与繁荣，凸显时代意义。依据隋唐时期宫城图和东华门遗址考古成果，恢复蜀王府"楼阁苑囿"的空间格局，重现摩诃池胜景。同时保留人民路、成都体育中心等城市文化记忆符号，强化随时间演变的历史文化资源要素在地理空间上的时空关联。

2.整体关联：强化人文碎片要素与街巷空间整体的关联

成都街巷保留了城市2300年建城史的悠久记忆，也是成都人生活美学的传承地和发扬地。而天府锦城又是成都历史街巷数量最多、保留最完整的地区。以天府锦城独特的街巷空间为载体，梳理整合文化结构，形成要素特征—脉络结构的关联控制。

（1）构建十字放射活力街巷空间骨架

运用GIS和智能街景识别技术，形成步行吸引度评价和步行适宜性评价（表1）。两类评价加权叠加判断得到街道的步行空间品质评价结果，并将其与《清宣统三年成都街道二十七区图》的历史坊巷空间进行叠合分析，构建以蜀都大道和人民中路为骨干的十字放射的锦城活力骨架。

（2）构建"城—坊—街—景"四级结构性人文活力圈

十字活力骨架构成了天府锦城亲切宜人和生机勃勃的线性基底。这些线性要素串联历史文化资源要素和文化标识空间，构建"城—坊—街—景"四级结构性人文活力圈，成为城市活力网络的积极载体。

少城以鱼骨街巷为空间肌理底图，强化长顺街南

6. 天府锦城总体城市设计意象图　　8. 少城整体关联性人文活力网络图
7. 天府锦城自然地理格局与城市文脉分布图　　9. 大城整体关联性人文活力网络图

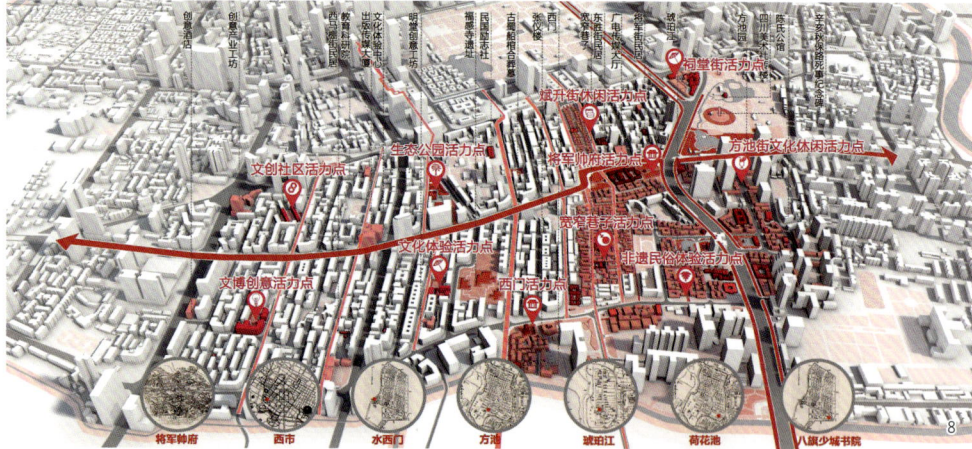

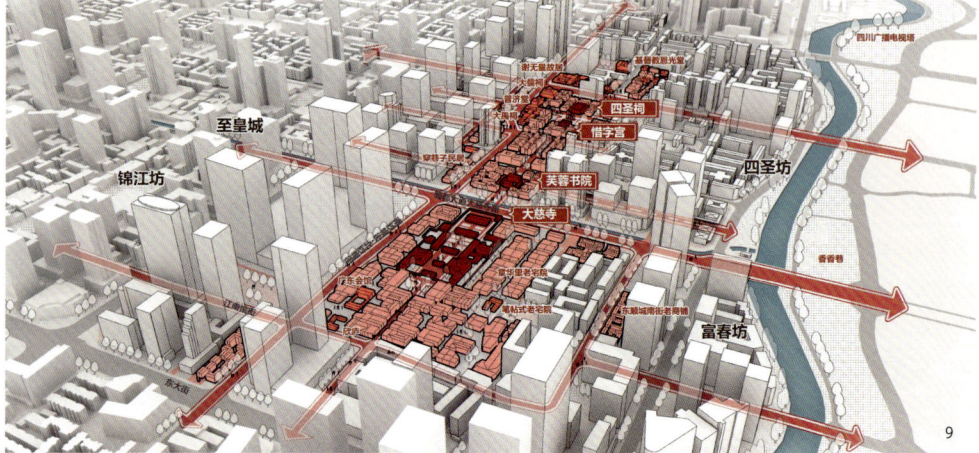

北轴线的串联作用，并通过斌升街向东链接皇城。

大城以街坊十字网格骨架为空间肌理底图，强化武城大街和东大街的骨架作用，并突出纱帽街、四圣祠街、南糠市街对大慈寺、芙蓉书院、惜字宫和四圣祠四重奏文化活力节点簇群的串联作用，同时激活四圣坊和富春坊等里坊空间的文化引力。

3.系统关联：强化自然环境与城市文脉系统的关联

锦江是成都的母亲河，浇灌出富饶的成都平原，是锦官城历史文化资源富集区和人文场景的呈现区，是城市河运繁荣、文化兴盛的见证。皇城中的摩诃池也是天府锦城重要的生态人文胜景。唐代中叶，摩诃池已是文人墨客和贵族平民均可泛舟游览的开放城市公园。五代时期摩诃池改名宣华池成为皇家禁苑。后蜀时期摩诃池扩建，水面达千亩。锦江和摩诃池不仅是城市自然水利史上重要手笔，亦是城市文脉的延续。通过锦江两岸和天府文化公园两个特征空间的梳理与场景营造，强化自然环境与人文脉络的关联。

（1）强化锦江两岸公共空间营造

强化锦江及其两岸的公共空间营造，打造锦城水环作为天府锦城重要的文化空间载体。依据《华阳国志》提出的"锦城水环、顺河七桥、四角四园"的自然地理格局保护框架，通过水系串联合江亭、散花楼等历史文化资源，恢复五丁古蜀园、猛追柳浪园、百花沧浪园和合江芳华园等四角四园，保护自然地理环境，传承历代营城智慧，在自然环境中承载与展现城市文脉。

（2）塑造天府文化公园题名景观

摩诃池历史上是成都宴会名胜之地。依据唐代摩诃池范围及南宋《方舆胜览》等相应古文典籍描述，恢复其水心岛屿、水榭院落，重现花蕊夫人笔下"嫩荷花里摇船去"的摩诃胜景，并融合成都体育中心、东华门遗址等文化资源，将东城根街、羊市街、西玉龙街、顺城大街和蜀都大道围合的区域整体规划为天府文化公园，成为天府锦城的中央绿心，且进一步通过蜀都大道、小南街和祠堂街绿廊向西串联人民公园和锦城水环。

六、结语

本文运用整体关联性方法研究并分析层积性历史城区的发展脉络，建构时序关联、整体关联和系统关联三种历史城区的城市设计整体性方法。以成都天府锦城城市设计为例，梳理全区域通史性历史文化资源要素，通过强化人文资源与时空演变、人文碎片要素与街巷空间、自然环境与城市文脉系统的关联，完善其结构性和整体性，展现地域特征、注入城市活力，实现"蜀都韵、天府味"。

10.大城效果图

参考文献

[1]李和平,曹永茂."层积性"和"连续性":城市历史景观视角下的历史风貌区保护研究[C]// 中国城市规划学会. 规划60年 成就与挑战:2016中国城市规划年会论文集.北京:中国建筑工业出版社,2016.
[2]张杨,何依. 历史文化名城的研究进程、特点及趋势:基于CiteSpace的数据可视化分析[J]. 城市规划,2020,44(6):73-82.
[3]卢济威,张力. 基于城市复兴的古城更新:连云港海州古城城市设计[J]. 城市规划学刊,2016(1):80-87.
[4]田涛,程芳欣. 西安市文化资源梳理及古城复兴空间规划[J]. 规划师,2014,(4):33-39+56.
[5]刘奇志,罗巧灵. 武汉市历史文化遗产动态保护的规划实践探索[J]. 城市规划学刊,2013(5):94-99.
[6]周俭. 城市遗产及其保护体系研究:关于上海历史文化名城保护规划若干问题的思辨[J]. 上海城市规划,2016(3):73-80.
[7]邵甬,胡力骏,赵洁. 区域视角下历史文化资源整体保护与利用研究:以皖南地区为例[J]. 城市规划学刊,2016(3):98-105.
[8]吴晨,赵新越,吕玥. 北京东城区:城市复兴理论下创造性的导则体系研究、编制与实践例[J]. 北京规划建设,2018(3):173-180.
[9]张兵. 城乡历史文化聚落——文化遗产区域整体保护的新类型[J]. 城市规划学刊,2015(6):5-11.
[10]何依. 走向"后名城时代":历史城区的建构性探索[J]. 建筑遗产,2017(3):24-33.
[11]肖竞,曹珂. 基于景观"叙事语法"与"层积机制"的历史城镇保护方法研究[J]. 中国园林,2016,32(6):20-26.
[12]匡晓明,陈君,陈晶莹. 郑州十年(2008—2018):同济同城城市设计实践与思考[J]. 城市规划学刊,2019(Z1):199-205.
[13]成都市满和人民学习委员会. 成都满蒙族志[M]. [出版地不详]:[出版社不详],1993.

作者简介

匡晓明,上海同济城市规划设计研究院有限公司总规划师,城市设计研究院院长,城市空间与生态规划研究中心主任;

夏雯,上海同济城市规划设计研究院有限公司城市设计研究院城设所副所长,高级工程师,注册城乡规划师;

吕圣东,上海同济城市规划设计研究院有限公司城市设计研究院城设所所长,高级工程师,注册城乡规划师。

表1　　步行空间品质评价分析表

类型	细分要素	评价指标
步行吸引度评价	街道的交通可达性	轨交站点出入口步行至街道距离
	街道周边服务设施水平	街道缓冲区内(50m)商业娱乐设施、学校、公园、社区服务设施密度
	街道两侧区域主要功能	街道两侧用地性质识别
	街道周边文旅资源水平	街道缓冲区内(50m)不同等级文旅资源密度
步行适宜性评价	街道绿化水平	街道绿视率、街道现状古树名木情况
	街道的机动车影响性	道路等级、道路宽度、不影响行人步行的较低机动车车速、机动车与行人步行区域之间是否有绿化隔离
	街道步行区域舒适性	人行道宽度、是否有可结合建筑前区的外摆空间、贴线率

活态遗产视角下古镇保护性城市设计实践
——以罗城古镇为例

Practice in the Protection Oriented Urban Design of Ancient Towns from the Perspective of Living Heritage
—Taking Luocheng Ancient Town as an Example

俞 静　景秋晨
Yu Jing　Jing Qiuchen

[摘　要]　活态遗产保护已成为国内外遗产保护领域日益关注的重要议题，国际文化财产保护与修复研究中心（ICCROM）的"活态遗产保护路径"（Living Heritage Approach，LHA）提出了基于延续性的活态遗产保护原则和策略建议。四川省罗城古镇具有活态遗产的典型特征，本文以古镇的保护更新为研究对象，从LHA角度探讨了保护性城市设计在实践过程中的经验和不足。

[关键词]　活态遗产；延续性；保护性城市设计；罗城古镇

[Abstract]　The protection of living heritage has become an increasingly important issue in the field of heritage protection both domestically and internationally. The International Center for Cultural Property Protection and Restoration (ICCROM)'s "Living Heritage Approach (LHA)" proposes principles and strategic recommendations for the protection of living heritage based on continuity. The Luocheng Ancient Town in Sichuan Province has typical characteristics of a living heritage. This article takes the protection and renewal of the ancient town as the research object, and explores the experience and shortcomings of the specific practical process of protection oriented urban design from the perspective of LHA.

[Keywords]　living heritage; continuity; protection oriented urban design; Luocheng Accient Town

[文章编号]　2025-98-P-096

活态遗产保护已成为国内外遗产保护领域日益关注的重要议题。2021年9月3日，中共中央办公厅、国务院办公厅印发的《关于在城乡建设中加强历史文化保护传承的意见》中进一步明确提出"活态遗产"作为"城乡历史文化保护传承体系"的"主体和依托"的地位。中国量大面广的古城、古镇、古村的城市规划设计中，同样面临活态遗产保护的要求。本文以四川省罗城古镇为研究对象，探讨这类保护性城市设计在实践中的经验和教训。

一、规划背景

1.古镇区位

罗城古镇位于四川省乐山市犍为县罗城镇，地处距犍为县城约22km的深丘地带，距乐山市约35km，距成都约140km，至今仍是犍为县东北部连接乐山、辐射周边的中心镇。罗城古镇位于镇区南部，范围约46.0hm²。

2.古镇历史

罗城古镇始建于明末崇祯年间（1628年），成形于清代，距今已有300多年。一方面，它作为成都平原向南衔接山区的煤炭、铸铁、土白布、大米、桐油、卷烟、菜油的集散地，以"旱码头"[1]闻名。另一方面，它地处三地边界，明清时期成为屯兵制夷的军事节点（"罗城铺"）。民国时期，此处设"罗城乡"，1952年，设"罗城镇"。古镇范围内历史遗存丰富，肌理保存相对完整，因其至今保存完好"船型街"[2]而引起国内外的广泛关注。

3.古镇保护和发展的现实

早在2005年，地方政府组织编制了《犍为县罗城镇历史文化名镇保护规划》，初步形成了整体保护思路。针对住房老旧、设施滞后的现实困难，保护规划提出了较为激进的大规模拆旧建新的改造措施，这显然有悖于古镇的整体保护。幸运的是，此项改造工程因为资金缺乏并未得以实施。因此，一段时间以来，古镇基本处于一种"静态"。有限的保护经费仅能覆盖船型街、灵官庙和清真寺等几处文保单位的基本修缮。地方政府试图依托古镇发展旅游业，但面临外部交通支撑不足的问题。同时，由于电商的下沉，古镇的传统零售店铺受到冲击，镇区商业除了核心地段开始出现萧条。

虽然古镇面临种种困难，但其核心地段依然保持着相当活力，船型街一带延续着日常休闲与社区活动的惯性，呈现出典型的川南小镇喧哗而闲散的生活状态。这使得罗城古镇看来硬件条件明显不足，却仍保持了不低的知名度和吸引力。罗城古镇的"静态"和"滞后"从某种程度上也保护了镇区生活状态，保留了一种难能可贵的"活态"。

2014年，地方政府组织在此开展城市设计研究，罗城古镇的保护和开发首先要回答的，就是如何理解并且应对这样的"活态"。

二、活态遗产保护理念与规划思路

1.活态遗产的概念和特征

"活态"概念对应于"living"（活的）一词，在新牛津词典（2013）[3]中的通用解释为"alive"（活着的），包含三层内涵：一是"用于生活的"（used for living）；二是"仍然使用的（still spoken and used）"；三是"永流不息的"（perennially flowing）。因此，我们可以把活态遗产理解为依然保持生活状态、仍然使用并永续传承下去的一种遗产。

国际文化财产保护与修复研究中心（ICCROM）学者 Wijesuriya G（2007）[4]用"延续性"（Continuity）来定义这种遗产的活态特征，将这类遗产表述为一种保持原初功能、逐渐进化，并连接到特定社区（original use, gradual evolution, and link to specific communities）的遗产。2012年颁布的《历史文化名城名镇名村保护规划编制要求（试行）》中也提出了"历史遗存的真实性""历史风貌的完整性"和"维持社会生活的延续性"保护原则，也将"延续性"列为古镇保护的重要原则之一。

2.活态遗产保护的策略和方法

2009年，ICCROM在世界各地的实践基础上提出一种活态遗产保护方法（LHA, Living Heritage Approach）[5]，构建了"1+3"相互支撑的工作框架。LHA以"使用的延续"（Continuity of the use）为核心目标，以"社区连结的延续"（Continuity of community connections）"文化表达的延续"（Continuity of expressions）和"小心看护的延续"（Continuity of care）为三大策略，从目标和策略上对"延续性"进行了分解，探讨了活态遗产保护的多维度策略。

针对罗城古镇，我们引入LHA框架，探讨了一种以延续活态为目标的城市设计的做法。

三、活态遗产理念下的规划实践

1.延续古镇的原初功能

（1）保持居住社区的总体定位与整体环境

罗城古镇的原初功能主要包含了商贸、军事、宗教以及居住功能。当前，军事功能已不复，宗教功能已萎缩，跨区域的商贸功能也已退化，但居住功能延续未断。如何保持这种居住功能的延续是保护规划的基本出发点。因此，虽然居住空间亟待改造，但也只能以小比例、渐进式的方式进行。2014年，经过对古镇约27万 m^2 的建筑的详细梳理，规划提出保留80%规模的现有建筑不变，重点优化完善16%的破败商业和破旧住宅，清退约4%的工业和仓库的改造建议，以确保主体功能的延续性，避免出现大规模、大比例的商业化导致的功能异化。其中，有条件的建筑，则转型为社区公共服务设施使用。

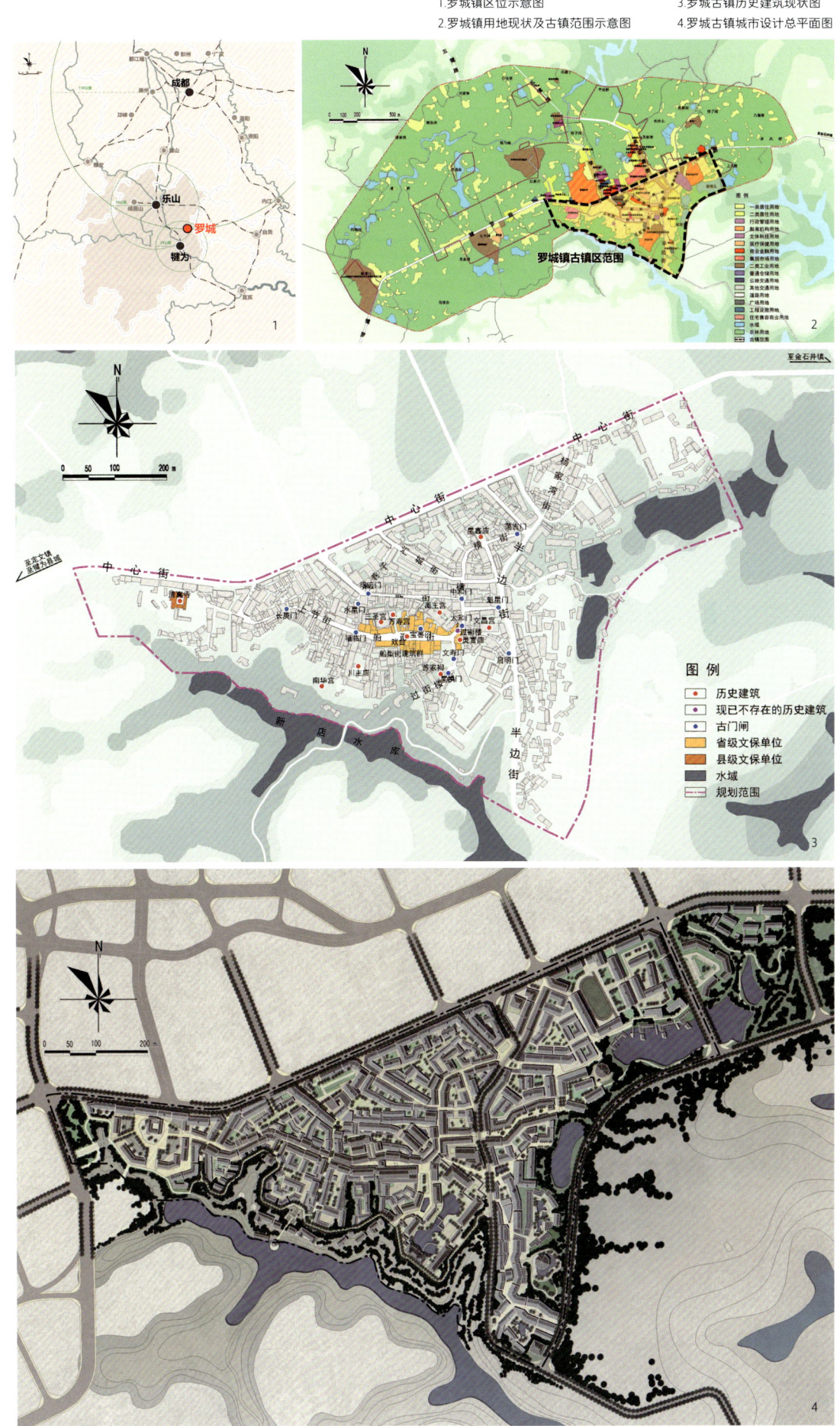

1.罗城镇区位示意图　3.罗城古镇历史建筑现状图
2.罗城镇用地现状及古镇范围示意图　4.罗城古镇城市设计总平面图

5.罗城古镇城市设计总体鸟瞰图
6.罗城古镇船型街修复后城市设计效果图

（2）顺应当代生活需求的消费业态更新

罗城古镇上的商业功能，记录着时代的变迁。新中国成立前，镇上较大的旅馆有9家、茶馆30多家、饭店20多家，川南商贸小镇氛围浓郁；20世纪80年代，随着交通条件的变化，旅馆下降至2家，茶馆下降至3家，零售商店占比逐步提高；2014年前后，电商异军突起，古镇零售业受到冲击，但与此同时，政府部门则在有意识地推动旅游服务业发展，因此，茶馆、水吧、奶茶等门店数量增长迅速。为此，设计顺应时代变化，围绕核心地段"船型街"打造兼顾本地居民的休闲生活传统和外来游客的"茶馆经济"。据2022年POI数据，船型街两侧的商铺中，已经集聚了超过30家的茶馆，占比超过60%。为此，地方政府专门成立行业协会，来维护茶馆经济的有序发展。

（3）谨慎纳入公益性功能，审慎进行建设布局

现代设施的植入是遗产保护中的难点。一般的社区活动室、社区诊所等小型生活服务设施比较容易嵌入，但中大型设施则需要谨慎。1990年建成的罗城小学和1996年建成的罗城初中在体量、风貌上与古镇肌理有较大差别，但已既成事实，考虑到它们位于边缘地带，设计未做大刀阔斧的改造，仅对环境进行了优化。但对于地方政府提出的新建旅游集散中心与公共停车场的计划，设计将其布置于边缘，并通过修补街巷系统实现其与古镇的联系，在保证可达性的同时，使其对古镇风貌的影响降至最小。

2.延续古镇核心社区与遗产的连结

（1）保持古镇居民构成与生活秩序的相对稳定

作为犍为县东北区域的重点镇、中心镇，罗城镇在吸纳农村人口，保持镇区居民稳定上，有着先天优势。整个镇区的人口规模自2004年1.1万人到2020年2.5万人，保持着健康的增长态势。位于核心地段的船型街社区的人口常年稳定在1万人左右，社区相对成熟。考虑到生活环境的改善需求，设计在禁止成片区的街坊改造同时允许单体的改造推进，以避免人口大规模的更替。但随着中青年大量外出打工，稳定的古镇也面临着留守儿童托管和老年人照看的新问题。

（2）强化核心社区自治能力，提高居民参与程度

针对上述问题，设计也将各类街道整治、广场绿地改造等工程形成项目化建议，促进社工机构、社区两委、志愿者和居民的协作，以提高社区共建、共治、共享的自治能力。提高自治能力，不仅有助于降低社区公共事务成本，也对古镇社区留住人、吸引人起到了重要作用。同时，借助于互联网，古镇居民可以通过微信公众平台"微城管""曝光台"等渠道，参与到具体的环境整治和管理当中，成为古镇保护的积极参与者。2021年，位于古镇核心的船型街社区成为四川省级城乡社区治理试点。

（3）政府主导更新改造项目是基于社区功能的提升

设计明确了政府必须主导的若干重点区域的改造项目。2019年，地方政府逐步完成了新店水库公园的部分建设，修通了公园与镇区的联系道路，完成了游客中心、滨水公园、景观步行道等诸多公共性、功能性设施，这也弥补了社区公共环境的历史欠账问题，服务了旅游发展，并和居民自发的住房改造形成了协同。

3.延续古镇的有形和无形的文化表达

（1）保护并延续以"船型街"为核心的街巷系统

古镇300多年历史中虽有多次损毁复建，但总体格局稳定，形成了"山顶一只船，云中一把梭"的独特空间意象。明清、民国、现代各个阶段古镇肌理变化不大。历史建筑散布于街巷当中，形成了一种自然而然的空间脉络。因此，设计除了按照要求严格保护核心区域，也保留全部街巷系统，以单栋建筑维修、小型场地增补、堵塞街道疏通等具体问题为切入点进行更新改造。如新建游客服务中心与镇区的联系道路，从上节街接入船型街，通过青石板传统街面的做法延续古镇协调。

（2）适应时代适度变化挖掘非物质性文化遗产

在保护修复古镇物质空间的同时，进一步梳理出古镇历史上的商贸文化、移民文化与习武文化等在空间中的隐藏信息。如考虑到"船型街"的特殊地位，设计汲取了茶馆经济的空间集聚特点，顺应发展"罗城茶馆"这一具有群众基础，且具有高辨识度的文化IP的打造，在完善古镇商业功能同时，延续川南传统场景和生活氛围，有意识地强化对外的文化展示功能。

（3）加强物质性和非物质性遗产的整体性保护

保护文化延续，不能将物质性和非物质性遗产割裂开来。城市设计中，除了船型街的街铺空间与地方茶馆文化的结合之外，也充分考虑将戏台、寺庙等具体的空间设施，与祭祀、演艺等民俗活动结合起来，避免文保设施彻底的"死亡"。设计形成了两条民俗观光游线、一条文化创意游线、一条生态体验游线，将这些设施有机串联起来。

4.延续古镇保护与修缮中的地方知识

（1）及时挂牌和积极规划为整体保护打下良好基础

1983年，"船形街"在广州国际贸易交流会上引起广泛关注，同年作为澳大利亚诺克斯市"中国城"蓝本而出名而驰名中外[6]。1992年，罗城古镇就被列为"省级历史文化名镇"，2005年，名镇保护规划编制。罗城古镇因较早成为国内学者的关注热点，留下了较多的原初的珍贵的测绘资料，明确了保护要求，制定了保护措施。这些对如何在古镇发展中减少不恰当的人为干预起到了积极作用，也成为本次城市设计的重要依据和立足点。

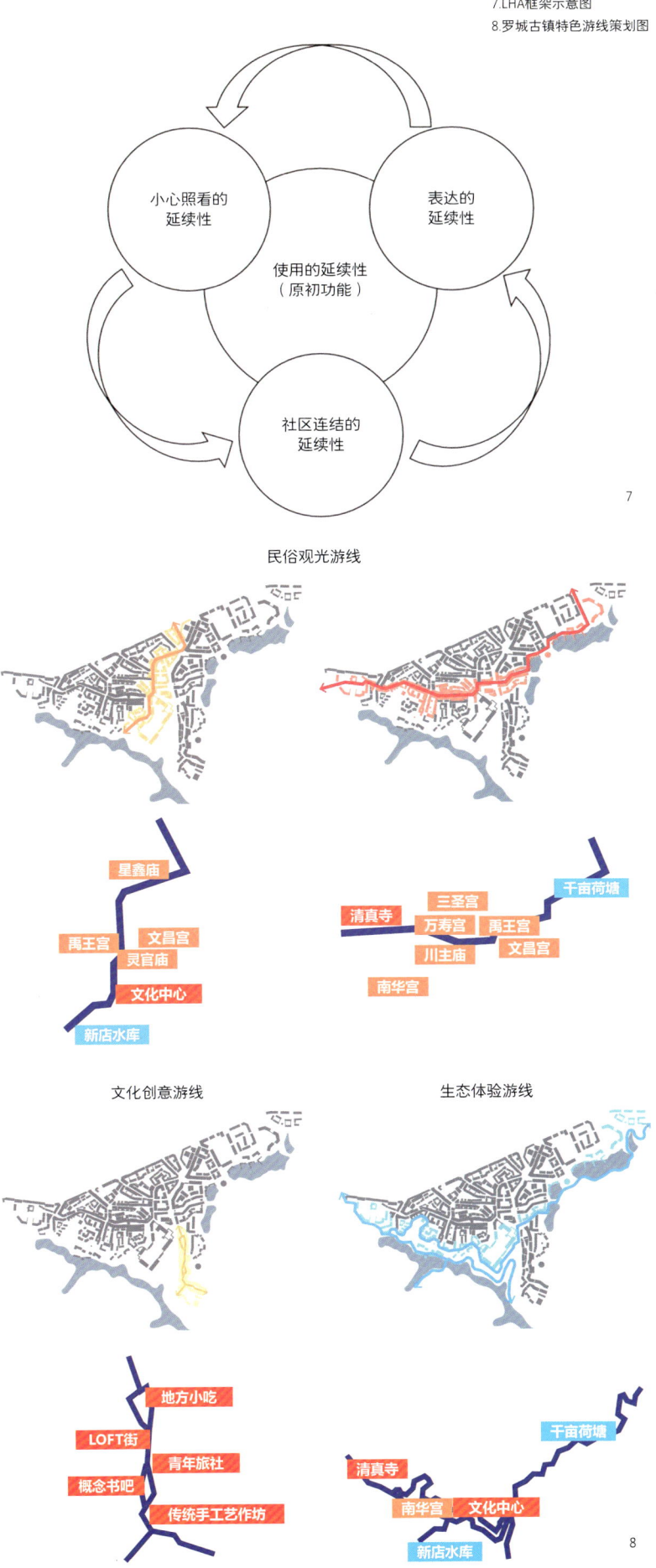

7.LHA框架示意图
8.罗城古镇特色游线策划图

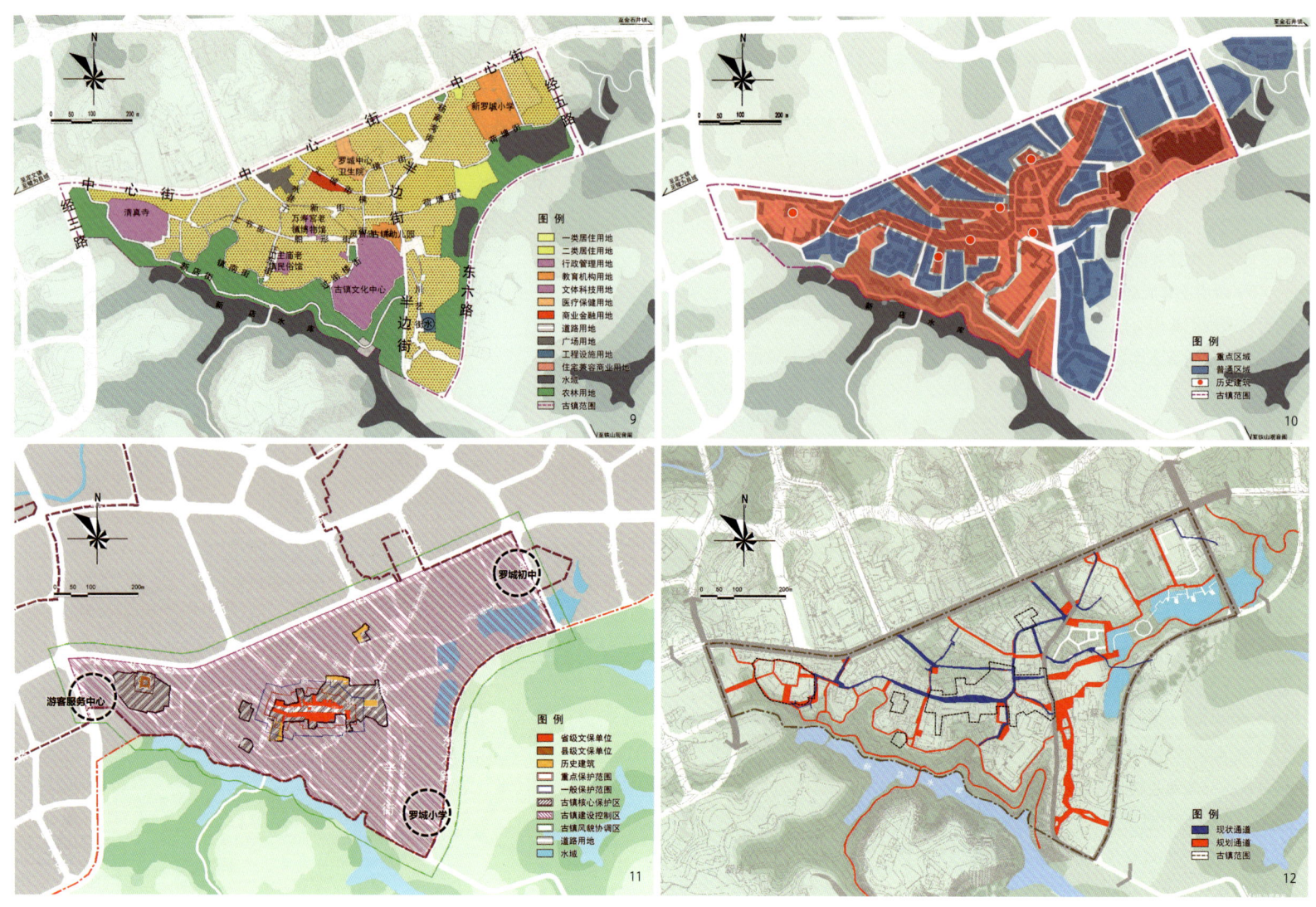

9.罗城古镇土地利用规划图
10.罗城古镇重点区域划分示意图
11.罗城古镇中大型公共服务设施布局示意图
12.罗城古镇街巷修补规划示意图

（2）采用传统技术和材料的干预措施

船形街的修缮工作是设计的重要考虑事项。船形街宽约10m，全长约209m，建筑以穿梁榫卯相搭木质框架为主。修缮工作主要包括：进行门窗更换，将现状水泥墙面还原为竹编粉墙、灰砖墙和木板墙，治理柱子、梁枋等变形、断裂、白蚁病害等问题，完善店招和街道家具等。修缮技术难度不高，但设计所倡导的修旧如故意味着任务琐碎，周期长。为此，地方政府组织了一个由本地居民为主的修缮施工队，分批次逐步开展，保证了修缮的连续、可控。

（3）将保护工作与居民的生活、生计相结合

古镇的修缮工程也因此成为一种本地化的持续更新的过程。这不仅为当地提供了直接的就业机会，也有利于将保护修缮的经验积累在地方。持续开展的小规模零散工程的组织方式也有利于协调周边生活，降低长期施工成本。如2017年的修缮工程，最高峰时用工量也仅有25人，但修缮持续时间长达150天，通过本地化用工，将修缮费用降到一年50万元左右。虽然地方知识与传统技艺延续方面还存在一定短板，但地方政府也已认识到这一问题并积极应对。

四、结语

罗城古镇先天条件较好，历史形成的居住功能相对稳定，商贸功能派生出以茶馆为特色的休闲功能较好地延续了川南小镇空间和文化的特点，巧妙实现了居民生活和游客活动的平衡。地方政府秉承保护家园的出发点，与设计提出的"活态遗产"理念相契合，循序渐进开展了基础设施、公共空间和文物修缮的工作，不仅实现了物质风貌的保护和延续，也有效提升了社区居民的环境品质和生活质量。活态遗产视角下对于罗城古镇城市设计显然是保护性的，对于任何一个有历史的城镇、村落的城市设计哪个不是保护性的呢？通过回顾和探讨，也再次让我们思考城市设计两项基本问题：设计什么？为谁设计？

参考文献

[1]应金华，杨明宁.山顶一只船 云中一把梭：布局奇巧的罗

13.罗城古镇城市设计总体鸟瞰图
14-15.2014年、2020年改造前后的船型连廊修缮实景照片
16.船型街保护修缮和日常经营同时并存的实景照片

城古商业街[J].城市规划,1987(3):30-33.

[2]成城,何千新.川南三个小城：五通桥、罗城、金水井[J].建筑学报,1981(10):65-69.

[3]牛津大学出版社.新牛津英汉双解大词典[M].2版.上海外语教育出版社,译.上海：上海外语教育出版社,2013.

[4]WIJESURIYA G. Conserving Living Taonga： The Concept of Continuity[M]// SULLY D. Decolonising Conservation: Caring for Maori Meeting Houses outside New Zealand, Walnut Creek, New York: Routledge, 2007: 59-69.

[5] ICCROM. Sharing Conservation Decisions: Current Issues and Future Strategies[M]. Eds. HERITAGE A, COPITHORNE J. Rome: 2018.

[6]邓朝霞.犍为罗城古镇[J].巴蜀史志,2007(3):59-60.

作者简介

俞　静，同济大学建筑与城市规划学院博士研究生，上海同济城市规划设计研究院有限公司综合发展部部长，《理想空间》编辑部主任，高级工程师，注册城乡规划师；

景秋晨，上海同济城市规划设计研究院有限公司规划六所副所长，注册城乡规划师。

历史文化街区城市设计实施的若干关键要点
——以南宁市三街两巷为例

Several Key Points for the Implementation of Urban Design of Historical Areas
—Case of Sanjie-Liangxiang Historical Area of Nanning City

张 恺
Zhang Kai

[摘　要]　历史文化街区承载着城市的文化基因，受到空间变化的强约束控制，同时需要解决老旧街区衰败问题。城市设计工具有利于灵活应对历史文化街区的多方面诉求，通过空间解析、全域统筹、文化认同、活力延续、上下传导等关键步骤，在守住底线、传承文脉的同时，推动历史文化街区的可持续发展。

[关键词]　历史文化街区；城市设计实施；三街两巷历史文化街区；可持续发展

[Abstract]　Historical areas carry the cultural genes of the city, with strong constraints on spatial changes, and need to address the issue of decline. Urban design is conducive to flexibly responding to the diverse demands of historical areas. Through key steps such as spatial analysis, overall planning, cultural identity, vitality continuation, and urban planning transmission, while maintaining the bottom line and inheriting the cultural context, urban design promotes the sustainable development of historical areas.

[Keywords]　historical area; implementation of urban design; Sanjie-Liangxiang historical area; sustainable development

[文章编号]　2025-98-P-102

城市是不断生长的有机生命体，作为为数不多的历史遗存集聚区，历史文化街区承载着城市发展的基因，对于传承城市文化具有不可替代性，受到法律法规的严格保护。一些城市的历史文化街区，虽然拥有稀缺的历史文化资源，然而历史欠账多，街区环境和基础设施长期得不到改善，真实面貌与其文化价值极其不匹配。一旦明确保护身份，历史文化街区的建筑和空间格局改变则受到较强的法律约束，保护和发展的要求相互拉扯，常常成为城市更新中的难点地区。

2021年，中共中央办公厅和国务院办公厅联合印发了《关于在城乡建设中加强历史文化保护传承工作的意见》，要求整合文化遗产各类保护对象构成的"有机整体"，反映从大规模扩张的增量型发展转向基于存量的高质量发展阶段，国家对历史文化资源保护的新要求，也标志着文化遗产保护进入了一个新的阶段。在这个新阶段中，不仅要强调对文化遗产本身的保护，更要发挥它们对新时代城乡建设和发展的作用。在守住底线、传承文脉的基础上，合理利用历史文化资源，带动自身及周边的高质量发展，成为历史文化街区在城乡发展格局中的新使命。

南宁市三街两巷历史文化街区位于广西省会南宁主城核心，源于邕州宋城时期，繁盛于清朝至民国。"三街"分别为民生路、兴宁路和解放路，以商业骑楼为主要建筑形式，代表着南宁的码头文化、商贸文化和会馆文化；"两巷"则为金狮巷和银狮巷，以多进民居院落为主，是南宁传统市井文化的典型代表。

这里集中了南宁主城区60%的文保单位，同时街区内建筑极为混杂，就总量规模而言20世纪80年代后建造的建筑占多数，夹杂着大量5~8层的单位宿舍楼，沿街骑楼建筑大多已被改造而失去原貌。三街两巷代表了大量城市中心区历史文化街区的尴尬境地：文物多、价值高、环境乱、建筑差、更新难。

城市设计作为"承上启下"的规划工具，具有灵活性、适应性的特点。对于历史文化街区这一类约束条件多、情况复杂、诉求多样的地区，便于灵活加载文化、历史、产权、业态、交通等不同方面的要求，向上落实街区保护规划的法定规则，向下承接建设实施方案，兼顾保护与更新，形成可适配、可调控的技术指南。

一、强约束下的可能性

如何化约束为动力，是历史文化街区更新的最大难点。历史文化街区中的各级文物保护单位、历史建筑、历史环境要素、核心保护范围、建设控制地带等，各有不同层级、不同强度的保护控制要求，这些要求叠加在一起，共同构成了街区更新的强约束条件。

面对街区复杂现状开展城市设计的第一步，便是厘清各类建成要素的保护要求、保留价值及其空间分布，通过严谨的保护管理要求解读，加上细致的历史研究、产权梳理、社区调研等工作，科学制定建筑留、改、拆方案，形成一张依据充分的工作底图，作为空间赋能、空间释放可能性的讨论基础。

二、全域更新的统筹性

当面临历史文化街区内非传统建筑占比大、历史要素破碎、社区环境衰败的叠加问题，如果以常规的历史文化街区保护规划方法，陷入就街区论街区的内部讨论，通常难以找到可持续的整体更新路径。打破街区边界，在更大的区域范围内进行全局性平衡，可能成为一种破局的方法。

三街两巷城市设计打破街区边界，在整个朝阳商圈范围内通过疏解区域交通、串联步行空间、连通地下空间、升级便民设施、外部开发安置等一系列措施，全面提升传统商圈综合功能，将街区作为其中的核心节点提供保障和支持，使其发挥最大区域效能。

在工作方法上，改变以往分层逐项编制规划的传统路线，强调城市设计的适用性和可操作性。将保护规划、详细规划、业态规划、建筑设计、街道导则等融为一体，力争做到因地制宜且重点清晰。

三、历史文化的认同性

历史文化街区相较于其他城市更新地区，实施保护更新工作有着改善民生、传承文化、激发活力等多重目标，其中最为核心的仍然是彰显文化价值、提升广大群众的文化自信，这也是历史文化街区可持续发

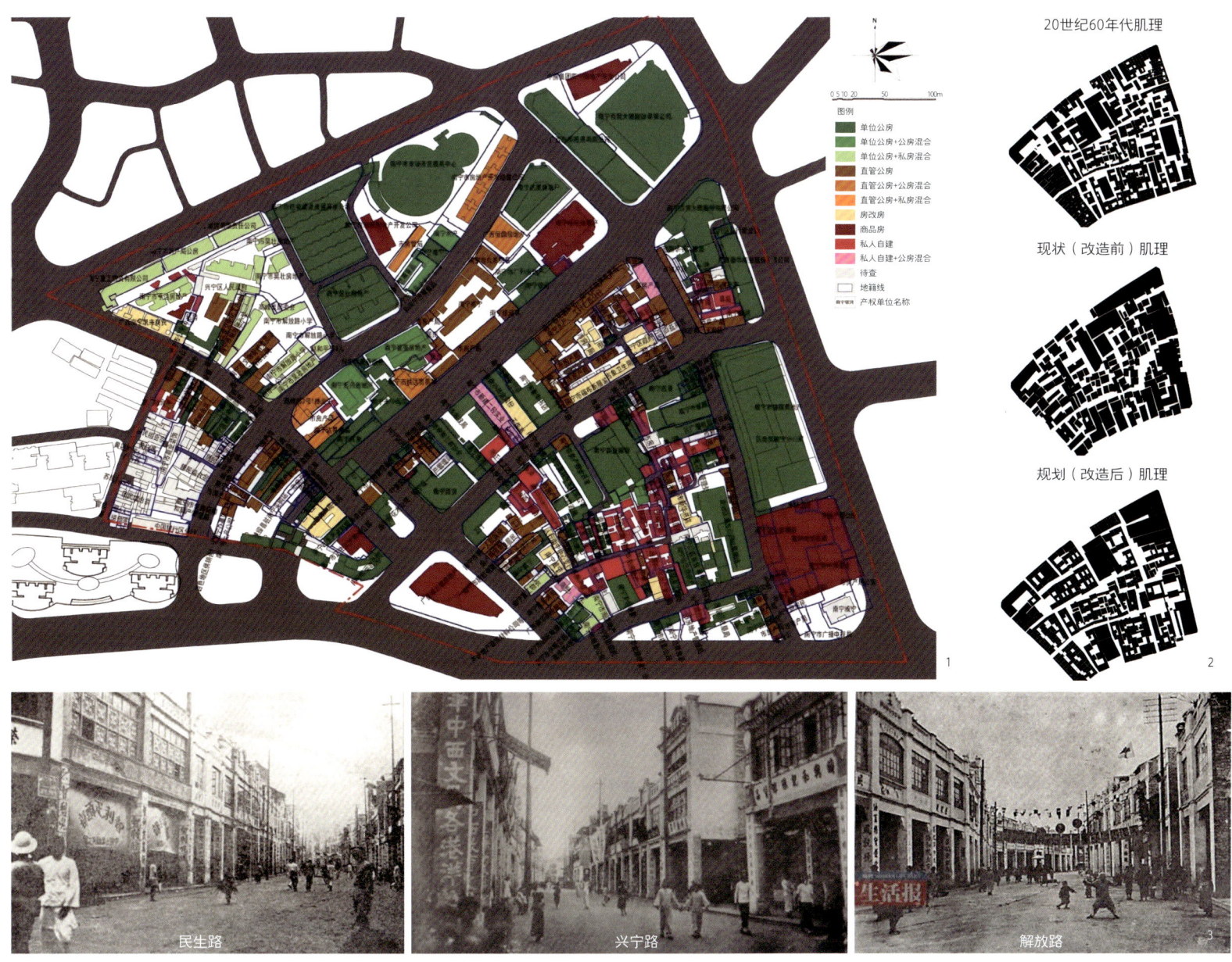

1.现状产权工作底图　2.恢复传统"井"字型街巷空间示意图　3.三街民国时期老照片

展的核心要义。

面对已遭严重破坏、不再清晰的城市风貌,城市设计需要依据充分的历史研究,通过一系列技术手段改变"无差别"的街道场景,重建城市公共空间的文化身份认同,包括历史建筑的修缮、历史场所的复兴、历史风貌的恢复等。

1.恢复传统空间格局

三街两巷位于繁华的城市中心,尽管历史记忆厚重、骑楼建筑成片,然而受到多年持续建设的影响,传统民居建筑和沿街骑楼商铺均被不断改造和加建,历史原貌已很难辨认。街区是一个整体,将街区的"不可读"变为"可读",需要在纷繁复杂的现状信息中,辨认出承载其历史演变过程的结构因素。通过回溯不同历史时段的空间肌理,理解演变过程、梳理发展脉络、提炼文化基因,以此为依据对现状空间结构进行整合设计。

例如三街两巷作为南宁传统的商业和居住混合街区,沿街商业骑楼、内部巷道民居,空间整体上为"井"字形结构。沿街骑楼密实连续,转角处通常出现标志性的商业节点或文化节点,内部民居则以两三进院落为单元南北排布。城市设计在工作底图的基础上,以恢复传统空间结构为目标,进行街巷空间的梳理,进一步明确现有建筑的留改拆对策。

2.恢复历史记忆点

在整体层面恢复空间格局的基础上,街区魅力的彰显需要若干个承载集体记忆的"闪光点"。三街两巷城市设计过程中,依据老照片及历史档案,通过建筑修缮、复原、局部改造等手段,对中华大戏院、民生路兴宁路交通岗亭、水塔脚等重要的历史记忆点进行恢复。在唤醒历史记忆的同时,创造出新的城市人文空间节点,改造完成后备受市民喜爱。

对于骑楼外观的恢复,则严格以历史档案和建筑测绘为依据,对三街各自的骑楼建筑特点进行分类总结,编制骑楼建筑恢复导则,作为开展修缮实施工程的依据。

→ **民生路**的山花样式**相对简洁**，多为三段栏杆式

民生路立面山花样式要求：选择样式相对简洁、三段栏杆式的山花样式，可选下图基本山花样式，亦可选择其他三段栏杆式的山花样式，但风格须简洁明快

→ **兴宁路**的山花样式最为**丰富活泼**，全段式、横三段式均有出现，并且出现大量**巴洛克风格**的装饰

兴宁路立面山花样式要求：选择全段式、三段式山花样式间隔使用，可选下图基本山花样式，亦可选择其他全段式、三段式山花样式，风格相对丰富活泼，可适当增加巴洛克风格装饰

→ **解放路**的山花样式多为**横三段式**，两边砖栏，中间花纹

解放路立面山花样式要求：选择三段牌匾式的山花样式，可选下图基本山花样式，亦可选择风格介于民生路和兴宁路之间的山花样式

注：当阳街新建骑楼建筑立面山花样式同解放路控制要求

4.依据老照片恢复重要历史记忆点——民生路兴宁路交通岗亭
5.依据老照片恢复重要历史记忆点——中华大戏院
6.骑楼建筑恢复导则——山花样式
7.万国酒家修复方案效果图
8.水塔脚广场复兴方案效果图

四、城市活力的延续性

历史文化街区的建筑修缮、街巷整治为底线性工作，其对象为物质空间载体；而物质空间恰恰不是街区价值的全部，街区活力的培育需要长时间积累，是否干预、如何干预需要把握恰当的尺度。一些城市将历史文化街区作为静止对象，采取统一搬迁、统一修缮、统一经营的方式，后期使用和管理效果参差不齐。街区区位、传统功能、人口结构、商业结构、实施主体等诸多方面的因素，都对干预方式产生一定影响，需要综合考量。

三街两巷历史悠久，本身聚集了大量传统商业，只是由于硬件条件老化而有所式微。城市设计在城市活力方面首先考虑对现有商业业态的保育，不仅包括传统老字号，也包括一些更为世俗化但广有口碑的商家，例如金狮巷打金摊、荔园饼家、上得利银楼等，均给予政策扶持帮助其回迁经营。此外，街区80%以上为公有产权房，随着公房的退出，有条件将一批具有南宁地方代表性的文化业态注入街区内部。邓颖超纪念馆、漓江书院、壮锦山河新尚博物馆、苏缄殉难遗址、南宁城隍庙等文化设施，结合历史建筑的修缮，得以在实施阶段陆续落地。

五、城市设计的传导性

城市设计建立了空间规划的基本框架，后续建设实施的还原度如何，很大程度上取决于规划团队的纵向参与程度。

三街两巷城市设计工作突破空间规划，围绕保护与更新的双重目标，在空间方案设计、留改拆对策制定、传统文化传承和经济指标测算四个方面与相关职能部门协调互动。城市设计完成后，又陆续跟进了业态研究、骑楼建筑恢复导则、新建建筑概念方案设计等后续设计，并对建筑施工方案的编制及实施持续跟踪指导。

城市规划师转变设计师角色，协助政府部门当好参谋，参与优化项目的征收补偿政策、制定分期实施方案、开展社区意见征询，成为"管理—设计—业主—公众"良性互动关系中的重要一环。特别是参与制定分期实施方案，合理划分文保单位修缮工程、骑楼建筑整治工程、新建建筑建设工程、街巷及基础设施改造工程等系列工程的工作面，通过合理范围内的分阶段实施，既做到了历史保护和街区风貌整体统一，也有利于总结经验完善下一步计划，从而保证了工程的有序推进。

全过程跟踪的效果显而易见，街区保护更新实施完成后，对城市设计方案具有很高的还原度：缝合空间肌理、恢复记忆节点、提升街区活力、改善基础设施等街区复兴目标基本达成。

7

8

六、结语

"促进持久、包容性和可持续经济增长"是联合国17个可持续发展目标之一,历史文化街区作为城市中文化韧性最强的地区,其保护本身不是目的,推动持久的发展才是。

强约束条件和多方位诉求在狭小的城市空间中碰撞,历史文化街区的保护更新工作看起来矛盾重重、举步维艰。通过南宁市三街两巷城市设计及其实施工作的实践,可以发现将复杂问题抽丝剥茧,找到其中的关键要素、合理步骤及其应对方案,往往能起到事半功倍的效果,并可缓解大量的社会经济矛盾。

三街两巷在沉寂多年之后,焕发出新的生命力,破解了以往单一化、难持久的商业开发模式,空间布局、建筑风貌、节点方案、业态指引等城市设计的主体内容,均在实施过程中得到了较好的延续,极大地树立了各方参与者的信心。

在这个过程中,传统的街区保护规划建立了基本的底线规则,而城市设计作为"承上启下"的技术工具,则可以根据项目的自身情况和实际需求调整工作内容——不自限于空间方案的好坏,而是在强约束条件下寻找空间变化和提升价值的可能性,守好底线、提高视角、充分参与、面向实施,为依托历史文化资源推进城市中心区高质量发展寻找可持续之路。

项目名称: 南宁市三街两巷历史街区策划及城市设计
项目负责人: 张恺
主要参编人员: 房钊、阎树鑫、王兆聪、王博、许昌和、宋起航

参考文献
[1]张恺. 老南宁、新未来[J]. 美丽广西,2018(5): 56-80.

作者信息

张　恺,上海同济城市规划设计研究院有限公司遗产保护与文化复兴研究院副院长,院副总工程师。

9.城市设计效果图
10.建成实景照片
11.更新改造前街区建成环境实景照片
12.街区老字号回归实景照片
13.骑楼商业街外立面改造,保留原商家业态
14.三街两巷更新媒体报导

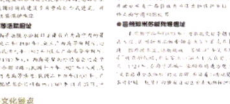

他山之石
Voice from Abroad

贯穿规划编制与开发控制全过程的新加坡城市设计导控
Urban Design Guidelines in Singapore Throughout the Whole Process of Planning and Development Control

蔡雨欣
Cai Yuxin

[摘　要]　新加坡城市设计导则充分融入规划体系的各个层级，在规划编制与开发控制过程中具有连贯的传导性和充分的导控效力，能够有效将规划与设计意图落实到现实空间中。本文研究新加坡城市设计导控案例，以期从城市规划编制、设计导则传导、开发控制以及机构设置等层面，为我国城市设计体制机制优化提供技术与制度指导。

[关键词]　城市设计导控；规划编制；开发控制；新加坡

[Abstract]　Singapore urban design guidelines are fully integrated into all levels of the planning system, providing coherent guidance and sufficient control effectiveness in the planning and development control process, effectively implementing planning and design intentions into real space. Studying the case of urban design guidelines in Singapore can provide technical and institutional guidance for optimizing China's urban design system and mechanism from the aspects of urban design content compilation, guideline transmission, development control and coordination, and institutional setting.

[Keywords]　urban design guiddlines; urban planning; development control; Singapore

[文章编号]　2025-98-P-108

一、引言

城市设计本质上是对理想建成环境的构建，但落实城市设计目标与方案需要经过一系列规划编制与开发控制程序，因此城市设计一方面需要充分融入城市规划编制体系，在不同尺度的规划层级中确定城市设计的设计要素与导控效力；另一方面，在市场经济的视角下，城市设计需要通过干预开发控制程序来实现城市建成环境的生产。2021年自然资源部组织修订的《国土空间规划城市设计指南》行业标准报批稿中也提到城市设计衔接规划编制与开发控制的重要性："城市设计是国土空间规划体系的重要组成，是国土空间高质量发展的重要支撑，贯穿于国土空间规划建设管理的全过程。"

新加坡城市设计导控的体制机制能够很好地将宏观的发展目标逐步细分到精细的具体空间设计层面，并将设计内容传导到开发阶段，实现规划与设计意志向现实空间的转化落实。

因此本文以新加坡城市设计为例，主要从三个方面进行介绍：①面向规划编制与开发控制的城市设计衔接与传导；②城市设计面向规划体系的多层级导控，根据不同规划的尺度与编制需求来确定设计内容的深度，实现城市设计与规划编制阶段的有效衔接；③城市设计面向开发控制的准确导控，将城市设计意图转化为各类通则性设计导则和个性化设计导则，以"定量定性的文字+图则"的形式导控三维城市空间的形态品质，并在土地开发与后续评估环节中成为各主体开发行为的管控依据。

二、面向规划编制与开发控制的衔接与传导

1.规划体系：指导新加坡概念与具体规划

目前新加坡规划体系由长期规划与总体规划构成二级规划体系。

（1）长期规划（LTP）

长期规划前身即概念规划，属于非法定规划，每十年由新加坡市区重建局（URA）审查一次，其指导了新加坡未来50年及以后的发展，是指导土地使用与交通系统的战略规划。最新一轮长期规划审查开始于2021年7月，审查成果在2022年6—8月期间以公众展览的形式展出，并于2022年12月出版了关于本轮长期规划与公众展览的电子出版物。

（2）总体规划（MP）

新加坡的总体规划属于法定规划，覆盖新加坡全域，每五年审查一次，将长期规划提出的广泛的长期战略转化为更详细的实施计划，由此指导未来十至十五年内土地和房地产开发。它的层级、内容与功能和我国控制性详细规划相近，以区划和容积率为核心，规定了土地使用和开发强度。

（3）专项和详细控制规划（SDCP）

专项和详细控制规划是由市区重建局公布的开发控制计划，包括公园和水体、公共空间、有地住宅区、街道街区、围护控制、建筑高度和城市设计、保护区、保护建筑物和古迹、交通连通和地下开发十类规划内容。从地位上看，专项和详细控制规划是叠加在总体规划上作为补充的非法定规划。

2.导则体系：规范和促进土地开发行为的导则体系

导则体系包括个性化的城市设计导则与通则式的开发控制导则、保育地区开发设计导则和发展项目绿化及树木保育导则等，其中，前两者对城市空间开发导控起到重要作用。

（1）城市设计导则

新加坡城市设计导则概述了城市设计范围内开发的一般要求，为城市一体化发展提供广泛的框架，同时，也可以在必要时针对特殊场所发布额外指南。

从覆盖范围看，新加坡城市设计导则只涉及14个重点发展片区，属于个性化的设计导则。从内容上看，导则弱化了蓝图式的设计内容（例如鸟瞰、总平面系统结构等），将城市发展与上位规划的设计意图转化为控制性的空间设计导则，利用定性定量的文字和详细的图则，对三维立体的城市空间形态进行导控，设计的具体对象包括地下室、一楼和二楼的使用指南、建筑形式和高度、行人网络、公共空间、户外茶点区（即户外用餐区）、绿化和夜间照明等。

（2）开发控制导则

开发控制导则出于用途管控和实践操作的考虑，将导则内容分为住宅手册、非住宅手册和总楼面面积手册。与城市设计导则相比，开发控制导则对土地和建筑使用、开发强度、建筑高度与形式设计、建筑后退、步行空间、停车场以及景观设计的要求更为详细精准，覆盖范围也更全面，是指导城市物质空间建设的通则性设计导则。

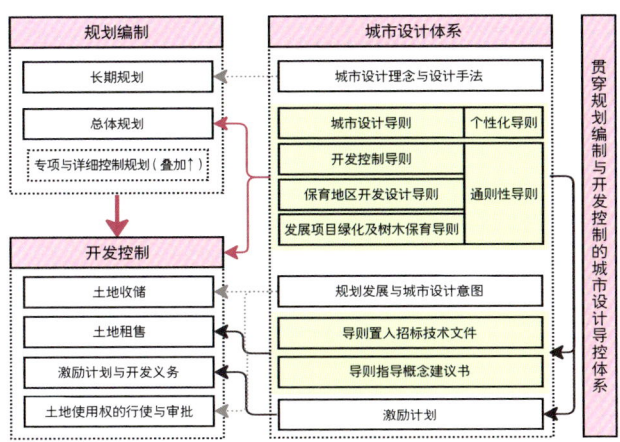

3.城市设计的衔接

（1）城市设计与规划体系衔接

①长期规划：以城市设计理念与手法构建新加坡整体空间格局，并针对长期规划八大主题提出城市空间方针政策。

②总体规划：将控制分区、用地性质和开发强度等与城市设计相关的内容融入总体规划，为城市设计赋予法律效力。

③总体规划和专项与详细控制规划：在总体规划的基础上叠加专项与详细控制规划，在全域范围内从城市设计的角度构建五大公共空间系统，并将其落位到具体地块。

（2）城市设计与开发控制体系衔接

①导则：通过编制城市设计导则、开发控制导则、保育导则以及发展项目绿化及树木保育导则等个性化和通则性空间导控文件，将设计意图转化为定性定量的三维空间管控详细导则，为后续行政管理与土地开发的依据。

②土地招标：将设计要求编入地块出让招标技术文件。

③土地投标：在私人开发过程中，市区重建局采用双信封制度，将概念建议书作为投标要求文件，通过考量建议书中城市设计、公共空间设计质量，来保证土地开发不偏离规划目标。

城市设计与规划体系、开发控制体系衔接不仅有效地将规划意图空间化，更重要的是，城市设计因此被赋予法律效力，并通过写入政府文件的方式成为土地开发与出让的前置条件，从而更有效地指导后续开发建设。

4.城市设计的传导

新加坡城市设计的传导具有较强的连贯性。

（1）规划编制

在规划编制环节，城市设计贯穿了从长期规划到总体规划全过程。

长期规划层面，在针对居住环境、办公场所、休闲娱乐空间等八大主题的方针政策中充分融入了城市设计的理念和设计手法。

总体规划层面，为承接落位长期规划的主题，2019年版总体规划（MP2019）设置五大主题，包括：宜居和包容的社区、全球门户与当地枢纽、地区复兴、韧性可持续的城市、便捷可持续的机动交通。总体而言，2019年版总体规划通过制定土地利用规划、建设公

1.城市设计在规划编制与开发控制过程中的传导示意图
2.1971、1991、2001和2011年版概念规划
3.2021年版长期规划
4.2019年版总体规划

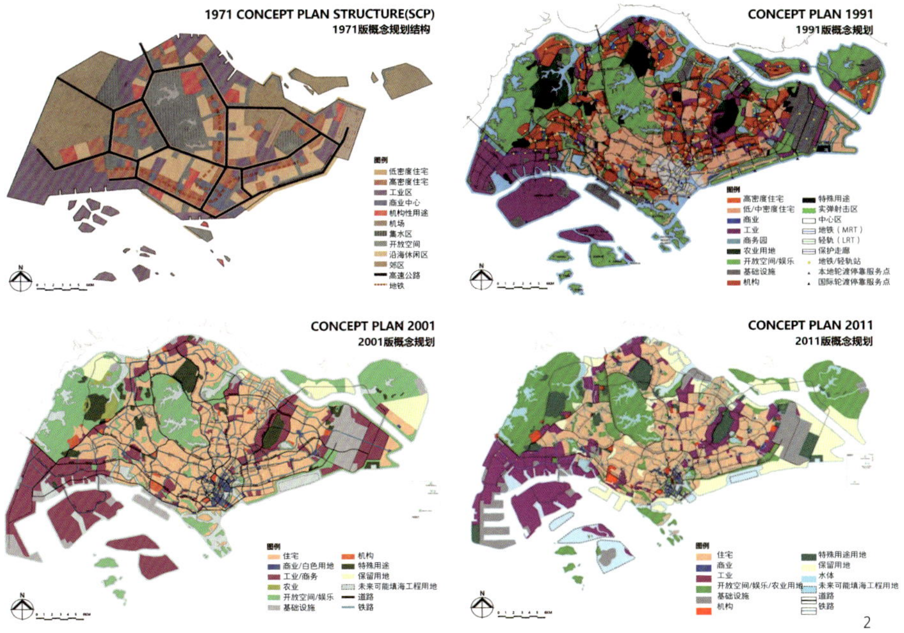

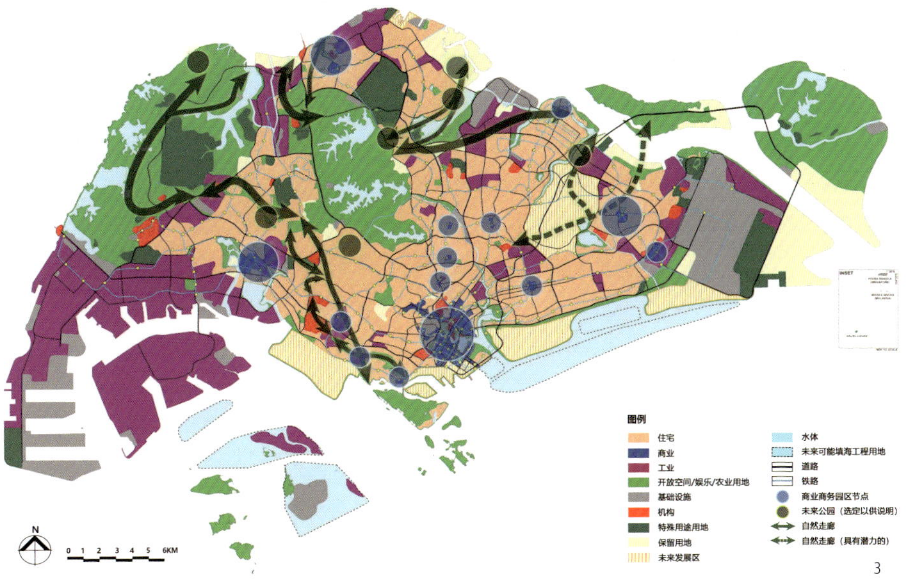

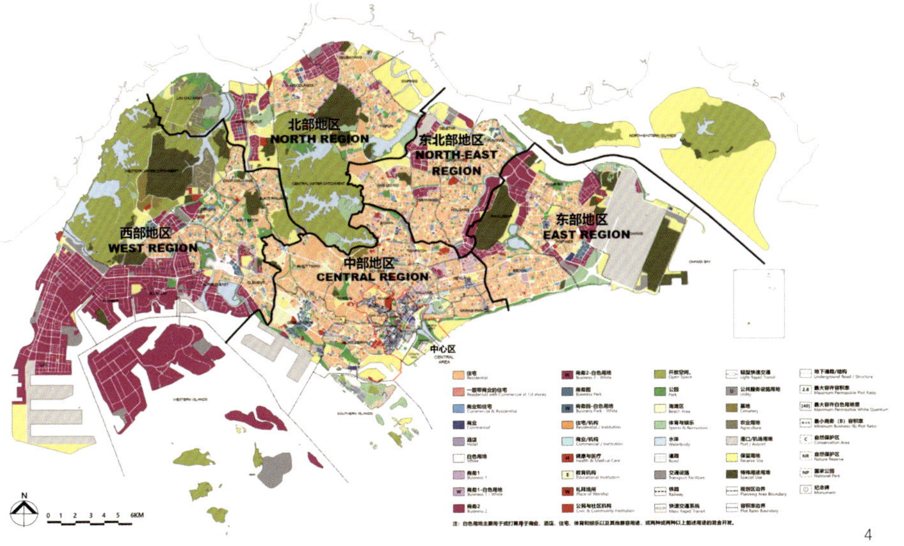

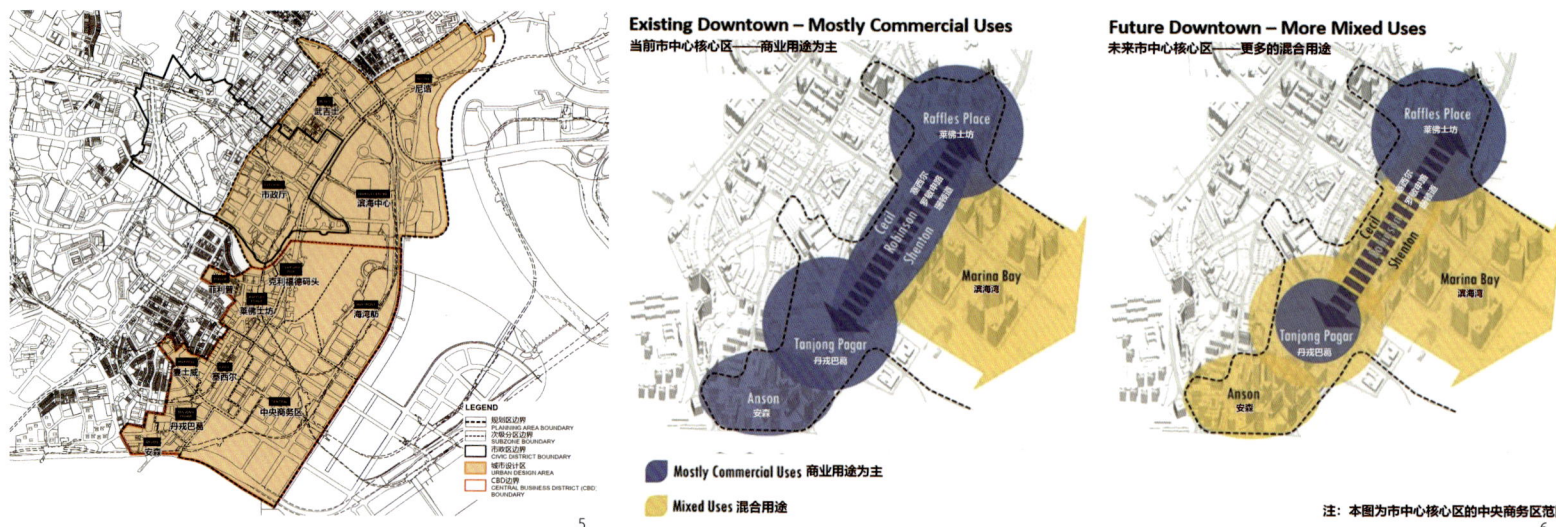

5-6. 市中心核心区城市设计导则覆盖范围及CBD开发用途设置

共空间和基础设施、提出一系列针对地区复兴的战略策划以实现长期规划中"建设具有包容性、弹性、可持续性、生态性的邻里空间"的目标。同时，叠加在总体规划上的专项与详细控制规划通过构建公园水体、保护区、交通连接、建筑高度与地下空间开发五大公共体系，将长期规划概念性的城市设计意图空间化。

（2）开发控制体系

开发控制体系中，城市设计的传导则主要体现在各类通则性与个性开发控制导则作为政府文件，通过土地租售与后续管控程序，将设计意图完整有力地导入实施开发过程中。

三、面向规划体系的多层级多精度城市设计导控

1. 长期规划——全域尺度的结构设计

在长期规划尺度，城市设计以全域国土空间为设计对象，设计精度最小达到结构层次的走廊、片区、中心、节点等，城市设计的影响主要体现包容性、弹性、可持续性的设计理念与设计手法。

城市设计融入概念性空间结构。1971年第一版概念规划在中央集水区周围构建卫星城镇的"环形"结构，并在全岛开发住房城镇、工业区、交通基础设施和娱乐空间，为新加坡的空间发展奠定基础。此后1991、2001、2011年版概念规划也延续了首版规划的空间结构和设计思维，并逐渐强化走廊、片区、中心、节点的空间设计。

城市设计融入城市空间的方针政策。最新一轮长期规划的最终目标是通过平衡经济、社会和环境要素，创造一个可持续发展的新加坡，为居民提供发展与就业机会，并保护蓝绿生态环境。基于此，规划提出共8个主题，包括改善居住环境、建设灵活机动的工作场所、构建健康快乐的休闲娱乐空间、打造便利高效可持续的交通网络、保护别具一格的建筑遗产、共建蓝绿和谐的韧性空间、实现平衡经济社会环境考量的永续发展模式以及改造巴耶利峇空军基地为创新活跃包容宜居的未来社区。针对每个主题，长期规划都提出三个与城市空间建设相关的策略。这些策略一方面是对总目标与八大主题的回应，另一方面也是下一步制定总体规划的依据。

2. 总体规划——落实到分区、空间体系及地块层面的设计

总体规划中的城市设计内容主要由两部分组成：①划定发展分区，并形成法定的土地利用规划；②叠合专项和详细控制规划，其中包括建筑高度规划、保护建筑规划、公园水体规划、公共空间规划、有地住宅区规划、街道街区规划、围护结构控制、街道连通性规划和地下空间规划等内容。

（1）第一部分：传统规划内容

在发展分区层级，总体规划将新加坡分成六大分区，以分区为设计对象，制定详细的阶段发展目标和重点发展地块。例如中心区（Central Area）制定了包括打造创建住宅区、连接公园与开放空间和鼓励主动出行在内的关键策略，同时，以市中心核心区（Downtown Core）、乌节路（Orchard Road）为重点城市设计地区，并提出针对性的空间策略。

在土地利用规划层级，总体规划的设计精度达到单个地块层级，对地块的边界、用地性质、容积率上下限、地下空间开发范围等传统规划设计内容。总体规划对地块尺度、边界、开发量的设计，塑造了城市空间（尤其是中心区）小街区、密路网的基准肌理，奠定了新加坡高密度集约化发展的空间形态，同时也一定程度上形成了街区内部用地多元、立体空间层面用途混合的城市空间开发模式。

（2）第二部分：专项和详细控制规划叠加内容

针对第二部分，总体规划的设计对象为不同功能的空间体系，例如包括步行、骑行、巴士、地铁、火车在内的交通体系，包括各类公园、公共空间在内的开放空间体系等。总体规划第二部分设计的最小精度达到单体建筑层级，主要体现在对不同用途、不同区位建筑的高度控制。

总体而言，总体规划及附加的专项和详细控制规划针对发展分区、空间系统、地块以及单体建筑的设计导控策略，在开发控制阶段都将转化为详细的"定性定量图则+文字"形式，通过政府卖地计划在招标技术文件中落实，作为后续开发控制与设计审查的依据之一。

3. 各类开发控制导则——深入街道空间与单体建筑层次的三维空间设计

在各类开发控制导则中，总体规划里针对发展分区、空间系统、地块以及单体建筑的设计内容被进一步细化。市区重建局通过提出对城市空间通则式或个性化的设计导则，来实现对不同规划区域的城市特色的保护和强化，并进一步提升居住空间、就业空间以及生态空间的品质。这一层级的设计导控内容可以通过招标技术文件和激励计划，以强制与奖励双管齐下的方式传导至开发与审查环节中。

各类导则的设计内容可以根据空间尺度与设计精度分为三个层次：①针对不同功能片区开发用途与开发强度进一步的定性定量设计导控；②针对街道空间设计的立体步行网络设计、公共空间设计、户外茶点区设计、绿化设计、夜间照明设计等。③针对建筑单体、建筑组团的高度、形式及关系。

（1）针对次级分区

以开发控制导则为主的通则式设计导则，确定了次

级分区内不同用途的用地容积率、用途占比等定量指标的上限与下限。

以城市设计导则以及部分特殊分区的详细城市设计导则为主的个性化设计导则定性地对重点城市设计范围内的各个功能分区提出用地发展方向指引，如鼓励市中心核心区（Downtown Core Planing Area）里海湾舫分区设置集中的白色用地（不限制具体用途、有利于城市综合发展的用地类型），提高规划灵活性，并鼓励商业、住宅、酒店和娱乐互补用地的混合。

（2）针对街道空间

在街道空间中，城市设计的导控对象包括立体公共空间体系、街道空间界面与形式以及街道空间品质，这三方面相辅相成，共同构建具有活力、规整有序、美观宜人的街道空间。

①立体公共空间体系的设计主要从使用者角度出发，设计目的在于加强街区连通性、提升步行骑行体验、优化公共空间的质与量。设计对象涉及线性的一层有盖人行道、人行天桥、步行街、地下通道与点面状的户外茶点区、公园绿地、广场、屋顶花园、城市客厅（位于建筑一层的有盖公共空间）以及水体等。

②街道空间界面与形式的设计主要包括管控城市天际线与街道立面、控制建筑退界比例与距离、划定街道内部通道空间比例与形式等工作内容。

③街道空间品质的设计主要体现在立体景观绿化、夜间照明体系以及重点街道铺地设计中。以立体景观绿化设计为例，城市空间和高层建筑景观美化计划（LUSH）定义了包括屋顶城市农场、绿色墙壁、公共屋顶花园、公共种植箱等在内的九类绿化空间，并利用景观置换区占比、绿地容积率、最低软景观占比等指标对不同区位、开发类型与开发强度的开发项目的绿化空间最低发展水平制定标准。

（3）针对建筑单体

基于设计导则对街区退界、建筑用途以及一层骑廊空间的管控，新加坡建筑以围合式与行列式为主。同时，通则式设计导则进一步对裙房高度、主楼高度与位置、屋顶美化、各层外廊、界墙（party wall）、停车空间等要素做出空间设计要求。

四、城市设计面向开发控制的准确导控

在土地收储阶段，城市规划与设计通过技术途径影响政府收储土地的方式，并指导政府出台相关特殊政策；在土地租售环节，城市设计通过制度途径将设计意图传达至开发主体——将导则内容置入招标技术文件与投标概念建议书；在规划实施管控层面，城市设计指导激励政策的制定、参与规划决策的审议并一定程度上影响土地改善费的分区与定价，通过激励政策、规划决策和土地改善费导控开发行为。

1.土地收储

城市设计对土地收储环节的影响主要体现在收储方式以及

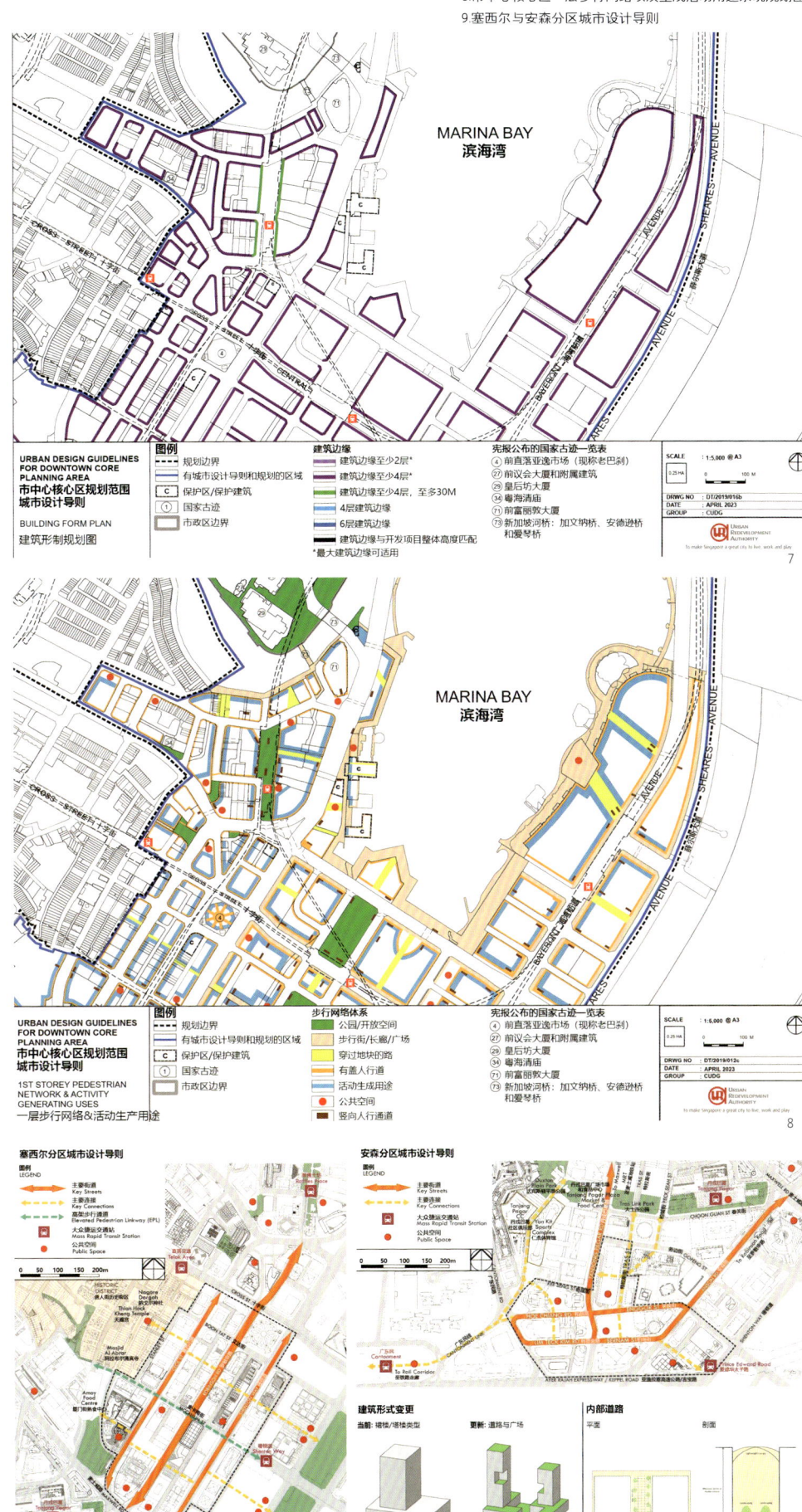

7.市中心核心区城市设计导则中建筑高度系统规划图
8.市中心核心区一层步行网络以及生成活动用途系统规划图
9.塞西尔与安森分区城市设计导则

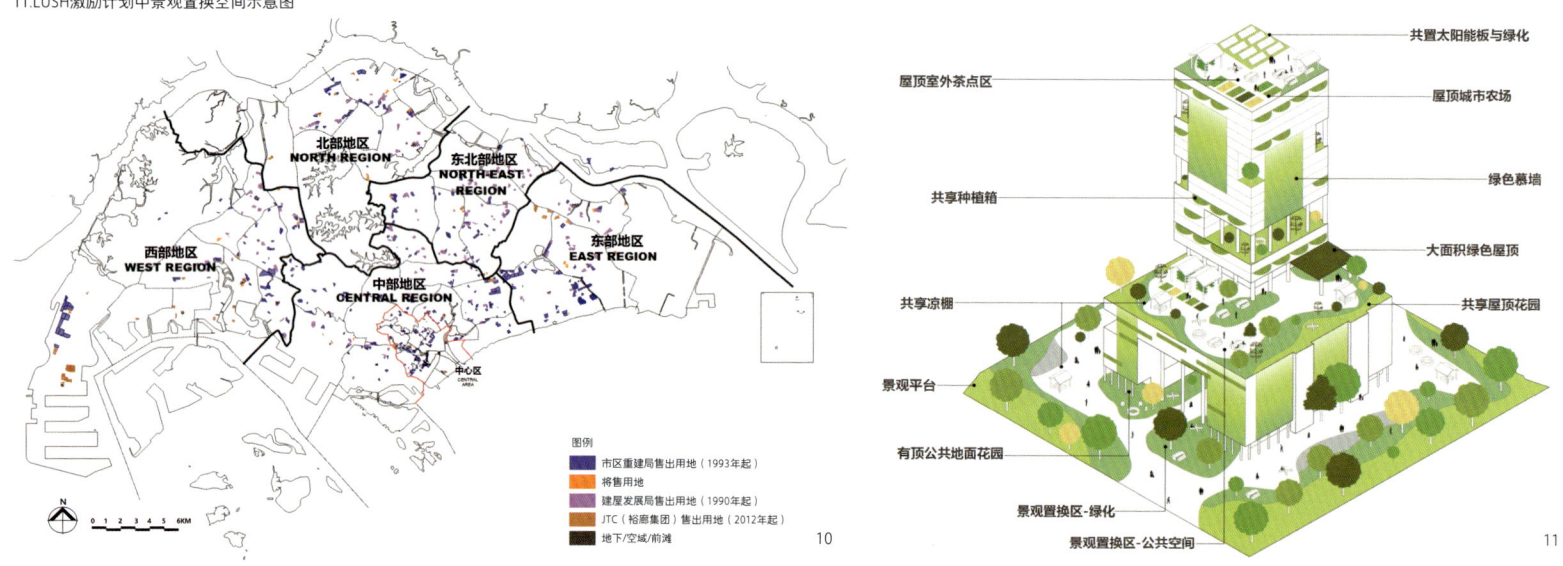

10.新加坡政府卖地售出用地与将售用地空间分布图
11.LUSH激励计划中景观置换空间示意图

表1　新加坡土地管理机构职能分配

机构	负责内容
土地管理局（SLA）	承担土地管理职能，统筹三大类用途的土地
建屋发展局	代为行使"居住用地"的管理与租售
裕廊集团	代为行使"产业用地"的管理与租售
市区重建局	代为行使"城市综合发展用地"的管理与租售

表2　新加坡激励计划类型

实施范围	激励计划类型	
面向全域	总楼面面积激励计划（Bonus GFA Incentive Schemes）	社区及体育设施计划（Community and Sports Facilities Scheme）
		园林屋顶上的ORA［Rooftop ORA（outdoor refreshment area）on Landscaped Roofs］
		建筑环境改造计划（Built Environment Transformation Scheme）
		私人拥有公共空间内的ORA（ORA within Privately-Owned Public Spaces）
面向全域	城市空间和高层建筑景观美化激励计划（Landscaping for Urban Spaces and High-Rises，简称"LUSH激励计划"）	
面向CBD	CBD激励计划（CBD Incentive Scheme）	
面向战略区域	战略发展激励计划（Strategic Development Incentive Scheme）	

一些特殊政策上。为保证土地利用规划有效性、加强政府对土地的有效控制，新加坡政府通过强行征地的手段，将大部分土地收归国有。为降低后续开发成本，征地价格往往较低。同时，为保证城市空间整体性、实现城市土地整体开发，政府会将小地块合并为大宗地块，并采用特殊的政策手段，例如降低所有权门槛，或通过透明性、前瞻性的城市发展意图公示，促进分层产权或有地住宅的产权人联合起来出售房产以进行城市土地的整体再开发。

2.土地租售

土地租售环节是规划与开发控制内容衔接的重要阶段，市区重建局通过政府卖地计划（GLS）与双信封招标模式实现城市设计对地块开发的干预。其中，招标阶段的招标技术条件与投标阶段的概念建议书尤为重要，它们是实现设计理想、推动政府与开发商协同开发地块以及真正落实城市设计导控内容的重要文件。

（1）政府卖地计划（GLS）

政府卖地计划（GLS）通过释放国有土地供私人开发商开发，每6个月在市场上发布土地的确认清单和储备清单。市区重建局的开发控制部门会根据长期规划、总体规划以及城市设计导则的愿景目标、市场需求、市场状况以及场地周围环境发展状况展开评估，以保证所选土地开发项目同时满足城市发展愿景、规划预期与市场规律。

与此同时，只有当储备清单中的土地已经获得足够的市场兴趣，即一定期限内多个非关联方提交的最低价格接近政府底价时，政府方才会考虑推出该储备清单用地，这种同时发布确认清单与储备清单的土地释放方式，为住宅和商业物业的土地开发提供灵活性。

从土地用途分类和代理机构选择来看，承担土地管理职能的土地管理局（SLA）将土地用途分为居住、产业和城市综合发展三大类，根据各机构职能，分别授权建屋发展局、裕廊集团与市区重建局三个法定机构代为行使土地管理与租售。由负责规划职能和开发控制促进职能的市区重建局来开发城市综合发展用地，很大程度上有利于城市规划与城市设计的传导与执行（表1）。

（2）招投标环节

从招标程序看，城市设计的导控主要体现在政府招标技术文件上——招标技术条件以总体规划、开发控制导则、城市设计导则、保育导则、公园与自然区保护导则及其他激励计划等法定文件与政府文件为编制依据。招标技术文件内容包括概述、规划理念、规划和城市设计要求概要、规划和城市设计具体要求、其他要求工作、其他要求、投标提交（概念和价格收入投标系统）以及设计咨询小组八个部分。其中，规划和城市设计条件以达到建筑及配套设施深度的尺度为主，包括建筑设计形式、街道景观、屋顶景观、步行网络、车行系统、公共空间、树木景观和夜景亮化等城市设计控制要素，上述内容以"地块控制图+文字"的方式呈现。招标技术文件是城市开发控制以及设计审查的依据。

从投标程序看，市区重建局对重要开发地块采用概念和价格收益招标方法（Concept & Price Revenue Tender Approach），即双信封机制。该机制要求投标者递交分别包含投标价格与概念建议书的信封。由市区重建局组建"概念评估委员会"，负责审核概念建议书，保证概念建议书中的设计概念及公共空间设计等内容符合上位规划与城市设计要求，并将符合要求的投标提案列入候选名单；"竞标评估委员会"根据价高者得原则从候选名单中选择中标者。

3.激励机制

新加坡城市设计在法定机制的基础上，设置多种直接或间接激励以引导开发商承担地下空间连廊开发、高层建筑绿化景观建设、建筑照明体系构建等开发义务。

直接激励包括金融、土地政策等。例如，20世纪90

年代以前因房地产市场尚未发展成熟，银行和金融业也没有足够的资金支持地产开发，因此政府暂时性地提出房产税优惠、10年分期付款计划融资等激励措施。

间接激励指规划范畴内的奖励，主要涉及容积率/总楼面面积、用地性质与开发量、建筑高度等（表2）。

4.土地使用权的行使与审批

土地使用权的行使与审批主要包括规划决策、土地改善费、店屋和特定商业地产用途审批。其中，前两者对土地开发利用与城市空间建设起到一定影响作用，也是城市设计干预土地使用的重要渠道。

（1）规划决策

规划决策包括对规划许可、保育许可和细分许可这三类书面许可的通过或拒绝。规划决策内容主要包括土地用途变更、建筑物加建改建以及建筑分层细分等土地使用相关的内容，决策依据主要来源于总体规划、开发控制导则与城市设计导则。

（2）土地改善费（LBC）

自2022年8月1日起，市区重建局推出土地改善费（Land Betterment Charge，LBC）新规，取代了之前分别由新加坡土地管理局和市区重建局管理的差额溢价、开发费和临时开发税。土地改善费是对任何土地开发所给予的应课税同意（例如规划许可）引起的土地价值增加征税，税收比例可达土地增值收益70%以上。市区重建局根据土地开发潜力与当前土地价值在全域范围内划定分区地图，分区地图每半年调整一次，保证土地价值评估跟进土地市场变化。

市区重建局通过土地改善费，以经济手段调控土地用途、开发强度、开发内容，从而实现城市规划与空间设计的宏观协调目标。

①土地用途调控

调节土地改善费，一方面能控制土地用途变更导向，另一方面也能将土地使用规划指标变更所带来的外部负效应内部化，同时，还能为政府提供用地调整产生的土地溢价。以C类用地（医院、酒店及酒店相关用途）为例，后疫情时代酒店业、旅游业及医疗行业经济效益增长，因此与初次公布的费率相比，2023年9月公布的费率表中，C类用地的土地改善费率上升幅度大、涉及分区范围广，并且主要集中于核心区（Central Area）。至于A类用地（商店、办公室、协会办公室、电影院、娱乐场所、诊所、医疗套房、餐厅、加油站、汽车服务中心、商业车库、市场、体育和娱乐大楼），由于新加坡的商业交易规模小、一般低于1亿美元，加上制造业低迷，因此A类用地费率基本保持不变。通过调控不同用地的土地改善费，以市场弹性干预的方式间接地将城市设计意图传达到开发层。

②土地开发强度与内容

土地改善费作为私人部门用地开发的重要成本，能够有效引导土地开发强度与内容趋向政府预期的规划与设计目标。当土地改善费调高时，开发商趋向于选择按照发展基线标准调整开发行为；改善费调低时，则可以吸引开发商加入并鼓励其再开发或高强度开发。

五、借鉴意义

新加坡实践案例很好地展示了城市设计如何贯穿规划编制与开发控制全过程，并针对宏观发展目标至具体空间设计的各个层次制定方案型与策略型设计内容。

1.赋予城市设计制度语境的法定地位

新加坡总体规划是规划编制与开发控制体系中的法定规划，能够直接决定城市规划与后续开发控制，因此将城市设计内容置入总体规划及其他层级的规划有利于保证其充分发挥导控效力。同时，作为获得法定书面许可、实施开发行为的前置条件，开发控制环节的招标技术文件和概念建议书也是落实城市设计导则的重要内容。通过上述两种方式，城市设计导则的导控效力与连贯性都将得到有效保证。

此外，制度体系建设是规划有效实施的基础。新加坡在国家发展部下设立以市区重建局为首的一系列部门，实现规划、建设与管理环节的有机衔接。市区重建局全面负责与土地、空间利用有关的规划和管理，集规划、调控、使用与保护职能于一体，其主要职责包括规划编制、土地开发控制、城市设计导则编制、历史建筑保护、其他导则通令制定、政府售地和停车场管理等。在规划与土地开发管控方面，市区重建局拥有很高的裁量权，因此能够做到全域一盘棋的有效管控与实施。

2.依据规划尺度与开发控制需求调整城市设计精度

当前城市空间设计趋向多尺度、立体化、全过程化发展，因此城市设计导则也要更多关注不同尺度、不同发展环节的导控精度，从宏观到微观空间分别关注不同的设计对象与导控方式，从规划到开发控制分别关注不同的导控深度，避免过度设计或设计缺位。例如，为缓解全域、多尺度、全过程编制城市设计的压力，应编制通则性与个性化城市设计导则，分别用指导普遍的、大尺度的城市设计与特殊的、重要的重点城市地区或小尺度的地块开发设计。

3.刚性与弹性结合的城市设计实施

在开发控制环节中，城市设计导则及其他开发控制导则的强制管控与激励政策的弹性引导体现了城市设计管控的刚弹结合；在招投标阶段，双信封机制事实上就是将刚性的规划设计要求置入弹性的市场行为中，实现政府与开发商之间的协商；在规划开发项目审批过程中，临时许可与大纲许可就是对强制性的规划许可、保护许可与细分许可的妥协与弹性控制，以此合理协调办开发建设与颁发书面许可的时序关系。

4.构建信息全面、实时更新的一张图平台

总体规划、规划边界、土地使用权等涉及土地使用规划的内容，专项和详细控制规划，包括开发控制导则、城市设计导则、保育导则等开发控制体系，以及一系列程序性文件信息应统一在一张图平台中呈现，这能很大程度上提升公众获取信息和市区重建局更新规划信息的便捷度。

参考文献

[1]黄永贤，周剑云，鲍梓婷，等.精细化的城市开发管理:新加坡开发控制体系解析[J]. 华中建筑，2022，40（4）：89-94.

[2]唐子来. 新加坡的城市规划体系[J]. 城市规划，2000，24（1）：42-45.

[3]刘作刚，叶如海. 新加坡城市用地容积率分布特征与影响因素研究[J]. 国际城市规划，2024，39（2）：84-95.

[4]陈晓东. 耦合城市开发程序的新加坡城市设计控制体系[J]. 规划师，2013，29（2）：93-98.

[5]陈晓东. 城市设计与规划体系的整合运作：新加坡实践与借鉴[J]. 规划师，2010，26（2）：16-21.

[6]缪岑岑. 开放式紧凑 城市高密度地区公共空间营造：以新加坡中心区为例[C]//中国城市规划学会. 面向高质量发展的空间治理：2020中国城市规划年会论文集. 北京：中国建筑工业出版社，2021.

[7]卫建彬，黄志亮，林伊鸿，等. 精细化城市设计管控模式的比较研究[J]. 城乡规划，2022（1）：95-101+110.

[8]陈可石，傅一程. 新加坡城市设计导则对我国设计控制的启示[J]. 现代城市研究，2013（12）：42-48+67.

作者简介

蔡雨欣，同济大学建筑与城市规划学院硕士研究生。

低碳生态理念的国际城市设计应用实例
Examples of International Applications of Low Carbon and Ecological Concepts in Urban Design

聂博芸
Nie Boyun

[摘　要]　随着时代发展，低碳生态理念越来越成为城市设计中的重要关注点。许多国家在低碳城市设计中做出的前沿探索，值得我们进行借鉴与学习。本文介绍了低碳生态理念在国际城市设计中的四个应用实例，总结其特色与优点，为国内的低碳生态理念发展与城市设计提供参考。
[关键词]　低碳生态理念；国际前沿；城市设计；案例研究
[Abstract]　As society evolves, the low-carbon ecological concept has increasingly become a focal point in urban design. Many countries have made pioneering explorations in the realm of low-carbon city design, offering valuable insights for our consideration and learning. This paper presents four case studies that exemplify the application of the low-carbon ecological concept in international urban design. It summarizes the distinctive features and advantages of these applications, aiming to provide insights for the development of low-carbon ecological concepts and urban design in the domestic context.
[Keywords]　low carbon and ecological concepts; international frontier; urban design; case study
[文章编号]　2025-98-P-114

一、低碳生态理念概述

1.低碳生态理念发展现状及意义

21世纪以来，世界城市化水平增长显著加快，已经达到稳定阶段，迅速增加的人口使得城市越发拥挤，高密度的城市建设产生多种环境问题。为了应对日益加重的城市负担，人们对低碳与生态的重视程度越来越高。低碳生态理念以实现碳中和为目标，通过节能减排、绿色设计、保护生态等手段，希望为人们营造更好的宜居环境。国外低碳生态设计理念经历了由提出到快速发展的过程，近年来，各国逐渐出台绿色行动计划，力争通过减排和节能建设，为相应气候变化的目标作出努力。国内的发展则以西方现代城市设计理论为引介，逐渐提出遵循自然环境的规划理念。随后，"海绵城市""韧性城市"等概念逐渐增加到低碳生态理念中，也为城市可持续发展带来了更多方面的要求。低碳生态理念指导下的城市设计充分考虑了各类生态环境因素，坚持对资源的可持续充分利用，做好高质量发展与环境友好发展的结合，具有前瞻性、优越性、有效性。

2.低碳生态理念原则

一般意义上的低碳生态理念城市设计有如下原则。

以人为本。城市设计的主体是人类，低碳生态理念以建设更宜居的环境为首要目标，关键是要使环境保护意识深入日常生活当中，实现人与自然的和谐统一发展。城市设计过程中，需要优先考虑人的需求，解决居民实际问题，确保能够科学地做出对人切实有益的改变。设计中除了需要关注自然环境与建成环境，更要注重活动场所的合理性，促进人类活动的可持续化，根据需求进行合理规划，提高局部发展与整体发展的统一性。

绿色生态。在低碳生态理念城市设计中，要以建设绿色生态的城市环境为重要任务。城市发展应当在不破坏原有生态条件的基础上进行，可充分利用原有地形、生态特征，合理布局城市功能，使绿色区域与人们的生活区域达到统一。充分重视生态保护，强调对资源的合理利用，如河流、植被等，使城市生态系统达到协调共生。进行绿色生态开发，应减少人工活动产生的污染，保持生态和谐，充分满足环境保护要求，用更加尊重自然的态度开展城市设计。

低碳环保。城市建设的资源消耗日益增加，污染加重，势必影响城市的可持续发展。在低碳生态城市设计中，要着重关注环保要求，开源节流举措并行，构建低耗能的环保城市，以早日达到碳中和为最终目标。尽可能采用清洁能源和可再生能源，取代传统的高污染能源，利用新技术设计房屋保暖、采光、通风等系统，减少机动车等产生的尾气污染，提高资源重复利用率，这是城市可持续发展的必然之路。

3.低碳生态理念在城市设计中的应用

低碳生态理念城市设计在实际中的应用涵盖多种设计方法，本文选取的四个国外城市设计案例分别体现了不同设计过程与视角的设计手法应用：①关注城市与周边生态区域的连续性，完成统一的绿色基础设施建设，结合城市水体、自然条件进行保护性开发，完善生态构架，强化生态治理；②在城市景观设计过程中，注重生活空间与自然空间的结合，做好环境规划，打造宜居场所；③注重人与自然的和谐，一方面加强居民节能环保意识，另一方面提供包容性的亲自然开放场所，保证其运转和谐统一；④在设计中结合城市现实条件及特色，引入创新性的设计构思，应用低碳生态理念的同时增强可识别度，提高美学价值。通过归纳总结，提取其优越性与合理性，为国内的低碳生态理念发展与城市设计提供参考。

二、智利Las Salinas开发区设计——多维生态构架，整合绿色基础设施

1.方案概述

Las Salinas开发区位于智利比尼亚德尔马市，占地面积16hm^2，是工业用地转型改造方案，设计希望带动城市发展和生态复苏。比尼亚德尔马市曾进行过一次城市生态规划，打造了林荫大道和公园绿地，但在多年发展后，规划已无法适应快速发展的交通增长和人类活动。大量短期开发项目破坏了城市与原生自然空间的和谐，城市环境质量大幅下降。Las Salinas开发区设计由Sasaki公司完成，旨在反思城市的发展方式，打破基地物理界限，让居民与滨海空间的接触

更加容易便捷，同时重现城市活力，重塑生态条件，为低碳生态理念街区的建设提供充分可能。

该方案注重邻里社区连通性，由滨海辐射状延伸出连接性的公共廊道，使滨海界面更大程度开放，营造了良好的景观环境和视觉空间。建筑除住宅外，引入底层商业、大型酒店、商务办公和文化建筑，用地紧凑复合，提高了土地利用效率，容积率在3.1以上。

2.设计特色：多维生态构架，整合绿色基础设施

为构建可持续发展的城市街区，完善城市绿色基础设施系统，此方案从生态系统的构架出发，使城市与周边自然环境融合，保护自然生态的连续性。总共分为三步，包括生态规划、分层规划和竖向规划。

生态规划首要考虑场地与周边生态空间的连接，旨在不破坏环境的前提下构建一个复合的生态栖息地，提升环境质量。场地周边构建强大的植被群，围绕现有的水文环境，改善局部小气候，阳光下种植红杉等耐旱植被。几条重要的河流承担重要生态作用，上游沉积物通过水域过滤后才进入海洋，雨水能够通过沿海沙丘渗入下方，含水层的补给同时防止海水入侵陆地。在太阳能的作用下，场地内部进行资源循环，通过收集废水等重复利用方式，增加了资源的利用效率，保证了低碳生态可持续发展。

分层规划首先强调了栖息地连通性设计，分为两种设计形式——直接连接与生态踏脚石连接，保证了生物活动空间的完整和连续性。其次，将不同绿化空间分为不同层次，形成以海滨地景、居住区庭院、线性公园、绿色屋顶、连续植被树冠等为特征的景观空间，针对性地计划每一块场地。关注植物多样性，采用乔灌草结合的种植方式，植被覆盖包括景墙、草坡等多种景观小品，打造独特的场地特征。

最后，还考虑了竖向规划，基地由低到高形成不同的规划层，地面最下方是含水层，储存下渗的污水和雨水，增强城市韧性。地表植物投射形成阴影，作为人类活动的遮蔽。空中的树冠为涅比辉尾蜂鸟等典型鸟类提供栖息活动场所，与周边自然空间实现无缝衔接。

三、荷兰Brainport智慧城区城市设计——多维景观融合，重塑城市功能格局

1.方案概述

荷兰Brainport智慧城区位于荷兰赫尔蒙德市，占地面积155hm²，旨在打造一个"全球最智慧的街区"。2018年7月，UNStudio被选中组建规划团队，将"Brainport智慧城区"的概念落实到空间设计。设计还包括生态和景观（Felixx景观建筑规划公司）、循环性和气候适应（Metabolic）、数据分析（Habidatum）以及数据和技术战略（UNSense）等各个方面。该方案计划建设年限为2020—2030年，目标是将循环理念、社会参与、安全健康、新型数据技术、独立能源系统等多种新概念变为现实。

Brainport智慧城区的规划将涵盖1500个住宅开发和12hm²的公

1.Las Salinas开发区设计总平面图
2.Las Salinas开发区栖息地连通设计图
3.Las Salinas开发区生态规划图

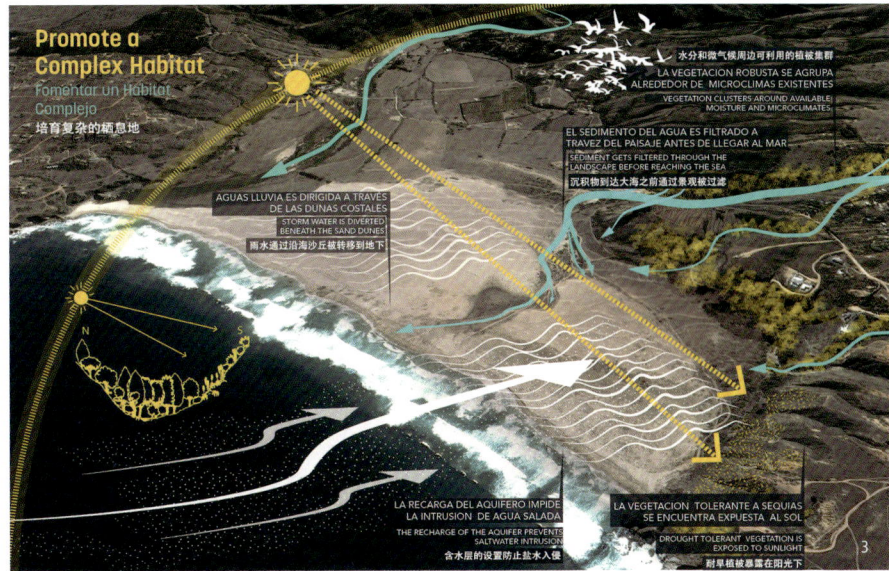

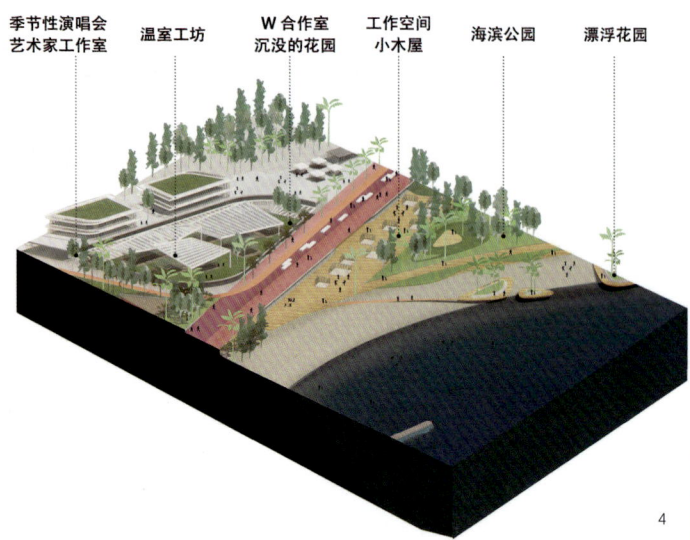

4.索契海滨创新体验和自然体验示意图
5.索契海滨整体城市设计总平面图

共商业区域，创新性地提出希望从实践中学习并得到结论，居民将在环境的发展中作出重要贡献。城区整体将形成一个"生活实验室"，城区中央设计公园，围绕该公园形成一个混合住宅社区，商业和景观空间布局在四周，意图探讨建筑与景观的全新关系，提升环境质量水平。

2.设计特色：多维景观融合，重塑城市功能格局

Brainport城区场地曾经由无序的多种景观类型组成，包括森林、湿地、沼泽、村庄等多种景观，各空间之间缺乏联系，未能形成系统，呈现破碎的拼贴状，无法在城市生态系统中发挥应有的功能。因此，UNstudio进行城市景观设计，提出四条策略，希望打造一种复合式的景观空间，将各种功能空间进行融合，重塑城市格局。

（1）镶嵌性景观

在原有不规则的景观基底上，呈条带状、组团状布局新的绿带和生态空间，镶嵌在农田和城市中，向外则连接更大范围的空间，以保持生态网络的连贯性和整体性。在高密度和低密度的环境中，实现同样的生产区与自然区连接。

（2）生产景观

由中心向外辐射，分别布局城市中央公园、城市街区、景观空间和农田，以不同的基底条件为依据划分地块，每个地块都将以功能混合为目标，将以绿色低碳视角，涵盖从生物多样性、食物生产、能源供给、水资源管理、废弃物处理等多环节的操作条件。

（3）社会景观

自然性的空间需与人类活动相结合，每个条带内不仅包含生产空间，亦要求达到生产与消费的平衡，保证资源的高效率利用。居民能够在生活空间中共享各生产功能，并使用这些资源，形成完善的社会组织关系和合作网络。

（4）连接性景观

线性的景观结构以荷兰的堤防和运河历史为基础，组织起连接性景观，为周边区域提供水管理，也为城市街区打造绿色生态空间和排水条件，将公园的生态价值与休憩功能结合，实现低碳生态理念下的区域整体设计目标。

四、俄罗斯索契海滨设计——全时连续共创，自然人文可变性包容

1.方案概述

索契海滨（SoCo）是俄罗斯最重要的度假胜地之一，因2014年举办冬奥会而在世界闻名，具有独特的现代建筑、美食体验和零售产业，是黑海岸度假产业的支柱。SoCo于2021年5月完成规划，意在建造一个"适合所有人的地方"，提出的"包容性设计"概念体现为社区能够满足各类不同微型邻里环境需求，提升人口活力。在鼓励文化交融、健康生活、科技创新的同时，采用绿地系统连接不同的绿色智能系统，打造低碳生态的生活方式。

方案通过标志性场所体现街区特色，如海滩尽头的"船锚"形海滨城区空间，还为游客设计了节日村、游乐场、艺术文化街区和健康生活区等活动空间，应对不同的群体和活动需求。

2.设计特色：全时连续共创，自然人文可变性包容

方案的"包容性"重视人与自然的和谐，充分考虑了全时全类型的活动者需求，提供包容性的亲自然开放场所，保证在变化性极强的环境中，依旧满足低碳生态理念要求和无障碍设计。方案提出三个重要概念。

（1）全年型目的地

保证地区在一年四季均保持一定的活跃性，提高利用效率，增加场地吸引力，提供更优越的企业平台环境。此项概念有效地减少了资源的浪费。

（2）先天与后天

加深场地与环境的融合，充分利用原有的自然条件，建造海滨活动空间，避免对环境造成大型改变与破坏，以创造健康、积极的公共空间为目标。

（3）包容性社区

将不同的人口类型、年龄层次、社会群体与自然相结合，增加人们与生态空间接触的可能性，使场地更注重行为的低碳生态发展。

该方案一方面为游客提供创新体验，设计季节性音乐会及艺术家工作室、绿色工作室、滨海公园和海上漂浮花园等功能空间，增强可玩性。另一方面打造必不可少的自然体验，设计生态公园、水景展示、沙丘礁湖等场所，提供不同的节奏和氛围。

6.胡志明市中央公园方案效果图
7.胡志明市中央公园"仿生树"装置效果图

五、越南胡志明市中央公园设计——增强地标识别，低碳艺术创新性复合

1.方案概述

越南胡志明市中央公园于2019年完成设计，2020年进行施工建设，占地面积16hm²，是一个坚持以人为本理念的活动型生态公园。基地在19世纪曾是法国殖民地的火车站，项目在此基础上延续历史特色，激活低碳生态理念，最大限度地保留基地内原有树木，创造一个商业、表演、游乐、活动相结合的世界级城市公园。

设计呼应历史和未来的交通需求，将人行道进行轻微抬升，形成流线的人行动线，提供了丰富的节点单元和动静结合的功能空间，如雕塑花园、户外艺术园、水景、游乐场所、树林等，使公园既有休闲区域，又能举办演艺活动，成为具有当地特色和富有意义的地标空间。

2.设计特色：增强地标识别，低碳艺术创新性复合

此方案采用了巧妙的设计手法，引入创新性的设计构思，将低碳生态理念与景观小品设计相结合，在保证低碳生态的同时，具有强烈的地标识别性和美学价值。将原有的大型树木进行针对性保留，使延伸的人行道围绕树木，并构建了多个"仿生树"现代艺术装置，不仅提供遮阴、休憩等常见功能，"仿生树"还具有多样的低碳生态功能。

雨水过滤功能："仿生树"内部形成蓄水空间，收集雨水进行处理，经过过滤、消毒的雨水用于园内直饮水、消防栓供给、植物灌溉。

通风净化功能："仿生树"树冠部分伸展向空中，自然风通过时顶部压强降低，产生由根部四周向内流动的气流，形成一个不需要能源的空气循环装置，既增加了环境凉爽适宜，又增强了局部通风净化，有助于调节自然环境微气候。

太阳能收集功能："仿生树"顶部设置太阳能光伏板，吸收太阳能量发电，为基地内各项电子设施如屏幕、广播供能，也提供了仿生树电源插座和无线网络服务，为公园内的市民提供便利。

六、结语

本文通过以上案例分析，介绍了多种低碳生态理念的应用方法，希望为国内的低碳生态理念发展与城市设计提供参考。设计应充分考虑城市与自然、城市内部景观，以及人与自然的共生关系，整合自然资源，完善景观格局，遵循生态理念，打造和谐统一的低碳生态城市。现代城市设计对低碳生态理念越来越看重，要始终秉持以人为本、绿色生态、低碳环保的基本原则，促进城市低碳生态发展，有序建造、切实落地，提升我国城市建设水平，为城市居民创造更高质量生活环境，推动社会的可持续健康发展和进步。

参考文献

[1]谭瑛,张芷晗,蔡纪尧,等.渗流—织脉：山地城市更新的绿色城市设计路径[J].风景园林,2023,30（9）：12-19.

[2]刘帅,薛阳,王全逵,等.生态城市设计策略在社区规划中的应用探析：以沃邦社区为例[J].安徽建筑,2022,29（6）：17-20.

[3]石卿.绿色城市设计与低碳城市规划：新型城镇化的趋势[J].城市住宅,2021,28（A1）：111-112+115.

[4]刘巍,蒋伟,孟令晗.绿色城市设计理念在规划设计中的应用[J].城市住宅,2021,28（10）：128-129.

[5]赵赛文.基于绿色城市设计原理的规划设计实践研究[J].居舍,2021（26）：77-78.

[6]李敏稚,尉文婕.绿色城市设计策略体系：以粤港澳大湾区为例[J].风景园林,2021,28（8）：51-57.

[7]郑曦.面向绿色发展的城市设计[J].风景园林,2021,28（8）：6-7.

[8]黄乾,曹浩.基于景观生态思维的绿色街区城市设计策略[J].住宅与房地产,2021（22）：87-88.

[9]曹书乐,马林.生态原则与绿色城市设计[J].城市建筑,2020,17（35）：55-57.

[10]郭歌.绿色节能理念在城市设计中的应用[J].智能城市,2020,6（20）：49-50.

[11]李理.以体验为导向的绿色生态城区设计方法[J].智能城市,2020,6（18）：37-38.

作者简介

聂博芸，同济大学建筑与城市规划学院硕士研究生。

同济风采
Tongji Style

天府中央商务区城市设计
Urban Design of Tianfu Central Business District

[项目完成单位] 上海同济城市规划设计研究院有限公司、成都市规划设计研究院
[获奖情况] 2021年度全国优秀城市规划设计奖二等奖，2021年度四川省优秀规划设计一等奖
[主要编制人员] 匡晓明、陈亚斌、杨潇、刘文波、武维超、刘曦婷、杨全爽、于儒海、岳芳宁、彭薇颖、闫宏宇、周煦、管含硕、王冬冬、陈君、孙洋洋

1. 规划理念分析图　　3. 城市设计总平面图　　5. 总部基地TOD公园街区整体效果图　　7. 总部基地天际线效果图
2. 生态廊道骨架分析图　　4. 整体鸟瞰效果图　　6. 天府中心天际效果图

一、规划背景

天府中央商务区位于四川天府新区北部，是成渝双城经济圈战略的重要载体和成都未来城市新中心，也是天府新区三个核心功能板块之一，重点发展总部经济、会展博览、国际交往和法律法务四项主导功能，规划面积28.6km^2。

2018年习近平总书记考察天府新区提出"公园城市"理念以来，成都开启了理论和实践的广泛探索。天府中央商务区作为天府新区公园城市示范区建设的先导，力图通过本次城市设计系统探索公园城市理念下中央商务区的新模式，实现发展效能和空间品质的整体提升；同时将设计理念传递至项目实施，依托总师制度进行持续导控，实现规划意图的精准落位。

二、规划要点

本次城市设计首先溯源中央商务区理论与实践的发展历程，研判传统中央商务区的典型问题，梳理其进入新发展阶段的新需求，结合对公园城市理念的深入研究，紧扣"人、城、境、业"四大要素的一体融合，创新提出"CBP——中央商务公园"的规划理念，并提出"园城共生、合力共融、公用共享、文化共兴和智慧共创"的"五共"规划策略，在此基础上开展了天府中央商务区整体与重点片区两个层面的城市设计与导控。

整体层面侧重格局构建与框架性导控。依托天府大道和福州路建立发展轴线骨架，围绕天府公园形成一体两翼的商务核心空间；构建人字绿廊连接外部生态空间，延展塑造片区多级公园网，引导布局产城融合公园社区与各级服务设施；同时依托轨交线网和站点，形成多个次级空间节点；塑造疏密有致、梯级层次、活力成网的公园城市中央商务区空间秩序。

重点片区层面侧重详细布局与实施性管控。东片天府中心结合中央公园重构天府大道主轴界面，依托轨交站点塑造垂直高效的天府中心核，引动多级节点，塑造持续繁荣的商务集聚生命体。西片总部基地基于人字绿廊塑造韧性底板，结合轨交上盖形成三个总部组群，强调地下空间一体化和高效立体集成，塑造人性化的近地活力网络；在此基础上结合实施策略制定刚弹结合的详细图则。

1.突出无界耦合与价值转化的城园关系建构

探索适合未来中央商务区的高质量城绿共生关系，优化蓝绿空间格局，反哺组团开发效能，构建公园社区组团与多级蓝绿网络无界融合的城绿共生体系，进而提升中央商务区的整体效能。以天府中央公园和人字绿廊为生态骨干，联动锦江、鹿溪河、毛家湾森林公园等外部生态资源，延展内部次级廊网，构建内外一体、城野共生的多样性生境系统，塑造天府中央商务区的韧性骨架和碳汇底盘。

在此基础上强调生态价值转化，沿绿优先布局公共设施。在南部田园走廊保留传统村落塑造文旅林盘聚落，拓展商务区的服务设施，塑造城乡共创

的整体风貌。同时促进生态价值立体转化，精细化构建四个梯度空间层级，塑造望山见水、城景交融的天际轮廓线。

2.匹配产业特征与开发模式的功能复合布局

从四个维度开展商务区产业功能研究，提出"主导+协同+配伍"的三层级产业生态体系；在此基础上，结合功能产业特征需求，打破工作生活边界，突出深层次的功能复合。在整体层面强调多元功能的精细配比；在中观层面结合开发模式差异，构建面向实施操作的四类复合街区，在微观层面则落实为高达46%的复合地块比例；通过多层次的深度复合确保商务区的持续活力。

3.基于轨交引导与慢行优先的立体空间组织

依托区内轨交站点，实践公园城市理念下的TOD综合开发与运营模式，通过整体策划规划、统筹连片实施，对站点核心区进行高密集约开发，退让出更多公园绿地和开敞空间，形成疏密有致、大开大合的城市形态。围绕站点构建"站—园—城耦合"的TOD公园街区，布局"轨交+步行"的绿色慢行网络，同时联动二层和地下步行系统，形成立体化的超级互联网络，支撑70%的绿色交通出行率；并在核心区构建地下交通环廊，实现停车资源共享与内外交通快达。

4.基于人本需求与近地视角的活力场所营造

以人民城市为价值导向塑造十五分钟公园社区生活圈，保障多元公共设施配置，尤其应对商务人群需求强调多级文化设施布局，以文化密度激发商务活力。在公共空间专项设计中突出人本视角与尺度，塑造高强度下的近地空间活力场所。在高密度轨交线网的支撑下，弱化街道空间的车行主导角色，强化其公共活动空间属性，制定商务区活力街道专项规划，结合人群行为模型分析布局了7类20条活力街道，培育多样性街道消费场景，并通过街道一体化导则与地块细则共同塑造有温度的街道公共空间。

5.兼顾整体推进与弹性可控的精准实施策略

为适应开发实施项目的规模差异和不确定性，构建产城组团—管理单元—实施街区三个规模层级的空间体系，将设计管控与开发实施层级整合匹配，在产城组团层面体现对产业的整体方向和规划构架实现，在管理单元层面突出基础设施的一体化布局和整体开发的可能性，在实施街区层面体现应对开发项目的充分弹性，有效确保对多层级规模实施项目的导控效果。

4

5

6

7

杭州市滨江区总体城市设计
Overall Urban Design of Binjiang District, Hangzhou

[项目完成单位] 上海同济城市规划设计研究院有限公司、杭州市规划设计研究院
[获奖情况] 2021年度浙江省优秀国土空间规划设计奖一等奖
[主要编制人员] 匡晓明、刘文波、陈亚斌、黄文柳、刘曦婷、韩栋、张建栋、林静远、欧阳恩一、武维超、包国星、王冬冬、缪岑岑、聂传恩、周煦、杨全爽

一、规划背景

杭州市滨江区位于钱塘江下游南岸,是杭州中心城区的重要组成部分,规划面积约72.2km²,承担杭州国家新高新区与三江汇未来城市实践区的双重任务,具备山水生态、人文底蕴与多元创新共融的多重特色禀赋。

自1991年获批国家级高新区以来,滨江区逐渐从功能单一的科技园区转变为复合多元的活力城区,但近年来也面临创新动能不足、后备用地受限、空间风貌失序、环境品质欠佳等突出问题,在新一轮国土空间规划中亟需进行提升。

开展本次城市设计,旨在落实杭州市三江汇未来城市实践区战略,紧扣生态优先、绿色发展导向,对全区空间格局进行系统梳理和有效管控,全面激活空间效能、提升空间品质、重塑空间风貌。

二、规划要点

面对存量型城区的空间和要素复杂性,本次城市设计建立"总体—重点—导控"的"穿透式"设计体系,以整体格局优化为统领,以重点片区塑造为抓手,以管控逐级传导为支撑,确保城市设计有效指导后续规划与实施。

总体城市设计立足"江、山、河、城"交融的地域禀赋特色,对接滨江区十四五发展规划,强化问题导向,提出"世界一流高科技园区、杭州拥江发展示范区、未来城市先导区"的总体定位,构建"C形山水融城、一环三区协同、一核两心引领"的空间格局,打造具有"未来风、国际范、江南韵"的创新滨江、数字滨江和国际滨江,并聚焦四项重点工作内容。

1.基于生态价值转化重构城绿空间格局

充分发挥滨江生态本底优势,完善全域生态格局。以"连山通廊、营水织网"为手段,打通钱塘江与南部"三山两湖"地区的生态联系,同时构建垂江绿廊强化生态连通和空间联动;激活枝状河道网络,带动地块更新和公共要素配置,实现生态空间的价值转换。对滨江、沿山、临河重点片区提出底线保护与空间控制引导要求。针对各类山体与城市空间的关系,划分山体保护区和近山协调区进行

1.总体城市设计空间框架图 3.智慧新天地与紫红岭片区鸟瞰效果图 5.滨江奥体片区鸟瞰效果图
2.总体鸟瞰效果图 4.白马湖片区鸟瞰效果图

差别化管控,同时建立多条望山视廊,并对视廊内的建设行为进行量化管控。

2. 基于显山露水融城修补城市空间秩序

针对现状建成区空间形态失序问题,通过精细化分析优化高度分区和地标布局,增加视线通廊,实现显山露水融城的空间新秩序。针对广受诟病的滨江天际线"平头"的问题,深入分析各个区段的问题特征,针对性采取重塑区段整体秩序、增加腹地高度层次、优化一线建筑色彩、管控通透率等方面的措施对滨江天际线进行优化修补。此外,控制垂江建筑高度层级,通过对岸眺望仰角、同岸眺望仰角来总体控制滨江建筑的梯度布局,量化管控垂江高度秩序,实现滨江景观价值的充分共享。

3. 基于存量更新动能激活产城活力社区

针对现状低效工业用地推动存量用地挖潜,结合城市更新和TOD综合开发重构产城活力社区,缓解产业用地空间受限问题。结合大数据分析精准研判存量工业用地效能,进而提出差别化的更新升级策略。在保证工业用地总量的基础上,构建多主体参与的三类更新模式;同时结合优势产业类型优化产业空间布局,发挥阿里、网易、海康威视等龙头企业带动作用,对应建立三类特色的产城活力圈,并综合平衡各类用地比例;布局"创新综合体"整合面向人才的多元配套设施,成为产城社区的活力中心。

4. 基于人本场景营造塑造公共活力网络

高品质公共空间和宜人街道的缺失是滨江区的显著短板,城市设计结合大数据分析选取有条件的街道空间进行提升引导,打造一系列慢行优先街区,以公共活力网络串联公共开放空间,回归背街小巷的人文步行魅力生活。同时将区内历史文化要素保护和公共活力网络塑造结合起来,对萧绍海塘、浙东运河等历史文化要素在落实保护要求的基础上,利用保护带动区域更新,构建全景展示路径。

在总体城市设计的基础上,精细谋划智慧新天地、白马湖片区、奥体片区三个重点片区,以此为抓手提振滨江区发展新动能,发挥示范作用。

智慧新天地片区基于"未来数字港、智慧新天地"的发展理念,梳理山水视觉通廊,优化滨江天际轮廓线,打造城景交融的城市空间形态,塑造充满温度的产城活力街区;同时利用古海塘保护空间塑造活力网络,构建以人为本的未来创新社区。

白马湖片区片区立足"富春山水韵,创智白马湖"的整体风貌意向,强化山、湖、河三大自然生态要素联系,塑造生态视觉通廊,有机布局多样化的创新单元,引导重要公共服务设施与高能级科技服务功能临河布局,塑造滨江区科技创新的新样板,呈现科技版的"富春山居图"。

奥体片区以塑造杭州"滨江门户"为目标,联动奥体核心功能,塑造世界级滨水活力水岸。顺江优化天际轮廓、垂江塑造梯级层次、拥江扩展景观界面,同时植入健康文化要素及特色配套功能,呈现活力多元的高品质未来社区生活场景。

京津产业新城核心区城市设计

Urban Design of the Core Area of Beijing-Tianjin Industrial New Town

[项目完成单位] 上海同济城市规划设计研究院有限公司
[获奖情况] 2023年天津市城市规划行业优秀技术成果评定一等奖
[主要编制人员] 匡晓明、刘文波、曾舒怀、王剑威、张利敏、张明辉、邵宁、孙谦、乌媛媛、赵斗斗、王逸凡、符骁、邵轼、陈君、孙洋洋、高相铎、孟兆阳、张盛强、王树民、范迎春、杨英、沙佩建

一、项目背景概况

京津产业新城规划建设,是武清区发挥京津双向"桥头堡"优势,落实京津冀协同发展重大国家战略,践行天津市推动京津冀协同发展走深走实行动的重要举措。

京津产业新城立足打造承接北京非首都功能疏解新平台、高端产业集聚新高地、京津科技人才创新城,总体上形成"一核引领、多点支撑、全域联动"的空间布局。其中,一核即京津产业新城核心区,东至南东线,西至龙凤河及龙凤河故道,南至武静线,北至京津塘高速,合围区域城镇开发边界范围内约21.98km²。

2023年4月7日,京津产业新城核心区城市设计公开招标,确定中国城市规划设计研究院和上海同济城市规划设计院研究院有限公司为入围单位。2023年9月27日,武清京津产业新城指挥部组织召开京津产业新城核心区城市设计方案评审会,确定上海同济城市规划设计院研究院有限公司为优胜单位。

二、主要规划内容

1.战略构思

本次规划构建以人为中心的中国式现代化城市"五元耦合"发展模式,提出"三力三链"战略:以竞争力提升产业链,实施高端产业链群化发展;以驱动力构建创新链,打造多元创新平台和科技服务平台;以吸引力完善人才链,提升城市品质服务和生态人文环境,塑造城市品牌。

2.规划定位

京津产业新城核心区以"京津明珠、科创新城"为主题,从"产、创、城"三个维度,确定京津产业新城核心区三大功能定位:产业协作示范区、科技创新策源地和产城融合生态城。

1.总体效果图
2.四大规划策略示意图
3.生态叶脉创新共生体理念示意图
4.城市设计总平面图
5.以低碳为导向的绿色技术集成

3. 规划结构

规划以"生态叶脉创新共生体"为理念,形成"一心三组一社区、两轴两环链绿洲"的规划结构。其中:

"一心"即中央创新区(CID),集聚科研转化、企业孵化、科技服务、总部经济等功能,打造科技策源总窗口。

"三组"分别为以产业创新为特色的产业加速组团、产业提升组团和新兴产业组团。

"一社区"即以区域品质生活为主导的综合服务社区。

"两轴"分别为福源道城市发展轴、新开路城市发展轴。

"两环"分别为东部创新联动环,东西向联动科创走廊;西部产城融合环,南北向带动城市发展。

"绿洲"为依托龙凤河故道、龙凤河、五支渠等水系打造"主干+支脉"的枝脉状生态绿洲。

同时,京津产业新城核心区协同武清城区,联动佛罗伦萨小镇全国示范智慧商圈和大运河文化生态发展带,重构城市创新空间新框架。

4. 规划策略

基于"人产城"深度融合导向的规划原则,面向吸引科技企业与青年人才制定四大规划策略。

(1)策略一:IOD产业创新引领

构建核心区科技引领、产业加速与服务支撑的产业体系。通过"一核双心、双轮驱动"的产城架构,构筑"创新源—转化枢—智造园"链条型产业空间格局。

(2)策略二:EOD生态价值转换

构建"活力绿环,碧水绿脉"的叶脉状生态景观结构,营造"林、水、园、田"复合活力场景。其中,"活力绿环"依托叶脉状水绿基底,打造三道贯通的"半马"绿环生态公园;"碧水绿脉"以现状水系为基础,融入多元活力要素,营造北方水岸创新生活。

(3)策略三:TOD交通导向集聚

推动区域交通协同,加强京津联动,完善城市外环,打造京津双向一体化门户。推动区域轨道交通一体化,通过通武廊市域(郊)线等轨道交通接入,构建"轨道交通+快速环线+公交走廊+响应公交"的多层次公交体系,连通慢行网络,打造低碳出行方式。

(4)策略四:SOD产城服务激活

构建7个产城融合单元。突出产城融合,分级构建产业服务、科技创新和生活服务三类平台,打造宜业、宜居、宜游、宜乐、宜养的活力家园。以水绿为脉,串联城市空间新亮点,通过多元场景营造,提升新城的标识度和吸引力。

三、规划创新特色

1. 模式创新——基于公园城市理念的耦合规划模式

总体尺度上城园耦合。以水系资源为生态骨干,联动龙凤河等外部蓝绿空间,环园筑底、廊脉织网,构建城园溶解空间形态,塑造韧性骨架和碳汇底盘。在此基础上强调生态价值转化,沿水绿优先布局公共设施。

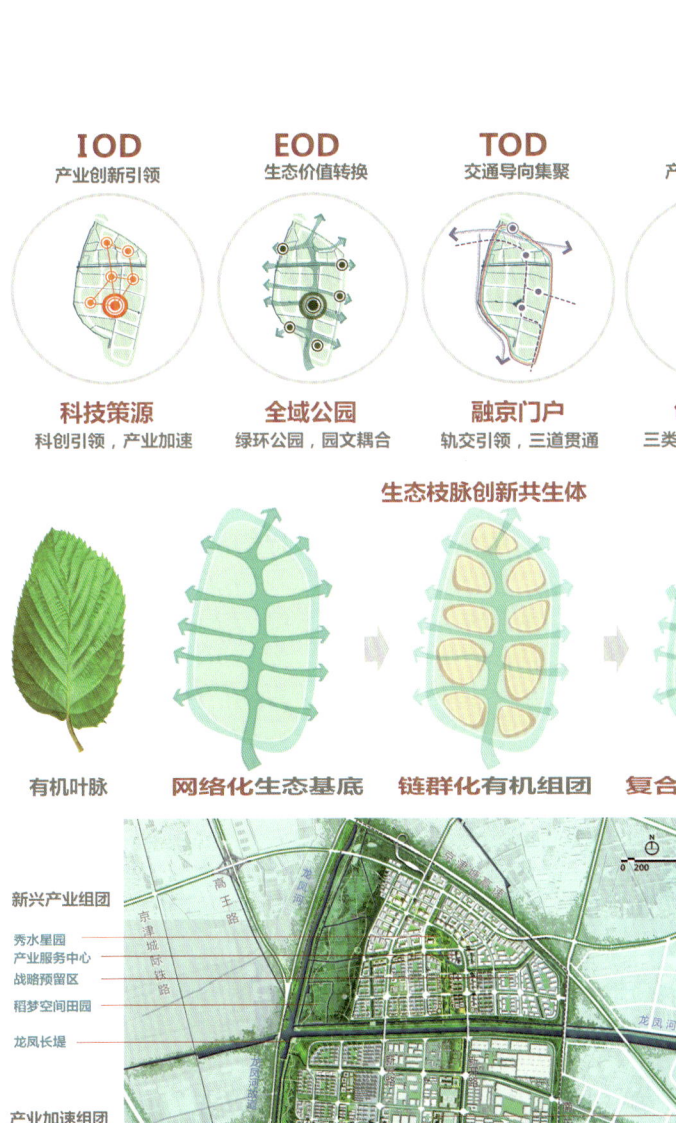

街区尺度上功能混合。打破工作生活边界，突出深层次的功能复合，结合开发模式差异，构建面向实施操作的四类复合单元。围绕创智央湖布局高能级创新研发功能板块，依托现状水系形成科技水岸，打造科技创新引领示范区。

2.方法创新——基于数字技术的城市设计诊断方法

利用网络大数据构建一系列量化评估模型，对现状问题进行诊断，辅助城市设计策略的精准落位。通过企业迁移数据获得京津冀企业迁移路径，从而判断创新企业转移落地的选择逻辑；通过企业POI数据、活动热力、企业空间分布核密度等分析，识别创新企业和青年人群的需求偏好，预判未来产业空间分布趋势。并进行产业链条评估，精准制定对应的产业创新驱动策略。

3.技术创新——以低碳为导向的绿色技术集成

本次规划充分考虑武清地区环境特点，打造融合生态智慧、适宜本土环境的生态城市样板。通过以下"生态化、低冲击、分布式和绿出行"四个领域的技术和方法，促进水绿融城，提升城市韧性，构建能源微网，引导绿色出行，实现"减碳排、增碳汇"目标。

4.导控创新——面向实施的穿透式设计管控传导体系

建立穿透式城市设计多层级导控体系，实现城市设计要求的逐级传导。总体层面编制核心区城市设计通则，指导片区设计；中观层面编制规划单元城市设计导则，落实空间要素导控；微观层面编制重点地块详细图则，作为土地出让条件的组成部分。此外，设计团队还在后续项目建设中提供持续的跟踪咨询，以全周期视角确保管控要素的精准落地，确保一张"全息动态"蓝图绘到底。

四、规划实施情况

京津产业新城核心区城市设计已通过专家评审。城市设计部分内容纳入形成的《武清京津产业新城规划建设方案》于2023年9月15日通过天津市人民政府批复。城市设计用地布局建议已经与武清区国土空间总体规划和详细规划的编制相结合，其中三个单元控制性详细规划修编工作已经启动，为更好地落地实施奠定基础。

在本次城市设计确定的功能定位总体框架下，科研院所和企业研发中心等科研创新项目落户趋势明显，院士谷等重点区域正在吸引一批优质科研创新项目开展合作洽谈。武清京津产业新城正在朝向"京津智谷，科创新城"总体定位和发展目标阔步前进！

6.中央创新区（CID）效果图

郑州商都历史文化区城市设计

Zhengzhou Shangdu Historical and Cultural District Urban Design

[项目完成单位] 上海同济城市规划设计研究院有限公司、郑州市规划勘测设计研究院有限公司
[获奖情况] 2019年度河南省优秀城乡规划设计一等奖
[主要编制人员] 匡晓明、刘文波、张忠民、余阳、王磊、姬向华、朱弋宇、张运新、陈思、陈晶莹、唐永、赵倩、郑莉、李瑶、孙少杰

一、规划背景

郑州商都历史文化区位于郑州主城核心区，以商城遗址为空间载体，自商代建都至今3600年在此绵延存续，呈现"城叠城、城摞城"的层积性空间特性。然而该片区在发展过程中遭受了不同程度的建设性破坏，呈现出历史性城市空间破碎化倾向，浩瀚的历史文化要素淹没在建成环境之中。在历史文化资源方面主要存在三个问题：①历史遗存孤散化；②历史资源层叠化；③历史风貌片段化。因此，本次规划以整体、连续和动态三个视角，提出"保、链、活、显、管"五位一体的设计策略，以整体性建构思路探索历史性城区的文化传承与持续发展。

二、规划要点

本次城市设计以文化保护为底线，按照时空序列对历史文化资源要素进行梳理，针对历史文化资源空间破碎化的问题，运用关联性技术手段，对生态景观空间、历史文化空间和现代城市空间进行结构性整合，以实现历史性城市空间的整体性。根据商城层积性更迭发展的特点，规划既要传承历史文化，也要满足在地居民日益提高的生活需求，更要谋划产业创新发展，因此，确定了"华夏文明历史传承区、商都古城保护复兴区和郑州文化发展创新区"的三大功能定位，以实现生产、生活、生态三生融合发展，打造历史文化传承创新、市民生活幸福共享的具有地域特色和文化自信的可持续发展之城。

本次城市设计针对商都历史文化区的历史性城市空间破碎化问题，提出底线性文化保护、关联性整体建构、互促性民生发展、时空性风貌显化与系统性要素管控的一体化战略构思。

1.策略一：保——底线性文化保护

制定"应保尽保"原则，构建全域保护底线框架。

针对层积性历史文化空间，采用"应保尽保"的底线性原则，以时间与空间双重序列整理历史文化资料，以相关保护规划为基础树立底线思维，注重历史空间资源的全域保护与协调，强调保护区域与周边环境的空间关系，建构关联性保护框架，运用"遗产活化+脉络修复"相结合的设计手法，对国保单位商城城垣遗址制定三大类型、七种方式的保护和展示方式。对城墙进行保护和显化，并注入四段商文化主题功能，使文化展示融入市民休闲活动，宫殿区遗址公园突出考古保护与科普体验功能相结合，针对宫殿区地下文物遗存提出三种措施进行保护和展示。重点保护文庙、城隍庙、清真寺三个国保单位，保护和恢复文庙城隍庙和书院街两个历史街区，建议恢复明天中书院、宋开元寺塔与唐管州衙署等历史遗迹，将其作为核心文化资源，最大限度保护好历史格局，还原历史风貌，使历史空间特质与新功能业态形成耦合，探索从保护到复兴相结合的保护路径。

2.策略二：链——关联性整体建构

针对历史文化孤散化问题，建构整体性空间关联体系。

城市设计采用整体关联性的方法，在全域保护的基础上，提出"全域链通"的双环放射结构模式，外环以商城遗址作为历史文化空间载体进行文化保护和生态修复，形成集文化展示、旅游休闲、运动活力三大功能于一体的商城遗址博览环，并串联以商文化为主题的四个公园；同时，在内部构建"触媒式链接"的古城人文体验内环，通过连通、缝合、修补和激活的方式整合历史性城市空间及其过渡区域，梳出

 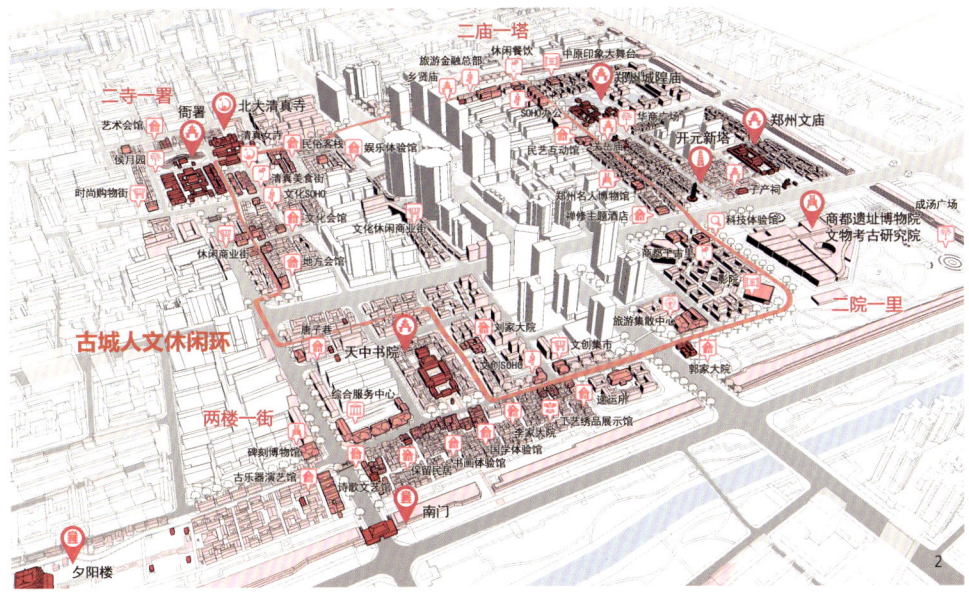

1.商都连续性步行体验网络示意图　　2.古城人文体验内环示意图

3. 总平面图
4. 关联性保护框架图
5. 双环放射结构图

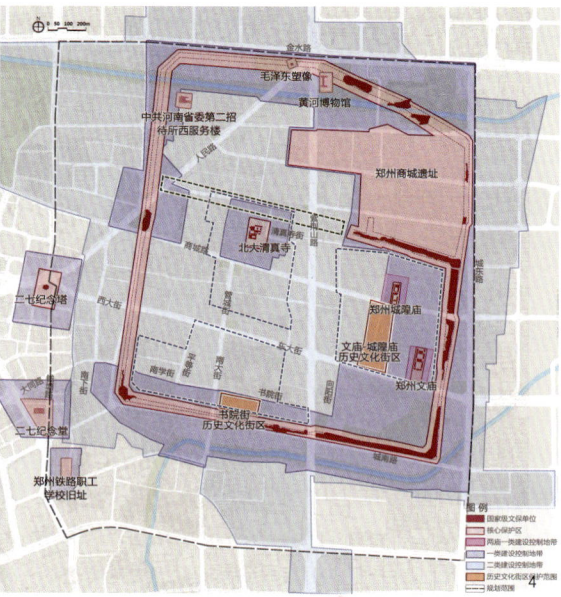

连续性步行体验空间，串联四个历史人文特色风貌片区，构建整体性空间结构体系，形成有机互促、融合活力的整体网络。

3. 策略三：活——互促性民生发展

导入社会共享理念，促进居民服务与产业发展。

将城市遗产保护纳入城市发展框架，实现有机更新和地区可持续发展的双重目标。考虑在地居民和外地游客的双重需求，修补连接断裂的文化脉络和功能体系，以"文商旅"互促共生为基本原则，构建"以文化为核心，突出文化旅游、文化休闲和文化创意三大特色产业，构建现代服务业和生活服务业为支撑"的产业体系，形成四个特色功能片区，激活多样文化项目并使其催化互促，形成"产—居—游"一体化的产业布局模式，实现在地居民服务与文旅产业发展的融合。

4. 策略四：显——时空性风貌显化

尊重历史原真性，构建历史迭代并存的时空拼贴城市。

根据古城时空性分析，确定以时代为要素的关联性线索，注重以时间为代表的历史资源的原真性保护，通过再现历史格局、形制与风格，恢复历史风貌。在强调历史遗产保护与风貌的同时，特别关注连通廊道的风貌协调，对于连通空间的近现代建筑，要加强建筑立面整治形成整体和谐风貌。在四大特色风貌片区的新建建筑应按照建筑风貌准则，突出文化与视觉景观的延续性，形成多元和谐的整体风貌空间体系。

5. 策略五：管——系统性要素管控

构建要素管控体系，制定保护型城市设计图则。

整体管控采用总体层面、街区层面与特定意图区三级体系。针对历史城区的特点，增加了以保护为内核的特定意图区，将城市设计与保护规划双重控制要素进行整合，在传统风貌与公共空间等基本要素管控的同时，将文保规划的内容全面纳入，形成历史保护与空间引导相结合的针对性管控要素，实现全域分级全要素纳入的整体管控体系。

郑州商都历史文化区城市设计以人作为历史文化活化利用的主语，通过历史文化价值传递，实现保护与发展的社会认同。以底线性文化保护、关联性整体建构、互促性民生发展、时空性风貌显化与系统性要素管控的五位一体策略，构建展现地域文化和时代活力的整体关联城市公共空间体系，以期对我国同类型历史性城市空间整体性建构提供参考借鉴。

6. 总体空间框架图
7. 商城宫殿区遗址公园保护展示图

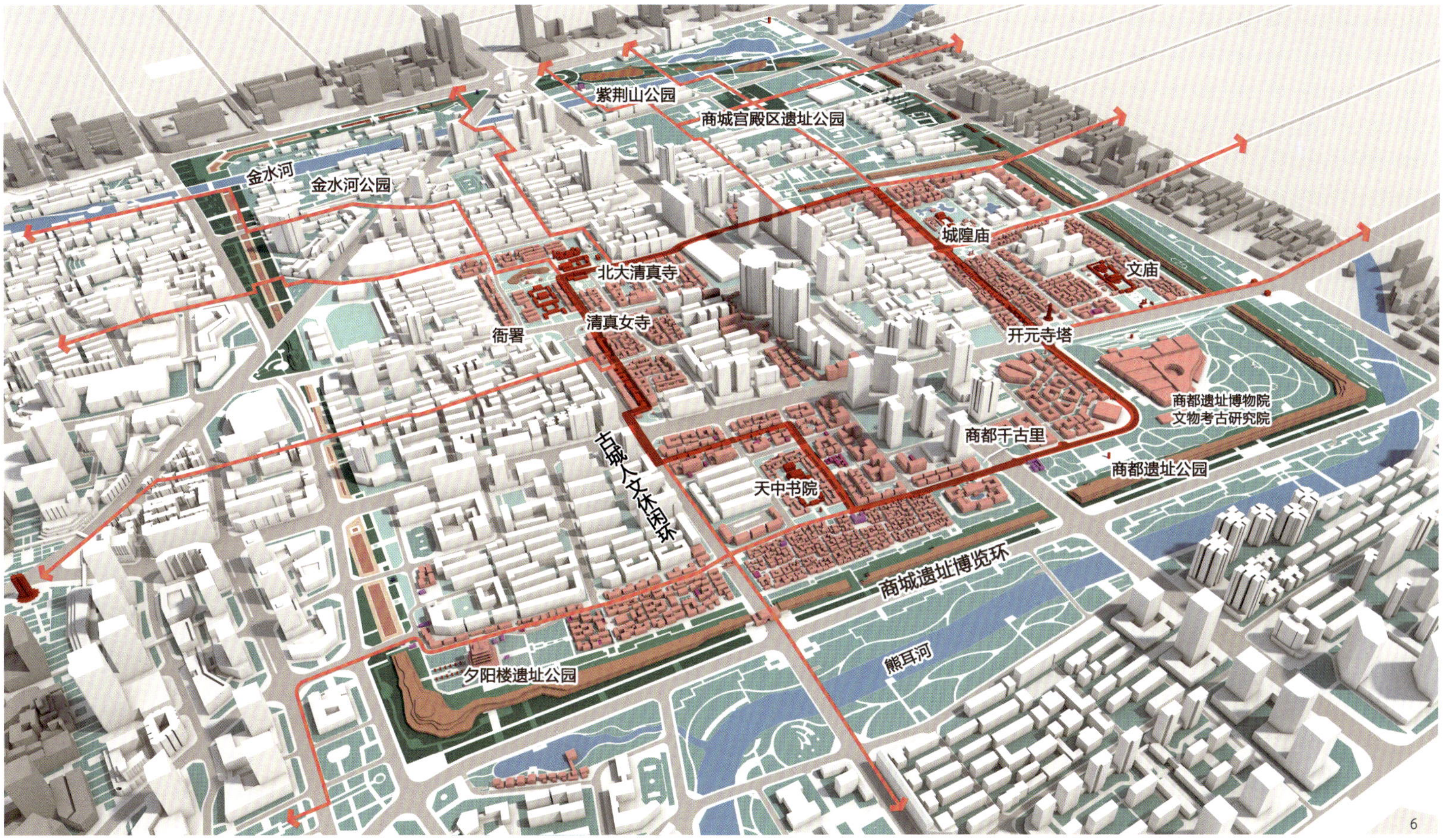

C8F10 回填保护并进行标记展示
遗址回填后，采用原材料或相近材料对遗址结构（如柱式，城墙）进行标记再现。

黄委会62#F1 覆盖保护展示
通过在遗址上方搭建保护展示建筑的方式来保护和展示遗址，上盖建筑的建造方式不破坏遗址本体。

商代石筑水槽 露天保护展示
通过设置架空于地面的木栈道等方式，拉进遗址基址和人群的距离感，增强遗址与人的互动性。

上海同济城市规划设计研究院有限公司 新闻简讯

砥砺初心 赋能发展｜同济规划院赴北京、河北雄安新区培训考察活动

岁序更替，华章日新。为进一步加强党组织建设，提升党员干部的政治思想素质和业务能力，2024年12月10日至12日，上海同济城市规划设计研究院有限公司党委组织班子成员、党支部书记等一行23人在同济规划院党委书记刘颂和院长张尚武的带领下赴中国城市规划设计研究院、北京城市规划设计研究院、北京清华同衡规划设计研究院及雄安新区开展了培训考察活动。

此次培训是同济规划院深入贯彻落实党中央关于加强基层党建工作的重要指示精神，紧密结合实际工作，推动党建与业务深度融合的一项重要举措。通过实地考察和学习交流，激发了党员的责任感和使命感，提升了党员的业务能力，增强了团队凝聚力。

10日至11日，同济规划院培训考察团先后参访了中国城市规划设计研究院、北京市城市规划设计研究院、北京清华同衡规划设计研究院有限公司，重点就党建工作、产教融合、人才培养、科技创新、质量管控、重大项目组织等内容进行了研讨，双方就城市规划中的党建引领作用、未来的市场开发、学术交流、研究合作等方面进行了充分交流，就进一步深化合作达成了广泛共识。

11日至12日，培训考察团赴河北雄安新区，到规划展示馆、雄安市民服务中心、金湖公园、金湖未来城、剧村变电站、雄安城市计算中心、中国中化、悦容公园、容东、容西及中心区等地参观学习，并与我院雄安智慧规划设计研究院员工进行了座谈。考察中，党员们亲身感受这座未来之城的建设成就和发展愿景，深入了解了雄安新区在智慧城市、绿色生态、创新产业发展等方面的最新进展。雄安新区的建设者们详细介绍了坚持生态优先、绿色发展，贯彻"以人民为中心"的理念以及新区在规划编制、建设管理、技术创新等方面的具体做法。例如，容东片区"内院外街"的城市空间模式、"十全十美"的友好社区公共服务空间集成体系强调以人为核心，注重生态、宜居。剧村能源站的"1+5+X"模式将能源、科技、环保和市民生活紧密结合。雄安新区在市政建设中融入韧性城市理念，注重绿色生态、智慧交通和基础设施建设，提升了应对灾难和风险的能力。

党员们体悟到，雄安新区建设服务人民美化生活的高品质城市空间非一日之功，凝聚着同济人等建设者们日夜奋斗的辛勤汗水和以人为本、不忘初心、迎难而上的责任担当。同时也深刻认识到雄安新区建设的复杂性和艰巨性，更加坚定了投身国家重大战略项目的决心。

培训考察团还先后慰问了我院在北京、河北雄安新区的驻场工作团队，听取了团队相关项目工作情况及团队在地发展面临的具体问题。培训考察团对项目团队的在地工作表示了肯定，对团队长期的坚持与付出表示感谢，鼓励团队进一步深化地方市场挖掘与市场维护，对进一步拓展我院在地影响力提出了新的要求。主要负责同志对团队反馈的在地发展问题进行了解答。

培训考察中，刘颂强调，同济规划院与中规院等兄弟单位都有着共同的事业，都服务于国家战略，需要深入探讨、交流中国式现代化如何进一步发展，如何克服转型期共同的难关，同济规划院将把活动中学到的经验、体会应用于规划院今后的发展。

张尚武指出，中国70多年的巨大变化与规划事业的贡献密不可分，目前规划行业、学科都处于转型期，规划师要对企业有信心，对国家建设负有历史责任感。在此次学习交流活动中，要完整学习规划如何与国家建设紧密结合，肩负起人才培养的重任，将对规划事业的信心和历史责任传达给学生。

活动中，同济规划院的党员们与中规院等兄弟单位、雄安新区的党员代表进行了多次交流研讨，学习了党建与业务的深度融合、互促共进，树立先进典型、打造过硬队伍等方面的经验与做法；对中规院等兄弟单位、雄安新区的战略高度、创新精神、人文关怀、规划建设情况、新理念新技术等有了更深入的学习了解。他们一致认为在地化、精细化服务已成为重大项目规划建设的重要保障，信息化、数字化、智能化已成为社会经济发展的必然趋势。

参加培训考察的党员们深刻体悟到，要进一步强化党建对业务的引领，激发团队活力，推动业务发展；推动基层党建工作和企业生产经营深度融合，进一步激发规划师服务国家战略的使命感和社会责任感、锻造行业自信。通过实地调研，同济规划院的党员们深刻体会到规划建设的创新理念和实践成效，对高质量发展有了更深入的认识，认为各党支部要总结党建引领规划业务高质量发展的模式，并加以宣传推广，为新业务领域拓展提供坚强支撑。面对行业变革的大背景，要沉下心来潜心向学，不断加强自身建设，积累修为过硬本领，攀高向新求变；要进一步推动企业文化建设，切实增强规划院员工归属感；要加快我院信息化建设步伐，为业务团队数字化转型高效赋能。

此次党建培训活动收获巨大，不仅提升了同济规划院党员们的党性修养和业务能力，也为同济规划院在未来发展中更好地发挥党建引领作用奠定了坚实基础。

"多规合一"导向下的空间与功能发展规划研究｜城市设计研究院2024年度双月技术交流第四期举办

2024年12月25日，我院城市设计研究院双月技术交流活动第四期在同济规划大厦408会议室举办。本期活动交流主题聚焦"多规合一"导向下的空间与功能发展规划研究，由研究院副总工兼总工办主任奚慧主持，由城域所陈艳、城济所卢飞红、城域所张健、城济所苏雨婷四位青年技术骨干分别结合贵阳"外环高速公路"城市经济圈发展规划、上海市黄浦区空间战略规划、鹤壁市科创新城总体发展规划、上海东方枢纽地区功能定位研究等项目的规划实践与思考进行了分享汇报。本次活动由城市设计研究院总工办主办，研究院城域所、城济所承办。

研究院总工刘文波首先对交流活动提出了三方面的意义：一是体现了规划院"新业务新赛道"探索研究在城市设计研究院的细化讨论和应用；二是体现了规划院"青年发展型"企业目标的具体落实，年轻规划师带着自己的思考来分享交流；三是体现了新形势、新挑战下各所通过交流取长补短，互促互进。其次，针对本次交流报告提几点感受：一是在新业务领域探索中，我们的思维一定要跳出传统城市规划，去真正认识所做的新型规划实际的诉求和问题，激发我们创新和持续的发展；二是对于理论和案例的研究与应用，针对每个项目中具体的问题，要带着反思和批判的精神，这也有助于我们在理念和方法的发展上作出贡献。

研究院副总工兼院长助理姜秋全提出，交流报告的共通之处都是在传统的规划基础上探讨空间、功能与政策的结合点。无论是制定发展规划还是空间规划，各团队都在尝试梳理承载经济发展的空间资源配置逻辑。相较于传统的发展规划，空间规划的优势在于成果表达更直观、空间落位更具体、建设路径更清晰。因此，我们需要加强横向学习，更好地发挥我院在"新业务领域"的竞争优势。同时，在城市更新的

背景下，制定空间政策也不能"过度"，过于繁复的配套政策也有导致政策难以落实的风险。因此，应基于充分调研和对已有政策解读的基础上，秉持审慎的态度制定适配的空间政策。

研究院副总工于世勇表示，双月技术交流是各个规划设计所自我反思、促进提升的重要机会和平台，我们在交流过程中需要思考三个方面。第一，无论什么项目，我们首要判断目标导向是否合理、是否符合同济规划的价值观，这是需要不断去验证并时刻把握的核心；第二，作为技术服务方，我们需要加强先进的、科学的、深入的研究分析，并精准地运用于规划设计项目之中；第三，面对新发展形势，我们需要加强同类型项目的交流和比较研究，从而提高工作效率、提升项目品质。"行虽未至，心向往之"，我们始终需要抱有对美好理想的专业追求，才能更好地支持我们推进和做好每一项工作。

研究院副院长付磊提出，新形势下理解新业务领域有三个逻辑。一是发展的逻辑。发改体系语境中的"发展"不同于城市规划中空间的发展，而是地区的发展方向，以及相应的具体落地项目。在这样的语境下，我们要做的是向上扩展，依照发展规划的逻辑做好上层架构，为下位的空间领域寻求新的业务空间。二是空间的逻辑。当前的空间逻辑更为注重实施性，需要明确是否是近期可投入实施的项目，空间尺度也越来越小、越来越聚焦。三是行动的逻辑。规划落位最后需拆解成具体的空间项目。把这些逻辑理清楚后，在新业务领域探索过程中，当与其他业务发生重叠时，我们能够更加准确地审视和定位空间规划所擅长的工作。

同济规划院资深总规划师唐子来教授，在一一点评报告人的汇报内容后总结提出，本次交流谈到一个很好的主题，每一个人都在思考发展规划、空间规划、产业规划以及其他规划之间的关系。规划的核心之核心，是平衡！每一个规划之间需要相互平衡与衔接，最后汇总到发改委的发展规划中落位。我们面临的新形势、新问题是客观存在的。一是经济转型，从高速度转向高质量，从增量转为存量发展，因而要做提质增效的规划。二是经济下行，当前最大的问题是需求端的问题，主要表现为需求不足。所以在面临新问题的情况下，加强交流与思考变得十分重要，有助于了解新赛道、新需求，从而去创新我们的工作方法和工作内容。

同济规划院总师、城市设计研究院院长匡晓明针对本次交流活动进行总结，鼓励大家在国土空间规划体系"多规合一"的导向下，积极思考，持续交流；同时，希望大家每做一个项目从初期就寻找一个研究方向，可以是一个理论、一种方法、一项技术等，为规划设计找到贯穿始终的立足点或创新点，加强产研协同的主动性，提升规划设计品质。

凝心聚力 共谋发展——同济规划院召开统战工作会议

辰龙隐鳞辞旧岁，巳蛇游弋迎新年。为深入学习贯彻党的二十届三中全会精神，全面贯彻落实习近平总书记关于做好新时代党的统一战线工作的重要思想，凝聚统战力量，推动同济规划院高质量发展，1月3日下午，上海同济城市规划设计研究院有限公司党委召开了统战工作会议。同济大学环境科学与工程学院教授陈玲、规划党委书记刘颂、规划院院长张尚武、规划党委副书记兼纪委书记王晓庆、规划院民主党派人士、无党派人士、中共党员代表、工会委员代表等共35人参加会议。

会议由规划院党委委员、副院长周玉斌主持。周玉斌从加强组织领导，大力支持统战工作开展；强化思想政治引领，努力开创统战工作新局面；注重引导沟通，夯实民主党派组织建设；积极营造包容文化，鼓励支持统战对象参政议政等方面介绍了规划院统战工作情况。

会上，同济大学环境科学与工程学院教授陈玲作了"凝聚共识献良策，建言资政促发展——民主党派成员履职经验交流"报告。报告从民主党派的政治地位、背景、资政建言方法、建言资政实践、个人体会与收获等方面作了经验交流。

张尚武指出，无论是作为无党派人士还是规划师，都应肩负起社会责任，转变观念，充分发挥专业优势，将技术资源转化为决策资源成果。要建立信任机制，做好资政建言，从专业角度更好地为政府出谋划策。

刘颂强调，党的十八大以来，以习近平同志为核心的党中央科学把握国内外形势的新变化，立足我国发展新的历史方位，围绕大统战工作格局提出了一系列新理念新思想新战略，党的二十届三中全会明确指出"完善大统战工作格局"，为做好新时代统一战线工作提供了科学指南。党的二十届三中全会提到要努力提高民主党派"履职质效"，规划院的民主党派和无党派人士发挥了重要的参政议政的作用。刘颂希望大家今后要继续树立信心，加强学习，共同探讨参政议政渠道，提出有价值的资政报告，积极参政议政，为服务地方经济社会发展和国家重大战略贡献自己的智慧和力量。

会议中，与会人员围绕规划院的发展建言献策。大家纷纷表示，要认真学习贯彻党的二十届三中全会精神，积极支持规划院高质量发展，立足岗位建新功，凝心聚力谋发展。

通过此次会议，参会人员深化了对统战工作重要性的认识，加深了彼此之间的沟通与理解，增强了政治认同、思想认同、理论认同、情感认同，凝聚了共识、汇聚了力量，推动了统战工作与规划院发展战略的深度融合，助力规划院的发展更上一层楼。

1.同济规划院培训人员与中规院代表合影照片
2.第四期双月技术交流报告主讲人与点评嘉宾合影照片
3.同济规划院领导班子代表与民主党派、无党派人士合影照片

主办单位

上海同济城市规划设计研究院有限公司
SHANGHAI TONGJI URBAN PLANNING & DESIGN INSTITUTE CO.,LTD.

理事单位

上海市城市规划设计研究院

将出书目预告

城乡社区建设与品质生活　　　　面向实施的城市设计
活态遗产保护传承研究与实践　　国土空间规划背景下防灾韧性规划实践
产业规划与创新空间

欢迎就以上主题进行投稿，感谢您的支持！

联系方式

地址：上海市杨浦区中山北二路 1111 号同济规划大厦 1408 室　　投稿邮箱：idealspace2008@163.com
邮编：200092　　　　　　　　　　　　　　　　　　　　　　　　联系人：管　娟

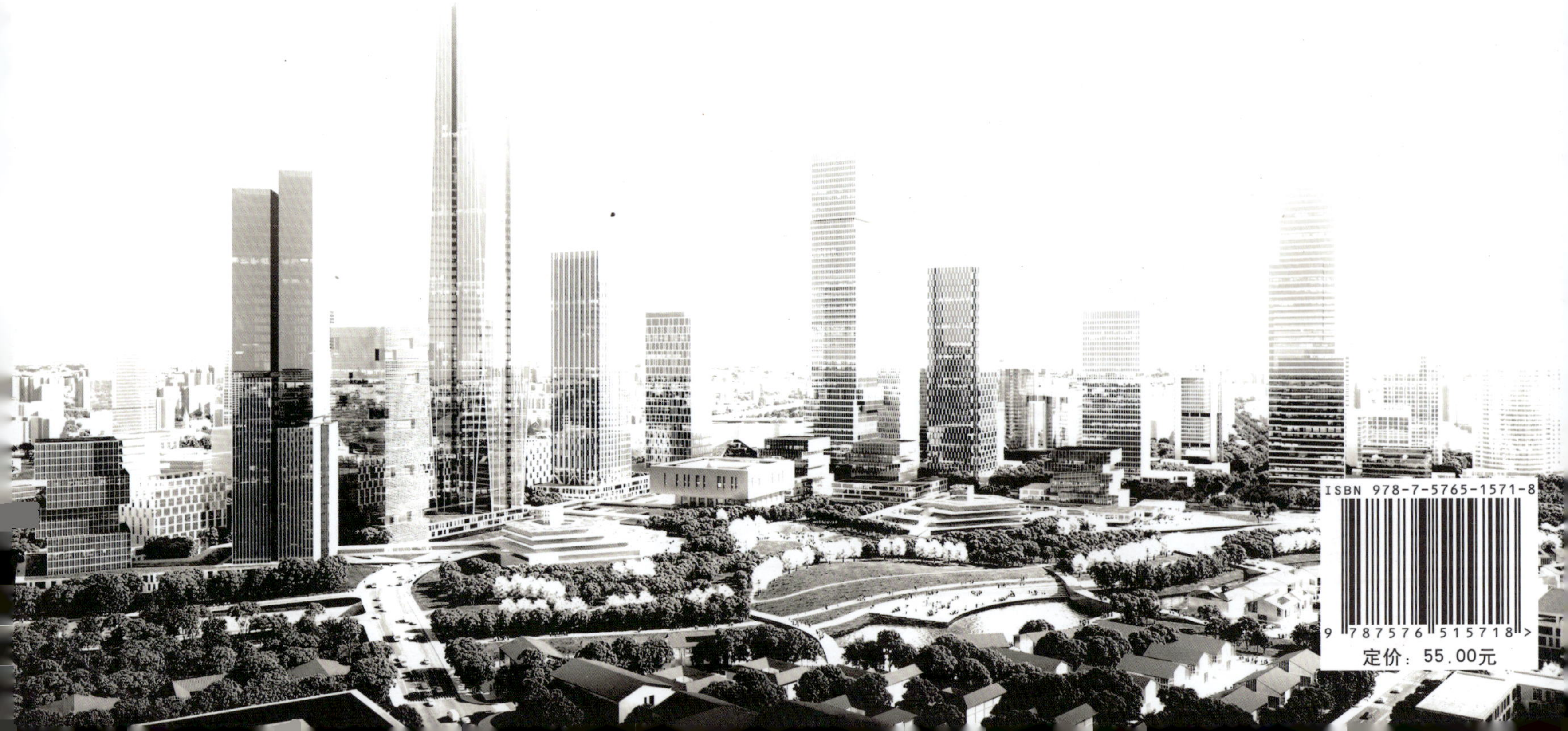

ISBN 978-7-5765-1571-8

定价：55.00元